生态养殖综合管理技术手册

严学兵　杨富裕　主编

U0274529

中国农业出版社

本书编写人员

主　　编　严学兵　杨富裕

副主编　郭玉霞　李改英　席　磊　冯长松

编　　者（按姓氏笔画排序）

　　　　　石志芳　付　彤　冯长松　严学兵

　　　　　李改英　李青松　李素美　杨富裕

　　　　　郭玉霞　席　磊　董春华

审　　校　汪　玺

前　言

生态养殖应以科学发展观为指导，遵循生态、环保、高效的原则，通过完善生态养殖场（区）基础建设和加强环境管理，推动畜牧业转变生产方式、优化产业结构；将饲料配制、全混合日粮饲喂、疫病防控、粪污综合利用等先进适用技术组装配套推广应用；建设资源节约型、科技密集型和生态环保型，专业化、集约化、标准化养殖场（区）；形成基础设施完善、技术先进、结构优化、服务体系健全、生态环境优美的发展格局和良性循环产业链，把畜牧业建成具有显著经济效益、社会效益和生态效益的现代化产业。

生态养殖通过标准化养殖场（区）的建设以及种植业的合理布局，减少废弃物排放量，降低环境污染程度；采用堆肥、生物发酵床、有机肥精加工等技术，实现粪污资源化利用与无害化处理。加强对项目养殖场（区）的环境管理以及畜禽粪尿的综合利用，使规划区内各种污染物得到规范管理，可以有效带动周围农户入驻养殖场（区），提高养殖业综合管理能力。通过标准化规模养殖场（区）粪污治理和综合利用以及种草养畜促进农牧业良性循环和可持续发展，改善畜牧养殖场（区）环境，提高农村公共卫生水平，促进新农村建设。

笔者组织编写这本《生态养殖综合管理技术手册》，期望从作为畜牧业环境管理源头的制订最佳饲料配方和饲料质量控制技术开始，提高养殖业环境管理能力；同时起到强化养殖户环境管理技术培训、促进现代饲养技术应用和普及养殖场管理的科学规范等作用。作为一本体现生态养殖理念的养殖业综合技术手册，本书通过生态养殖技术的普及，既可提高养殖生产技术水平，又能实现无公害和生态化养殖，帮助养殖户达到现代生态养殖的新境界。本书注重科学与技术、宏观政策与具体措施、理论和实用的结合，突出实用手册的特点，在内容中贯穿了良好农业规范及有关技术规程。内容涵盖多学科交叉，注重于技术和工艺的新颖性和可行性。本书理论与实践并重，图文并茂，可供养殖场、养殖小区的养殖者和初、中级技术人员阅读参考。

本书的顺利编写归功于全体编者的共同努力，在此对大家的辛勤工作表示衷心感谢！感谢樊文娜、杜红旗、梁新平、余莹、陈钊、管永卓、张明等研究生在修改过程中提供的帮助。本书同时作为国家重点研发计划项目（2017YFD0502104）成果的汇编正式出版。

编　者

2018 年 1 月

目 录

前言

第一篇　生态养殖场的政策、制度、法规与理念

第二篇　矿物质/营养计算与生态养殖/种植业的合理布局

第三篇　生态养殖的饲料技术

第四篇　生态养殖场的经营与管理

第一篇

生态养殖场的政策、制度、法规与理念

第一章
我国畜牧业的发展及生态畜牧业的概念

第一节 我国畜牧业的发展现状

畜牧业是否是农村经济的支柱产业，是衡量一个国家农业发达程度的主要标志。世界上许多发达国家，无论国土面积及人口密度如何，养殖业都很发达，除日本外，养殖业产值均占农业总产值的 50％以上，如美国为 60％，英国 70％，北欧一些国家 80％～90％。中国自 20 世纪 80 年代以来，养殖业产增长速度远远超过世界平均水平，但养殖业的人均产量或产值仍低于世界平均水平。发展养殖业的主要途径包括：因地制宜地调整养殖业结构，开辟饲料来源，改良畜种，加强饲养管理，防止疾病，提高单位家畜的生产力，提增家畜家禽的质量与数量。

一、养牛业发展现状

1. 奶牛业发展现状 近几年来，我国奶牛业发展迅速，成效显著。奶牛养殖、乳品加工和乳制品市场消费均实现了快速增长，呈现产销两旺的良好局面。

2015 年，中国奶牛存栏量整体有所下降，总存栏量 1369 万头；2016 年，中国规模奶牛养殖实现稳步发展，奶牛存栏出现恢复性增长，但增幅不超过 5％，达到 1437 万头。随着国家政策的引导，散养户退出养殖业的速度将加快，家庭牧场和规模化养殖将稳步发展。中国奶牛规模化养殖数量和存栏量比重都得到进一步提高。2016 年，中国百头以上奶牛养殖规模存栏比例达 51％左右，比 2015 年提高 3 个百分点。同时，自 2005 年实施奶牛良种补贴政策以来，中国奶牛单产水平不断提高；2015 年散养户的占比快速下降，进一步拉升了全国成母牛平均单产水平。全国成奶牛平均单产由 2005 年的 3891kg/头提高到 2015 年的 6000kg/头。其中，2015 年中国 10 大牛奶主产省份的成奶牛平均单产为 6500kg/头，宁夏最高，达 7100kg/头，最低省份仅有 1200kg/头。2015 年，全国牛奶产量达到 3755 万 t，同比上升 0.8％。其中，牛奶产量超过 200 万 t 的省、自治区有内蒙古、黑龙江、河北、河南和山东，约占总量的 64％。2016 年，中国牛奶产量超过 3800 万 t。未来，中国奶牛养殖将加快从粗放的散养向标准化、规模化养殖发展，但由于多数养殖小区仅停留在"统一挤奶"阶段，即为"集中的散养"，故饲养、防疫、管理等方面尚存在很多问题，奶源质量也较低。分户饲养的养殖小区模式将逐渐向商业化牧场、奶联社或托牛所等专业养殖模式转变，将更加注重养殖过程中的精细化、科学化管理。

当前奶牛养殖业面临许多问题：

（1）抗风险能力差，奶农损失严重 我国的奶牛养殖业起步较晚，近几年随着龙头企业的迅猛发展，城市郊区奶牛养殖业呈现数量激增、蓬勃发展的趋势，然而片面盲目追求数量的增加，没有充分考虑长远发展和市场风险能力评估，导致原料奶供应和原料奶收购的价格机制不完善，奶农始终处于生产最低端，没有话语权。当奶源紧张时，收购价格上涨；市场下滑或平稳时，就会压价、拒收，吃亏的总是奶农。尤其是关税降低经济一体化后，国外奶产品蜂拥而入，严重冲击我国奶牛养殖业，处于生产一线的奶牛养殖业受到首先冲击，市场风险被转嫁到奶农身上，奶贱伤农事件不时发生。

（2）遗传质量不高，单产水平低　作为奶牛养殖大国，我国现有奶牛存栏量大幅增加，然而优质奶牛资源品种匮乏，退化严重；多数奶牛场对建立奶牛系谱和档案不够重视，精液品质不佳；近亲繁殖严重，最终造成生产性能退化。现有的奶牛资源多集中在大城市和大型奶牛场，作为养殖主体的奶牛小区和散养户良种占有率较低，奶牛单产低于世界平均水平，更远远低于发达国家的 8.0t 水平。

（3）养殖成本高，饲料结构差　发达国家奶牛养殖业成本低，拥有大量优质廉价的饲草资源和牧场资源；奶牛养殖采用放牧的方式，牛粪还田，起到了种养结合循环利用的作用；机械化程度高，不需要或只需要补充少量的精饲料，极大地节约了养殖成本。我国奶牛养殖业由于土地资源缺乏，优质全株玉米青贮不够、苜蓿草质量欠佳，奶牛需要的优质牧草依赖进口；精饲料价格常常由原料供应商控制，并且玉米、豆粕等主要饲料原料定价也掌握在出口国手中，由此造成养殖成本过高，饲料结构差、质量差，制约奶牛业的发展。

（4）生产条件差，环境污染严重　我国的奶牛养殖业虽然取得了一定程度的发展，但奶牛养殖的主体仍旧是中小型奶牛场或者个体养殖户，生产方式和设备落后，卫生条件欠佳，有的小型养殖户没有必要的低温贮奶罐，牛奶极易变质污染。此外，奶牛粪污等不能及时得到消纳，也没有足够的无害化处理设备，造成生活环境和地下水资源的污染。

（5）疾病多发，影响经济效益　目前我国养牛业发展的困境除了生产水平低下，疾病困扰也是影响因素之一，如乳房炎、繁殖疾病等发病率长期居高不下，造成奶牛提前淘汰。另外，"两病"也呈现逐年升高现象，有的奶牛场不重视或者流于形式，使得疾病无法彻底清除和净化。

（6）技术推广力度不够，社会服务不完善　奶牛养殖涉及精粗饲料生产、繁殖育种、饲养管理、疾病防治、奶品质量等环节，因此非常需要一个专门化服务专家团队指导生产。在国内，奶牛养殖作为一个起步较晚的行业，专业技术人才比较缺乏，各项生产管理技术不成熟，加上我国仍然以小农户散养为主，尤其需要专门化的技术指导，我国目前还缺乏这样的服务监督体系。

2. 肉牛业发展现状　2010 年，全球肉牛存栏和出栏总量分别为 100656 万头和 14923 万头，牛肉产量和消费量分别为 5676.3 万 t 和 5643.7 万 t。其中，印度、巴西、中国、美国、欧盟（27 国）肉牛存栏量分别为 31640 万头、18516 万头、10543 万头、9388 万头和 8830 万头，分别占世界肉牛存栏总量的 31.43%、18.40%、10.47%、9.33% 和 8.77%；出栏量分别为 6150 万头、4920 万头、4150 万头、3569 万头和 2995 万头，分别占世界肉牛出栏量的 22.14%、17.71%、14.94%、12.85% 和 10.78%。尽管印度、巴西、中国的肉牛存栏量分列世界前三位，但是，其牛肉产量和消费量却位于美国之后，数据显示，2010 年位于世界牛肉产量前 5 位的国家（地区）分别是美国、巴西、欧盟、中国和印度，其牛肉产量分别为 1182.8 万 t、914.5 万 t、787 万 t、555 万 t 和 285 万 t；美国平均每头屠宰牛产肉 337.55kg，而中国平均每头屠宰牛产肉仅 194.33kg。由此可见，中国的肉牛产业仍有较大潜力。世界各国牛肉在肉类结构中占有的比例：加拿大 47%，德国 60%，阿根廷 67%，美国 67.5%，瑞典、挪威占 80% 以上，而我国肉类消费中，牛肉所占比重还不足 10%。美国的牛肉生产与消费居世界首位，各国肉牛单产水平差异较大。2015 年，全球牛肉总产量（折算胴体基础）为 5843.3 万 t，较 2014 年减产 131.3 万 t。牛肉产量超百万吨的国家（地区）是：美国、巴西、欧盟（27 国）、中国、印度、阿根廷、澳大利亚、墨西哥、巴基斯坦、俄罗斯和加拿大。2015 年，全球牛肉消费量为 5646.6 万 t，较 2014 年减少了 124.2 万 t。牛肉消费量超百万吨的国家（地区）是：美国、巴西、欧盟（27 国）、中国、阿根廷、俄罗斯、印度、墨西哥、巴基斯坦和日本。2015 年，全球牛肉总贸易量为 1716.0 万 t，其中，出口 960.1 万 t，进口 755.9 万 t；与 2014 年相比，牛肉总贸易量减少了 73.0 万 t，出口量减少了 38.9 万 t，进口量减少了 34.1 万 t。

  根据《中国畜牧业年鉴》，我国活牛存栏量基本保持稳定，2009 年全国活牛存栏量为 10572.2 万头，2013 年为 10420.5 万头，占同期世界活牛存栏量的 10%，是世界上主要的养牛国家之一。2015 年，全国肉牛屠宰量约为 2100 万头，胴体总产量约为 545 万 t，牛肉产量约为 460 万。杂交牛胴体重平均为 305.7kg/头，中大体型本地黄牛胴体重平均 263.0kg/头，南方本地小黄牛胴体重平均 174.2kg，全国平均胴体重 246.5kg/头。2015 年，牦牛屠宰量约 300 万头，牦牛胴体重平均为 123.0kg/头，胴体产量约为 40 万 t，牛肉产量接近 30 万 t（根据国家肉牛牦牛产业技术体系测算）。2015 年，牛肉进出口总贸易量（不含牛下水等产品）约 47.9 万 t，比 2014 年增加了 17.5 万 t，牛肉进出口总贸易额为 23.65 亿美元。2015 年，牛肉净进口量 47.4 万 t，是 2014 年 29.7 万 t 的 1.6 倍。2015 年，共有 6 个省（自治区、直辖市）出口牛肉，其中，1～11 月，有 3 个省的牛肉出口量超过 100t，它们是湖南 3368t、辽宁 702.8t 和吉林 199.7t。

  随着收入的增长，中产阶级迅速扩大，牛肉消费量呈递增的趋势，2007—2014 年我国牛肉消费复合增速高达 14.64%。2013 年，我国人均牛肉消费量 4.92kg 左右，而世界人均消费量为 10kg，还存在 1 倍的差距。但是，我国牛肉供给增长缓慢，进口依存度大幅攀升；在出栏量增加的同时，肉牛存栏量持续下降，未来牛肉供应缺口长期存在。2015 年，我国牛肉生产量约为 530 万 t，同比下降 0.53%。与进口牛肉不断涌入形成鲜明对照的是国内更为严峻的肉牛产业，目前国内肉牛的散养仍是主体，但近几年散户加速退出，而规模养殖场户增长动力不足，牛肉进一步减产，能繁母牛不足 2000 万头，牛源和饲草资源匮乏导致行业缺乏发展动力。2013 年我国养殖业变动剧烈，肉牛养殖也开始缓慢恢复，据统计，2008—2012 年，中国母牛存栏量从 3300 万头减至 2300 万头，4 年间大幅减少了 1000 万头。与存栏量的下滑相比，近些年我国活牛出栏数量持续上升，2009—2013 年，全国肉牛年出栏量由 4602 万头上升到 4828 万头，增长率达 5%，主要是由于我国同期肉牛屠宰加工行业快速发展，牛肉产量从 2009 年的 635.54 万 t 上升到 2014 年的 689 万 t，增长率超过 8%，产量占全球牛肉总产量的 11.8%，成为继美国、巴西之后的全球第三大牛肉生产国。我国牛肉产量占全国肉类总产量的比重由 2009 年的 8.31% 下降到 2012 年的 7.93%，之后略有上升至 2014 年的 7.95%。

近几年，我国生鲜牛肉产品价格呈现逐年增长，从 2005 年的 16.8 元/kg 增长到 2014 年的 52.5 元/kg，主要原因包括四个方面：①市场需求量增加，城乡居民收入增加，生活水平提高，尤其老百姓逐渐认识到吃牛肉的好处了，优质优价的市场机制逐步发挥作用。②牛的生物学特性决定了牛不像猪、鸡那样繁殖快、饲养周期短，牛属单胎动物，妊娠期超过 280d，育肥出栏一般需要 2 年以上，而且目前能繁母牛不足 2000 万头，养殖成本要比猪、鸡高得多。③饲草饲料及劳动力成本大幅增加，助推了牛肉价格的不断上涨。例如，养牛的粗饲料涨价幅度 80%～160%，精饲料涨价幅度 50%～100%，劳动力涨价幅度高达 100%～200%。④受比较效益低（例如，农民养牛不如外出打工收入高）的影响，肉牛饲养量（尤其是基础母牛饲养量）大幅下滑，导致全国性牛源紧张，且在可以预见的 10 年内难以缓解。从这 4 个方面来分析，今后牛肉价格还将继续呈现货紧价扬的趋势，进一步加剧市场供需矛盾。

我国肉牛业正处在蓬勃发展时期，其特点是农村机械化逐步发达、城乡人民生活质量逐步提高、纯役用牛量减少、肉牛及役肉兼用牛数量增加，从而促使地方役用品种牛向杂交改良肉用及肉役兼用牛方向转化。近 20 年来，我国先后引进了利木赞、夏洛来、西门塔尔、海福特、皮埃蒙特等国外肉牛品种进行改良，并根据不同省份的区域特点，建立了改良基地，加快了我国杂交肉牛的繁育。牛的数量已超 1.1 亿万头，其中杂交牛数量占的比例越来越大。现阶段杂交肉牛以西门塔尔和夏洛来居多，主要分布在山东、河南、山西、河北、内蒙古及东北三省；秦川牛仍作为地方肉牛在陕西、甘肃、青海等地养殖。肉牛的饲养一般为两种形式，一是农户繁殖小牛养到 400kg 左右，由大型饲养育肥场收购进行强化育肥销售；二是由专业户收购 100～150kg 小牛（规模为 10～50 头），饲养育肥到 400～450kg 后销售，或者再由规模场强化育肥销售，但也有商家直接收购小牛宰杀销售的行为。目前，我国的内销市场看好。20 世纪 80 年代后期，饲养方式开始由传统饲喂向科学育肥转变，90 年代中期规模化育肥达到高峰，21 世纪初才回归理性发展。我国肉牛产业初步形成了四大产区：以新疆、宁夏、青海等为主的西北传统牧区，以东北三省和内蒙古为主的东北肉牛生产区，以河南、山东、河北和安徽为主的中原肉牛生产区，以四川、贵州、云南、广西为主的西南肉牛生产区。

我国活牛饲养总量较大，肉牛饲养由西北牧区向农业经济优势区域转移，形成了中原、东北、西北、西南四个肉牛产业带。我国活牛饲养方式不同于国外的大规模饲养方式，以广大农户分散饲养为主，主要是我国草场质量不断恶化、资源相对不足，不具有发展"草原型现代畜牧业"的基础条件；而美国式的"大规模工厂化畜牧业"尚未普及；而且，我国人口众多、劳动力资源丰富，大部分人口分布在农村地区，这种国情条件决定我国肉牛养殖以广大农户分散饲养为主。

我国肉牛产业存在的问题：

（1）肉牛良种化程度低，产品加工不足，附加值和效益低　我国黄牛的改良面不足 20%，本地良种肉牛及外来改良牛之和仅占 35%，良种化程度非常低；虽然我国和发达国家牛肉加工的设备、风味雷同，但发达国家牛肉加工附加值高达 30%～40%，而我国仅 3%～4%。

（2）生产方式落后　尚未形成专业化的生产模式，总体上仍以农户为单位的小规模饲养方式为主；以现有饲草料和现有设施的利用为主要方式，难以保证饲草料的数量与质量；缺乏规范、科学化的饲草料加工与利用技术，缺乏饲养管理技术，既无法保证饲草料的利用效率和育肥效果，更无法保证肉牛的质量与规格；无法保证规模化牛肉加工的牛源需要，使得牛肉质量的稳定性也无法保证，缺乏竞争力。

（3）生产周期长、商品率低、出栏率低　国外母牛产犊间隔不超过 12 个月。15～18 月龄的育肥去势公牛的平均屠宰重为 582kg。而我国出栏肉牛中 18 月龄商品牛很少，根本没有 6 月龄商品牛，从犊牛到育肥出栏又需 18～20 个月，生产 1 头肉牛需 28～30 个月。国外肉牛屠宰后平均胴体重为 280kg，而我国只有 194kg。

（4）中高档牛肉生产能力不足　我国中高档牛肉生产能力相对较差，在牛肉产品的销售中，仍以传统牛肉为主，难以实行优质优价、难以体现各类牛肉品质的差异；分割牛肉少，与国外牛肉相比价格较低，在国内市场的售价也仅为澳大利亚牛肉的一半。

（5）牛源短缺，发展后劲不足　由于产业链中利益分配不均，养殖户逐渐减少，出现了私屠滥宰，杀子弑母的现象，基础母牛存栏不足，加上生产方式落后，各地牛源短缺，因此肉牛产业后劲不足。这些都是影响着我国肉牛养殖业发展的主要问题。

二、养猪业发展现状

我国是养猪大国，猪及猪肉产品约占世界产量的一半，在世界养猪业中起到举足轻重的作用。改革开放以来养猪业经历了由散养到集约、由集约到规模、由规模到规范、由经验到科学、由地方品种到引进改良杂交、由本交繁殖到人工授精、由粗放生产到安全生产的过程转变。尤其是国外养猪先进技术的引入，饲料工业的飞速发展，防疫体系的完善，促使我国养猪业迅猛发展，养猪生产水平大大提高。养猪户数减少，养殖户养殖规模扩大；生猪饲养资源逐步集中；中等规模生产场（户）在规模化养殖中的数量和产量比重不断上升。这是近几年来我国畜牧业发展的现状也是未来发展的走向。专业化、集约化和规模化的发展方式是未来畜牧业走上正轨的保证也是其必然趋势。总体上讲，专业户和中等规模户是中国未来畜牧业的主力，也是实施小农户与大市场对接战略的重要力量。生产方式大概分为传统农户养猪，专业养猪户和工业化养猪三种。但发展的不均衡性依然很明显，大规模现代化的 5 万头、10 万头集约化饲养场以及小型 30～50 头猪饲养规模场并存，目前我国农村以散养为主，规模养猪的发展速度在不断加快。2006 年受高致病性猪蓝耳病影响，全国种母猪存栏下降 1/6，社会总存栏量下降近 1/3，特别是规模小的猪场存栏量减少尤为严重。我国养猪业特别是在近十年来发展特别迅猛，单场规模从 1990 年的 200 头增长到 2013 年的 2000～3000 头，养殖场的数目从 30 万减少到 7 万，养殖场向规模化发展。目前规模大于 4000 头的农场提供 90% 的上市猪，上市肥猪从 9000 万增加到了 12 亿头。与此同时，在品种、饲料、疾病控制等方面也有了显著的提高。尽管当前养猪业规模很大，但规模大小不等，水平参差不齐，品种来自多家，饲料来源多样，疾病复杂多变，药物成分混杂，防治力度不一等问题依然存在，具体表现在：

（1）养猪场选址规划不合理　养猪选址十分重要。选址的好坏决定了猪养殖过程中是否方便进行消毒和隔离等相应的措施。猪圈的规划和建设不能贪图便宜，便宜的建材导致隔热、保湿不合理。配套设施的不合格也会对养殖产生不利的影响，很多养猪场内人畜混居，没有隔离舍，导致垃圾堆积，臭气熏天，没有对应的消毒措施，造成了很坏的影响，对人们的健康造成不利的影响。所以说养猪场的选址应该设立在地势高、干燥、背风向阳，排水方便，符合卫生防疫标准的地方，便于养猪场的废物处理。

（2）管理技术不科学 养猪场的科学管理在为人们带来收益的同时也提高了效率。但目前的养猪场也存在很多管理问题，如饲养员素质不高，分工细化不合理，缺乏有效的技术支持。人员素质低下的现象尤其出现在农村养猪中，饲养员缺乏消毒意识，检疫意识不足，防疫思想也不到位都是客观存在的问题。该类人员从事养猪业具有一定的盲目性。除了饲养员素质不高的问题，还有劣质猪淘汰的问题。在饲养过程中没有合理进行品种淘汰，对身体有缺陷，产仔量少，哺乳不好的猪进行淘汰，从而导致整个养猪场的猪肉质量下降。应要对猪的健康状况，生育状况进行严格的筛选。

（3）农村养猪观念相对落后 农村养猪中最大的问题就是观念落后，在养殖过程中没有专业的兽医人员，对新购入的猪不进行疫苗的注射，对生病的猪不进行及时的处理。养殖环境恶化，疾病控制难并且传播快，对养殖场造成威胁，严重的会造成重大的经济损失。

三、养羊业发展现状

目前，我国养羊业已进入新的发展阶段。一是养羊业保持了稳步增长，已成为畜牧业发展和农民增收的亮点。二是生产区域化优势明显，肉羊业生产区域正在由传统牧区向农区转移。目前，中原和西南等地的农区已成为我国肉羊的主要产区，2005 年，肉羊产业带 14 省（自治区、直辖市）羊肉产量占全国的 80.5%；内蒙古、新疆、甘肃、黑龙江、山东 5 省（自治区）绵羊毛产量占全国总产量的 64.3%；内蒙古、新疆、辽宁 3 省（自治区）羊绒产量占全国总量的 56.4%。三是生产方式转变加快，饲养方式逐步由放牧转变为舍饲和半舍饲，使草地得到休养生息，分散饲养正向相对集中饲养方式转变，生产规模化程度不断提高，养殖小区和适度规模养殖场得到蓬勃发展。2011 年各类绵羊、山羊出栏 26661.5 万只；2012 年中国羊存栏量 28504.1 万只。2005 年，中国屠宰绵羊 1.6 亿只，占世界绵羊屠宰总数的 30.0%；屠宰山羊 1.5 亿只，占世界山羊屠宰总数的 40.5%。中国屠宰绵羊、山羊总数占世界屠宰羊总数的 34.2%。羊肉产量占国内畜牧业肉类总产量比重在逐渐增加。2005 年中国羊肉总产量 350.1 万 t，2012 年中国羊肉总产量为 401.0 万 t。中国所产羊肉占肉类总产量的比重由 1980 年的 3.7%、2001 年的 4.6% 提高到 2012 年的 4.8%，占世界的比重从 1980 年的 6% 和 2001 年的 24% 提高到 2005 年的 33.4%。绵羊毛、山羊毛和羊绒产量分别较 1980 年提高了 127.7%、275.8% 和 350.0%。据统计，2012 年世界羊存栏量 216512.6 万只，其中绵羊 116900.5 万只，山羊 99612.1 万只。中国羊存栏量 28504.1 万只，其中绵羊 14368.0 万只，山羊 14136.1 万只，分别占世界总量的 13.2%、12.3% 和 14.2%，是世界上养羊数量最多的国家。但是羊只个体产肉量较低，人均羊肉产量较少。2012 年中国每只羊平均产肉量 14.4kg，是美国的 45% 左右。中国人均羊肉产量只有 3.7kg。养羊出栏率已提高了 30% 以上，高于世界平均水平；但我国养羊业水平与国外先进水平相比，仍有很大差距。

四、养禽业发展现状

1. 养鸡业发展现状 欧洲的鸡蛋产量居世界第二，约占世界总量的 19%，预计这种情况在未来几年都不会有明显变化。所有欧盟国家都生产商品鸡蛋，欧盟最大的鸡蛋生产国是法国（约占欧盟鸡蛋产量的 17％），其次是德国（16％）、意大利和西班牙（均为 14％），紧接着是荷兰（占 13％）。欧盟最大鸡蛋的出口国是荷兰，其 65％的产品出口，其次是法国、意大利和西班牙，而德国的鸡蛋消耗量要大于其生产量。欧盟生产的大多数鸡蛋（95％）仅供欧盟国家内部消费。虽然在欧盟，特别是在北欧，非舍养鸡蛋的生产在过去十年中受到了欢迎，但多数蛋鸡仍都饲养在笼舍内。例如，英国、法国、奥地利、瑞典、丹麦和荷兰都增加了棚舍、半集约式、自由放养（室外放养）和垫料床等蛋鸡饲养系统的比例。在所有成员国中，除了法国、爱尔兰和英国更倾向于半集约化系统和自由放养的饲养方式，垫料饲养法在其他国家是非笼舍饲养系统中采用最多的。一个养殖场饲养的蛋鸡数量从几千只到几十万只不等。预计每个成员国内只有少量养殖场符合 IPPC 指令的范围要求，即超过 40000 只蛋鸡。在欧盟满足此要求的养殖场总数刚刚超过 2000 个。

随着国有企业股份制改造、民营企业的发展，20 世纪 90 年代以后，国有养鸡企业已被小型的股份制企业和民营企业替代，昔日繁荣一时的大规模的国有养鸡场已不复存在。由于规模小、科技含量低，我国的鸡产品很难大量进入国际市场，20 世纪 80 年代大量供应中国香港、澳门市场鸡蛋及冻鸡产品，进入 20 世纪 90 年代后，随着配额管制的放开也大幅减少。饲料企业的不规范运作，各种"高科技"添加剂的使用，特别是多次禽流感的病例报道，使鸡蛋、鸡肉安全隐患一直影响着我国鸡产品销售，这些都不同程度阻碍了我国养鸡业的正常发展。养鸡市场变化起伏不定，鸡蛋价格一度跌到 3.8 元/kg，鸡肉也一度成为"垃圾食品"，大量中小型养鸡企业纷纷转行。但是 2005 年以来，鸡蛋市价逐渐回升，2006 年"猪无名高热"严重影响了市场猪肉的销量，侧面促使了鸡肉产品的销售，当前鸡蛋售价达 6.6 元/kg，养鸡业正通过市场经济的杠杆调节作用向着良性发展。

2. 养鸭业发展现状 根据联合国粮农组织（FAO）统计，在亚洲，鸭的饲养主要分布在中国、越南、泰国、印度尼西亚和印度等国，饲养量以中国最多。我国鸭存栏量达 6.61 亿只，占世界总存栏量的 69.7％，占亚洲总存栏量的 78.3％。我国鸭饲养区主要分布在长江中下游、华东、东南沿海各省、台湾省及华北等地区。2002 年，四川、广东、湖南、江苏、广西、江西、福建、山东、安徽、浙江、重庆、湖北 12 个省（自治区、直辖市），鸭出栏量为 15.32 亿只，占全国出栏量的 83.8％；其中，四川省是我国最大的养鸭省，2002 年出栏鸭 3.37 亿只，占全国鸭出栏总量的 18.4％；其次依次为广东 1.94 亿只，湖南 1.47 亿只、江苏 1.23 亿只。我国的养鸭业具有悠久的历史。进入 20 世纪 80 年代，饲养量平均每年以 5％～8％的速度递增。2004 年，我国肉鸭的出栏量超过 24 亿只，鸭肉产量约 530 万 t，占世界鸭肉总产量的 70％左右。近年来，我国养鸭业得到了快速的发展，集中表现在鸭存栏数量大幅度增加和鸭肉产量快速增长。1980—2010 年，我国的鸭存栏量由 1.41 亿羽增长到 6.21 亿羽，30 年增长了 4.4 倍，2010 年我国养鸭量占世界养鸭总量的 1/3。从以上的数据可以看出，我国养鸭业的增长速度远远高于世界其他国家水平。2010 年，我国鸭屠宰量和鸭肉产量分别达 14.57 亿羽和 191.5 万 t，相比 1980 年分别增长了 66.7％和 9.8 倍；鸭肉总量由占世界比例的 29.41％增长至 69.17％。中国羽绒（毛）每年产量约 36.7 万 t，鸭绒约占 75％，羽绒制品每年为国家创汇 13.4 亿多美元，约占世界羽绒品出口量的 55％。我国 2004 年成年蛋鸭的存栏量达到 3 亿～4 亿只，鸭蛋年产量达 553 万 t，约占我国禽蛋总产量的 20.3％。我国肉鸭及蛋鸭生产和消费区域性强，产业化程度迅速提高。但是，技术落后和环境治理滞后等急需解决的问题依然制约了我国养鸭业的发展。目前，我国的养鸭产业已经开始进入激烈的市场竞争阶段。

第二节　畜牧业存在的环境问题与生态畜牧业

一、畜牧业发展中存在的环境问题

畜牧业在大农业中的分量非常重要，世界发达国家畜牧业产值占农业的比重普遍超过50%，甚至达到70%以上。在我国，无论现在还是将来，畜牧业都是农村经济的重要支柱，是农牧民增收的重要途径，也是新农村建设中发展现代农业的重要内容。特别是近些年来，随着强农惠农政策的实施，畜牧业呈现出加快发展势头，畜牧业生产方式发生积极转变，规模化、标准化、产业化和区域化步伐加快。2012年，畜牧业产值已占中国农业总产值的34%，在畜牧业发展快的地区已达40%以上，从事畜牧业生产的劳动力就有1亿多人。随着我国经济的迅速发展和生活水平的提高，我国畜牧业也必将得到迅速的发展，在整个国民经济中发挥更大的作用。

畜牧业的发展对于建设现代农业，促进农民增收和加快社会主义新农村建设，提高人民群众生活水平都具有十分重要的意义。但畜牧业发展中，也逐渐暴露出一系列的问题。中国的畜牧业仍处在传统饲养方式与现代化养殖方式并存，传统养殖方式占支配地位的阶段。规模小、品种杂，人畜混居、散放散养、混放混养、粗放经营等问题在一些落后地区仍旧存在，同时一些地方存在着畜牧业投入不足、畜牧业生产和畜产品加工质量安全隐患等情况，规模化、组织化程度低，产品质量差，良种繁育体系不健全（农村散养户），环境污染与生态环境恶化问题严重，防疫工作基础薄弱，重大疫情时有发生，龙头企业优势不明显、畜产品加工业不强，具有民族特色和地方资源优势的养殖产业链的发展弱化，对养殖模式的作用及其标准化工作重视不够，养殖装备技术与产业发展滞后。这些都是影响畜产品质量安全的不确定性因素，饲养环境和生产条件相对落后、重大动物疫病形势严峻等问题也同时存在，具体表现在：

1. 农村居民生产和生活环境恶化　随着经济发展，一家一户的养殖方式已经不能满足市场增长的需要，尤其是改革开放以后，小农经济也开始向商品经济加速转化。在农户家庭养殖这一基本事实没有改变的情况下，畜禽规模的扩大意味着牲畜与人争空间的问题将尤为突出。家庭畜禽养殖户环境较差、粪便满地、臭气熏天、蚊虫肆虐、污水横流，这不仅造成农村居民生产和生活环境严重恶化，还影响了村容村貌。

2. 扩大再生产和增加农民收入的约束　农区家庭养殖方式不仅是生产生活环境的问题，也是畜牧业发展的问题。朴实的村民即便能够忍受农区家庭养殖方式带来的长年累月的气味和粪便污染，但扩大生产规模的要求却难以满足。由于市场需求的扩大和农民增收的需要，房前屋后的家庭养殖及放养已经没有扩大生产所需要的空间，农民迫切需要有足够的饲养场地扩大畜禽生产，增加出栏量，提高收入。

3. 畜产品质量问题突出　受利益驱动，部分养殖户会采用不恰当的饲养方法和手段来生产劣质甚至有毒的畜产品。在过去几年间，"瘦肉精"、苏丹红等事件接连不断发生，对城乡居民的身体健康及消费心理造成了严重影响。在传统养殖方式下，利润追逐和道德法律冲突问题频频发生，加之养殖户高度分散，难于管理，从而很难保证上市畜产品符合无公害的标准。

4. 小生产和大市场矛盾　畜产品是我国的优势农产品。加入 WTO 后，我国尽管希望畜产品能够增加出口，但由于传统养殖方式的缺陷，难以形成加工出口所要求的规模，产品标准化程度低，更是影响了加工业和产品出口的竞争力。

5. 疫病防治困难　由于大量的分散饲养，难以有效防止交叉传染、控制动物疫病，所以建立公共卫生防疫和环境控制标准显得尤为重要。

6. 难以抵御市场波动风险　传统养殖方式，不能预测和适应市场变化，无法承受市场价格波动所带来的风险。市场变化对畜牧业的整个产业波动也起推波助澜的作用。近几年来，农村养殖大都是一些个体户为主的小型规模养殖，技术力量薄弱，饲喂粗放，管理落后，致使效益越来越低，路子越走越窄，困难越来越大。特别是对当前疾病复杂的严峻形势估计不足，防治意识淡薄，防疫措施落后，抵抗风险能力低，导致企业经营亏损严重。因此，疫病是制约中国农村养殖发展的最大障碍。

二、生态畜牧业的定义及意义

1988 年初到 1989 年 5 月，联合国环境规划署对中国、印度、日本、阿根廷等 15 个国家进行了环境意识的民意测验，每个国家有 400～1200 多个部门、机构及不同层次的人接受了调查。调查结果表明，许多国家对环境问题都表现出深切的关注。我国被调查者对国内目前的环境状况的评价是当时 15 个国家中最差的，其中最为突出的环境问题是饮用水源的污染以及大量农田被侵蚀以及畜牧业带来的生态环境问题。

生态畜牧业（Ecological Animal Husbandry）是指运用生态系统的生态位原理、食物链原理、物质循环再生原理和物质共生原理，采用系统工程方法，并吸取现代科学技术成就，以发展畜牧业为主，农、林、草、牧、副、渔因地制宜，合理搭配，以实现生态、经济、社会效益统一的畜牧业产业体系，它是技术畜牧业的高级阶段。生态畜牧业主要包括生态动物养殖业、生态畜产品加工业（粪、尿，加工业产生的污水、污血和毛等）的无污染处理业。生态畜牧业是以畜禽养殖为中心，同时因地制宜地配置其他相关产业（种植业、林业、无污染处理业等），形成高效、无污染的配套系统工程体系，把资源的开发与生态平衡有机地结合起来。生态畜牧业系统内的各个环节和要素相互联系、相互制约、相互促进，如果某个环节和要素受到干扰，就会导致整个系统的波动和变化，失去原来的平衡。生态畜牧业系统内部以"食物链"的形式不断地进行着物质循环和能量流动、转化，以保证系统内各个环节上生物群的同化和异化作用的正常进行。在生态畜牧业中，物质循环和能量循环网络是完善和配套的，通过这个网络，系统的经济值增加，同时废弃物和污染物不断减少，以实现增加效益与净化环境的统一。

发展生态畜牧业的重要意义有以下四个方面。

（1）保护环境　通过生态畜牧结合农业生产方式，可以低成本解决环境污染和耕地退化问题，采取现代的设施设备和生物技术处理畜禽粪便，将粪便制成有机肥或制作成饲料循环利用，减少环境污染的同时增加了养殖经济效益，促进生态良性循环。

（2）资源充分利用　根据生态系统营养多级利用，循环再生的原理，将人类不可直接利用的植物性产品转化成畜产品，提高资源利用率，发展高效畜牧业，促进畜牧业向低碳绿色方向转型，带动产业链相关产业发展方式转变，推动构建资源节约和环境友好社会。

（3）提高产品质量　根据动物健康养殖要求，采用生态化方式防治畜禽疫病，利用生物制品预防动物疾病，减少饲料添加剂和兽药的使用，为动物提供无污染、无公害、高质量的生态饲料。

（4）提高经济效益　高效生态畜牧业采用营养多级循环，降低了生产系统的投入，生产出绿色健康的生态畜产品，具有较高的品质价值，提高了畜产品的产量、质量和经济效益，增强了畜产品的市场竞争力。

第三节　我国畜牧业的发展趋势

我国肉类和禽蛋产品将长期处于供给略大于需求的格局。与肉类产品和蛋产品相反，我国奶产品则长期处于相对短缺的状态。肉类、禽蛋的增长速度将越来越趋缓，在肉类结构中，猪肉比重继续下降，禽肉和牛、羊肉比重持续上升，而奶类产量仍将保持较高的增长速度。未来十几年，中国人的畜产品消费进入稳定增长时期，城市有很少一部分消费已饱和，甚至出现消费量的减少，但这只是食物之间的品种替代，而从整体上看，仍处在稳步增加阶段，牛、羊肉，禽肉，液态奶和乳制品，水产品还将出现迅速增加的态势。值得关注的是广大农村居民随着收入增加，肉类和蛋类消费将会出现一个迅速增长的阶段，农村奶类消费的现实需求出现可能会晚一些，但潜力会更大。畜牧业的科技含量将加大，新品种的畜禽育种工作将是热点，在加速传统畜牧业向现代畜牧业转变过程中，技术因素将越来越起着决定性作用。抓好畜牧业现代养殖示范、畜禽育种工作、提高其抗病能力和肉品质是畜牧业发展的重中之重。

养殖已经不单单是饲料＋家畜＋兽药的问题，而是一个系统性的工程，需要方方面面的协调与支持。任何生命体都是精密的仪器，养殖对象不但需要吃好，营养平衡，而且还要好的环境。随着饲料、疫苗、兽药的同质化加剧，现在养殖环境已经成为制约养殖效益的最大因素。举一个很简单的例子，肉鸡的养殖，地面养殖与网上养殖效益相差很大，不但成活率差别大，而且医药费也有很大悬殊，虽然只是改变了一个环境条件，不让肉鸡接触到粪便，却取得了巨大的经济效益，这也更加说明养殖环境的重要性。所以，中国畜牧业的发展趋势，也是中国畜牧业的唯一出路就是：产业链的打造，一条龙的发展模式。①标准化养殖，真正"抓住"食品安全的"根本"，确保食品安全不会出现任何问题；②饲料厂整合兼并，形成合理行业集中度，饲料厂摆脱中间渠道的约束真正成为养殖场的一个附属车间；③生态化养殖场提供的畜产品不但品质好，而且实现了与生态环境的和谐共处，才能够可持续发展。畜牧业的发展将在以下几个方面取得突破。

1. 发展超级畜禽，提供更多的畜禽产品　利用高新技术，把大型动物的生长基因引入体型较小的动物体内，从而培养个体粗壮的动物，在相同饲养管理条件下和时间内，获得更多的畜禽产品。据报道，美国已在鼠、鲭、鲶、大马哈鱼上进行试验，澳大利亚科学家把外来基因导入绵羊胚胎中，已培养出特大型绵羊。

2. 培养微型畜禽，满足美食之需　目前，畜牧专家正在考虑和试验把猪、牛、羊育成小到可放在盘子里的微型畜禽，同时进一步提高其肉品质量，满足人类的美食之需。现在墨西哥科学家采用生物遗传学原理，把优良品种的巨型瘤牛作母本进行微缩，已育出了第一代微型牛，这种牛具有适应性强，生长快，皮薄，肉嫩等优点，饲养6个月即屠宰，这一试验成果，将为畜牧生产开创一条新的发展道路。

3. 开发合成型家畜，降低粮食消耗　英国科学家正在研究的食草猪，已取得一定进展。牛、羊是草食家畜，以吃草为主，这是因为它们的胃中有特殊的细菌能把草中的植物纤维分解成糖，而且还能把分解消化所得的营养物质吸收利用、促进其生长发育。科学家们研究发现，这些细菌能够分泌 20 多种溶解酶，因而希望采用遗传工程办法，把酶基因植入猪的受精卵，再把受精卵输回母猪的子宫里，使生下的仔猪像牛、羊一样以吃草为主，进而达到节约粮食的目的。

4. 发展快速生长型畜禽，提高饲养效益　随着生物高新技术的发展，快速育肥牛、育肥猪、快速养鸡技术已取得很大进展。多种饲料添加物质、促长剂、埋植技术的广泛运用，使畜禽的发育速度加快，时间缩短，养殖效益将会得到大幅度提高。

5. 培育功能性保健畜禽，促进人类健康　现在韩国食品专家已成功培育出一种低胆固醇的优质肉猪，这些猪肉使一些担心患动脉硬化症及心脏病而拒食猪肉的食客乐于接受。因为脂肪酸有促进大脑发育，防止血液凝固，减少胆固醇在血管壁沉积的作用，可以有效地预防心脑血管病等，此类肉品受到世人青睐。近年来，我国在养鸡生产中引进先进技术生产的低胆固醇含量蛋、高碘含量蛋、高锌含量蛋等均有防病治病功效，而成为功能性食品的佼佼者。再如，在海洋养殖中开发鲨鱼油乳剂饮料，对预防癌症也有积极作用。有关人士预言，在人类注重生存质量的 21 世纪，保健型功能性食品有广阔的市场前景。

第二章
畜牧业对生态环境的影响

第一节　畜牧业对生态环境的污染

畜牧业的发展，带来了可观的经济效益，改善了国民的生活质量，加快农业经济的发展步伐。但事物的发展往往具有双面性，畜牧业单纯地追求片面发展而忽视其可持续发展的重要性，导致在一定的阶段暴发了片面发展所带来的负面影响。人类如果把向生物圈和大自然排放的废物都控制在生态承载力的限度内或阈值之内，那么人类活动就不至于造成对自然的破坏。但是，当前随着畜牧业的规模化和集约化的程度不断提高，忽视了可持续发展的重要性，导致生态环境的破坏、产品质量的降低、人畜共患疾病的暴发、资源的短缺等一系列的问题相继突显，特别是对生态环境造成的污染问题尤为严重。

畜牧业实质是通过人工模拟动物自然生长过程，以动物营养学等科学技术提高了生产率，该行为改变了自然界进化过程中已有的发展模式。然而，根据自然规律，动物营养过程不是孤立的，而是与周遭环境息息相关的。得到较多畜禽产品的同时却把粪尿等畜牧业污染物不经处理直接还给了自然界，这些污染物的危害性大、数量多，而且又很集中，使自然生态系统很难消纳，从而对环境造成了严重的破坏。因此，许多畜牧业发达国家将废弃物的利用作为一门"粪便科学"（Coprology）开展深入研究。当前，规模化畜牧业对生态环境的危害主要集中在畜禽粪尿，污水，氮、磷等元素，微生物，药物残留，重金属等，对空气、土壤、水源等造成了巨大的损害，在一定程度上延长或破坏了生态环境的恢复周期。

一、畜牧废弃物对土壤的污染

土壤的基本机能是具有肥力，可以生长植物和分解物质，这两方面构成了自然循环的主要环节，因而土壤是地球上生命活动不可缺少的场所，是自然界物质循环的主要承载者，它的机能健全与否直接影响作物的生长和产品质量，并通过产品影响人畜健康。畜牧场粪便是土壤的主要污染源，据研究，中国畜禽粪便的总体土地负荷警戒值已经达到0.49（<0.4为宜），达到较严重的环境压力水平；按照实际生产水平，畜禽的粪尿排放量每头牛为55～65kg/d，每头猪为3.5～11kg/d、每只鸡为0.10～0.15kg/d，每只羊为2.66kg/d，全国畜禽粪便的年产量高达18.84亿t。据德国、比利时、美国和中国规模化养猪生产线粪尿污水产生情况综合分析表明，每生产1头肥育猪（180d，100kg），约产生4t重的粪尿污水，含120～150kg的总固体（TS）。规模化畜禽生产中的畜禽粪便的排放量大且相对比较集中，如果不及时处理，必将造成污染。对上海市

郊 207 个乡和 15 个农场关于使用畜禽粪便负荷量的调查表明，约有 27.3％的使用地区负荷超量。此外，随着种植业结构发生了根本性的变化，现代化农业化肥的大量使用，在广大农村中取代了以畜禽粪便为基础的有机肥，畜禽粪便失去了还田利用的主要出路，从资源转变成了污染源。畜产废弃物中的家畜粪尿虽然易被分解，也提供有机物，使土壤维持其原有的机能，但超过了土壤的自净分解能力也会使土壤有机物质过多，影响作物生长，造成土壤污染。

二、病原微生物对土壤的污染

土壤本身含有许多的微生物，这些微生物构成了土壤的有机生态环境，对土壤的理化性质起到保护作用。如果粪肥不经处理或处理不当，其所含的微生物，特别是大量病原微生物和寄生虫卵，可在土壤中长期存在或继续繁殖、保存或扩大了传染源，这不仅破坏了土壤微生物平衡，还导致大量蚊虫滋生造成疫病传播，影响人类和畜禽健康。据报道，猪场的粪污施入周围农田后，在耕作层土壤中检出了变形菌群落、病原硫化大肠杆菌 O75 和 O127，寄生虫卵达每千克土壤 20 个。常见的此类病原微生物主要有大肠杆菌、沙门氏菌、粪链球菌等，引起的介水性传染病主要有猪丹毒、猪瘟、副伤寒、炭疽病和钩端螺旋体病等。许多疾病已成为人畜共患疾病，据世界卫生组织和联合国粮农组织的资料（1958），人畜共患的传染病至少有 100 多种，其中可由猪传染的有 25 种，由禽类传染的 24 种，由牛传染的 26 种，由羊传染的 25 种，由马传染的 13 种，这些人畜共患疾病的载体主要是家畜粪便及排泄物，因此保证畜禽健康也是保证人类自身健康的一个重要环节。

三、大量化学元素的富集污染

N、P、K 等元素是作物生长必不可少的营养元素。畜禽废弃物中含有丰富的 N、P、K、Cl 等物质，如果不加限制地还田，起不到肥田的效应，反而使作物"疯长"，产品质量下降，产量减少。畜禽对饲料中的植酸消化率低，有 70％以上的磷会排出体外，磷与土壤中的钙、铝等元素合成不溶性复合物，造成土壤板结，影响农作物的生长。同时，为了促进畜禽生长，提高饲料利用率，抑制有害菌，往往在饲料中添加大量的微量元素，如铜的含量高于 250mg/kg，其他还有镉、锌、铅等金属元素。据统计，全国每年使用微量元素添加剂为 15 万～18 万 t，其中约有 10 万 t 未能被动物利用而随粪便排出体外，而这些无机元素在畜体内的消化吸收利用低，在排放的粪尿中相当高。林春野心等报道当土壤中可供给铜、锌分别达到 100～200mg/kg 和 100mg/kg 时即可造成植物中毒。因此长期使用此类添加剂，造成土壤污染，而且被作物吸收后，这些元素的浓度超过标准时就会影响人类的健康。如日本发生的"水俣病"，就是因为人食用汞超标产品；人摄入镉过多，会患"骨痛病"等。

此外，畜禽粪便还会造成农田土壤次生盐渍化。据调查发现江苏省畜禽粪便中盐分含量较高，盐分含量介于 1.8～24.2g/kg，平均为 9.7g/kg。如果在盐分含量环境背景值较高的地区，规模化养殖畜禽粪便会导致农田土壤次生盐渍化的风险，同时规模化畜牧业中还普遍使用大量的抗生素而导致药物残留，这方面的因素对生态环境也造成了一定影响。

四、畜牧业废弃物对水体的污染

当前，水源污染已成为当今世界普遍存在的一个严重的环境问题，并成为水体保护的主要障碍因子，而农业水源污染是造成水体环境隐患的最主要的水源污染形式，规模化养殖的畜禽粪尿、畜产品加工业污水的任意排放极易造成水体的富营养化。福建省环境保护局的调查证明，2004 年闽江流域畜禽养殖废水排放量 30.17 万 t/d，COD 排放量 760.57 万 t/d，氨氮排放量 76.57 万 t/d，其中猪场废水占 80%。据报道市郊畜禽粪便的流失率为 30%～40%，按流失率为 30% 计算，2001 年广东省畜禽粪便的流失污染负荷为：粪尿量 4203.04 万 t，是工业固体废弃物（1990.30 万 t）的 2.1 倍；BOD131.14 万 t，COD151.67 万 t，NH_3-N15.53 万 t。由此可见，大量的有机物不经处理排入水流缓慢的水体中，如水库、湖泊、稻田、内海等水域，将导致水中的水生生物如藻类等获得丰富的营养后立即大量繁殖，大量消耗水中氧，在池塘中发生将威胁鱼类生存；在稻田中使禾苗徒长、倒伏、稻谷晚熟或不熟，使水稻绝收；在内海中藻类大量繁殖，水变浅，影响捕捞业。另外，水生生物大量生长，溶解氧耗尽，导致植物根系腐烂，鱼虾死亡，在水底层厌氧分解，产生硫化氢、氨、硫醇等恶臭物质，使水呈黑色，这种现象称水体的"富营养化"。水体富营养化是家畜粪尿污染水体的一个重要标志，江苏省太湖蓝藻的暴发就是一个很深刻的教训。此外，粪便未经无害化处理排入水中易造成传染病的流行，最常见的有猪丹毒、猪瘟、副伤寒、布鲁氏菌、钩端螺旋体、炭疽等。

部分集约化养殖场的粪污未经处理，随意排放，使粪便中的氮、磷及其他成分，随污水或雨水进入地表水，进而通过土壤进入地下水；屠宰废物处理不当，也会造成水污染；不可食用的动物残余和肥料残留会使地表水富营养化；而杀虫剂和其他化学物质会渗入地下水；粪污中的有机质进入水体后，使水体变色，有机质分解的养分可能引起大量的藻类和杂草疯长，有机质的氧化能迅速消耗水中的氧，使水体溶解氧降低，引起部分水生生物死亡；此外，用有机质含量高的畜禽粪水灌溉稻田，易使禾苗疯长、倒伏，还会使稻谷晚熟或绝收；用于鱼塘或注入江河，会导致低等植物（如藻类）大量繁殖，威胁鱼类生长。

五、畜牧业废弃物对空气的污染

畜牧养殖生产过程中会产生大量的有害气体、粉尘和微生物等。以年出栏 5000 头的猪场为例，每天通过粪便向空气排放的氨气达 67kg 以上，饲料粉尘近 20kg，同时猪粪尿中含有大量降解的或未降解的有机物，主要是碳水化合物，这些物质排出体外后会迅速腐败发酵，分解产生的恶臭物质，如氨气、硫化氢、甲硫醇、硫化甲基、苯乙烯、乙醛和粪臭素等成分。据测定，猪粪中含有 75 种之多的臭味化合物，在畜禽舍内采样测定，畜舍内氨气含量一般为 6～35mg/L，高者可达 150～500mg/L，鸡舍内硫化物浓度为 0.4～3.4mg/L；除此之外，猪场每小时还向大气排放约 7.5 亿个菌体。如此多的有害气体、粉尘及病原菌存在空气中，严重影响空气质量，并通过空气气流弥散与水尘埃相结合悬浮在空气中，形成微生物气溶胶，在风的作用下到处传播，使得其危害范围扩大。处于其中的人们和动物，吸入空气，将会损害人和动物的肝脏、肾脏，刺激呼吸道、眼结膜，降低黏膜抗病力，改变神经内分泌功能，降低代谢机能和免疫功能，使生产力下降，发病率和死亡率升高。此外，空气中的有害气体在一定条件下，氨气中的氮元素可被氧化为二氧化氮而溶于水变成硝酸，使周遭环境 pH 下降，从而影响土壤的机能。

牲畜以直接和间接的方式释放的大量的二氧化碳、甲烷和氮氧化物，这会对全球气候变暖产生作用。牲畜正常呼吸产生的二氧化碳总计每年达到 28 亿 t，排出后的畜禽粪尿常混合在一起，在微生物的作用下，其中的含氮物质迅速降解，产生大量挥发性脂肪酸和氨；另外，在粪尿中还发现了 80 多种化合物，其中二氧化氮、乙硫醇、甲硫醇、硫化氢等是产生恶臭的重要原因，这些有害气体散布到空气中，使空气的污浊度升高，降低了空气质量，严重时可对人的眼睛、皮肤等器官产生不良影响或引发呼吸系统疾病，如氨刺激性强，对鼻、咽喉都有强烈的刺激，会使人畜流眼泪，通过肺部进入血液，会破坏血红蛋白，使畜禽昏迷、麻痹，甚至中毒死亡；硫化氢是最具危害性的粪便气体，对畜禽及人的眼、呼吸道影响大，一氧化碳含量增多使人畜昏迷致死。另外，畜禽粪便中散发的甲烷、一氧化碳和氧化氮等气体还是造成地球温室效应的主要气体，据报道，氨对全球气候变暖的增温贡献大约为 15％，而且在这 15％的比率中，畜禽养殖业所排放的氨量最大。

六、影响畜产品安全和人类健康

过量使用饲料添加剂和未经无害化处理的粪污，会导致畜禽生产环境的恶化，一方面直接影响畜产品的质量；另一方面导致畜禽应激和疫病的发生。粪便中的各种有机物、氨、磷、固体浮游物、病原性微生物和维生素等，无论对地表水还是地下水均有严重污染，以致危及人体健康，尤其是饮水源中硝酸盐的存在，会转化成致癌物。粪便中氮、磷进入水体后，致使水体富营养化，引起低等浮游生物、藻类大量繁殖，而这些藻类又是鱼类难以消化利用的生物群体，在水体中大量繁殖后又大量死亡，产生一些毒素和消耗大量氧气，使得养殖鱼类中毒和缺氧而死亡。为防治疾病和净化环境而加大使用各类药物的使用量，使畜产品中的激素和药物残留问题日趋严重；另外，高剂量的铜、锌等矿物质元素的使用亦可带来污染，如近几年流行在猪饲料中添加高剂量的硫酸铜 250～400mg/kg 或锌 2000mg/kg，虽可提高猪的饲料利用率，促进猪的生长发育，但也显著增加铜和锌的排出量，造成了对人畜健康的危害和环境污染。

一是由于畜禽粪污中含有大量的病原微生物、寄生虫、病菌等。大量畜禽粪便不经过无害化处理，随意堆放在农田边和道路两旁的空地上，极大地污染周边环境，又容易导致一些人畜共患病的传播。现代集约化、规模化的畜禽生产，由于饲养密度高，大量微生物在单位体积内积聚，使微生物与动物反复作用，促使病原体变异，毒性增强。二是畜产品中残留的药物有兽药、人药、消毒药、农药及其他化学物质，目前最突出的是使用违禁的盐酸克仑特罗的残留问题。此外，抗生素和激素的滥用，维生素和微量元素的超量使用，也会造成残留。药物残留对人类的潜在威胁表现为：过敏和变态反应、致畸形、致突变和致癌作用、细菌交替感染等。粪便中大量的病原微生物和寄生虫卵随污水排放，使环境中的病原种类增多。三是畜禽粪便作为有机肥施入农田，有助于作物生长，但长期使用将可能导致磷、铜、锌及其他微量元素、药物在土壤中的富积，从而对作物产生毒害作用，严重影响作物的生长发育，使作物减产。更为严重的是，一旦土壤受到污染，这些有害物在农产品中的含量会大幅度提高，最终通过食物链进入人体或动物体内，产生危害。畜禽养殖业粪尿中含有大量未被消化吸收的物质分解成氨、硫化氢、二氧化碳、甲烷等，产生恶臭、温室气体，危害动植物生长与人体健康。未被吸收的氮、磷产生水体富营养化，危害水生生物和污染地下水。重金属砷、汞、硒污染水体和土壤，危害人体的健康；兽药残留物抗生素、激素污染食品，毒害人体；微生物如炭疽、禽流感、布鲁氏菌病、结核病等，传播人畜共患病。

第二节　我国畜牧业面临的环境现状

我国畜牧业因其丰富的自然资源和市场需求，畜禽养殖场大多分布比较集中。畜禽养殖业的迅猛发展过程中忽视了畜禽养殖业的管理问题，大量的畜禽排泄物没有得到合理的处理与综合利用，因而使畜禽粪便对环境造成了严重的污染。搞好畜禽粪污的治理工作，是目前规模化养殖场普遍面临的紧迫任务和重要课题，也是农业可持续发展的关键环节之一。规模化养殖主要分布在广东、山东、河南、河北和湖南等地，对环境影响较大的大中型畜禽养殖场 80%集中在人口比较集中、水系较发达的东部沿海地区和诸多大城市周围。由于多种原因，我国许多规模化畜禽养殖场分布于居民区内，8%～10%的规模化养殖场距离当地居民水源地的距离不超过 50m，30%～40%的规模化养殖场距离居民居住地或水源地最近距离不超过 150m。根据资料显示，1988 年全国畜禽粪便年排放量为 18.8 亿 t，1995 年增加到 24.9 亿 t，分别是同年工业固体废弃物的 3.4 倍和 3.9 倍，1998 年达到 35亿 t；2000 年达到 36.4 亿 t，相当于同期固废物产生量的 3.8 倍；到 2010 年，我国每年畜禽粪便产生量已达到 45 亿 t。2010 年规模化畜禽养殖场（小区、户）化学需氧量、氨氮、总磷排放量占农业源排放总量的比例依次为 95%、78%、74%，占全国排放总量的比例依次为 45%、25%、58%。畜禽养殖业化学需氧量排放量分别为当年工业源排放量的 3.23 倍、生活源的 1.18 倍。全国 COD 排放量、氨氮排放量、总磷排放量，农业源分别占 47%、31%和 79%。

王少平、陈满荣等利用地理信息系统（GIS）对上海市集约化畜禽养殖中污染负荷的空间分布规律进行了研究，结果表明，上海市 1997 年集约化畜禽养殖场共 846 个，而以生猪的饲养场的数量最多。集约化畜禽养殖所产生的畜禽粪尿达 301.2 万 t，由此而进入水环境中的总氮为 2878.7t，总磷为 734.4t，其中由生猪饲养场排放的粪尿占 59.5%，奶牛、蛋禽、肉禽分别占 35.6%、3.7%和 1.1%。各区县粪尿污染负荷中，以闵行最高，松江次之，浦东最小。单位耕地面积粪尿量表现为近郊＞中郊＞远郊。徐谦 2002 年对北京 800 多家规模化养殖场污染物测算结果显示，全市产生畜禽粪尿总量为 304.4 万 t，这些畜禽粪尿含 COD 约 93434t、氨氮约 8759t、TN 约 18460t、TP 约 7030t。

河南省畜禽养殖业主要水污染物排放量：化学需氧量 118.65 万 t（全省排放总量188.73 万 t，畜禽养殖业占 62.87%），总氮 14.16 万 t，总磷 1.95 万 t，铜 270.55t，锌499.52t。①生猪养殖污染物排放：COD 为 97.5 万 t，占畜禽养殖业排放总量的 82.18%，氨氮 2.27 万 t，占 97.89%；②奶牛养殖污染物排放：COD 为 6.8 万 t，占畜禽养殖业排放总量的 5.7%，氨氮 0.0236 万 t，占 1.02%；③肉牛养殖污染物排放：COD 为 4.01 万 t，占畜禽养殖业排放总量的 3.34%，氨氮 0.025 万 t，占 1.09%；④蛋鸡养殖污染物排放：COD 为 4.68 万 t，占畜禽养殖业排放总量的 3.94%；⑤肉鸡养殖污染物排放：COD 为5.64 万 t，占畜禽养殖业排放总量的 4.76%。

第三节　畜牧业造成生态环境污染的原因

一、制约因素及原因分析

随着国民经济快速发展，城市化水平的不断提高和消费结构的优化升级，畜产品消费需求量日益加大，从而推动河南省畜牧业不断转型升级，目前正处于转型升级的关键时期。此外，畜牧业区域布局不平衡的问题还难以在短时间内得到根本改变，局部地区畜禽养殖总量增加与环境容量、土地种植消纳的矛盾仍然突出，畜禽养殖排泄物仍然是环境的污染源之一，部分畜禽养殖场污染治理设施与养殖规模不匹配，治理设施后续管理不到位，畜牧业发展理念跟不上时代发展，畜牧科学技术和资金投入与现代畜牧业发展不相适应，体制机制有待进一步理顺完善，这些问题制约了畜牧业与生态环境保护的协调发展。

二、规模与环境承载力的配置不合理

近年来畜牧业逐渐转为集约化生产和经营，规模较大的一些养殖企业只关注企业的发展和经济效益，对生态环境的治理工作并不重视。养殖场的总体布局一是便于管理，照顾各区间的相互关系。二是搞好灭菌防病工作，充分考虑主导风向和各区间的上下关系。三是生产区应按照作业的流程顺序安排。四是做到土地的经济利用和节省基建投资。生产区和生活区要严格分开，并有隔离设施如消毒室，隔离间距和隔离的屏障等。养殖业对资源的消耗包括项目占地面积，现有水资源状况；项目水资源消耗量包括生产用水和生活用水；饲料消耗量包括粗饲料、精饲料、青饲料、青贮饲料；能源消耗等。各区布置应考虑到社会接触的频繁、主风向及地势等，依次为生活及管理区、生产区、病畜区、废弃物处理区。粪尿和水处理设施和家畜焚烧炉的位置与圈舍保持100m距离。排水排污系统要雨污分流、固液分离、贮存设施进行防渗漏处理。按照环境保护部制订的《"十二五"主要污染物总量减排核算细则》（环发〔2011〕148号文件）要求，年出栏500头以上的生猪养殖场（小区）、年出栏50～500头的生猪养殖专业户；年存栏100头以上的奶牛养殖场（小区）、年存栏5～100头的奶牛养殖专业户；年存栏100头以上的肉牛养殖场（小区）、年存栏10～100头的肉牛养殖专业户；年存栏10000只以上的蛋鸡养殖场（小区）、年存栏500～10000只的蛋鸡养殖专业户；年出栏50000只以上的肉鸡养殖场（小区）、年出栏2000～50000只的肉鸡养殖专业户均将纳入主要污染物总量减排核算范围。据估算，1个万头猪场每年要排放3万t粪尿，其中粪1.26万t，尿1.74万t，全年将向猪场周围排放107t氮（相当于375t尿素）和31t磷（相当于375t过磷酸钙）。按最高水平施肥量计算，至少需要1300～4000hm² 农田。如此大量的粪尿排放量单纯依靠土壤等自然生态消化是不可能的，所产生的大量粪尿等排泄物如不及时处理，随时都能对人类和畜禽环境造成严重污染。同时，农牧脱节现象严重，养殖业从根本上说离不开种植业，种植业为养殖业提供饲料，养殖业为种植业提供有机肥料。两者有机结合、互相促进、协调发展。由于农田耕作化肥的大量使用，使得有机肥利用率降低。造成种植业与养殖业良性生态循环脱节，畜禽粪便剩余，引起环境污染。

三、生态发展基础薄弱

河南人多地少，土地资源总量少，可用畜牧用地少，对生态畜牧业发展是一个很大的制约。一方面随着城市化进程加快，很多地市对畜牧业禁养区和限养区的规划与管理日趋严格，对养殖场分布及养殖密度都提出了更高的要求，生态畜牧业的发展空间将更趋狭小。另一方面，是因为畜牧场地的选择不当。随着市场经济的发展和人民生活水平的提高，对蛋、奶、肉等畜产品的需求量逐渐增多，为了便于畜产品的产、供、销一条龙的配套，畜牧业由农区、牧区逐渐向城镇郊区转移，造成农牧脱节，家畜粪肥不能及时施用于农田而造成污染，加之养殖场饲养管理方式落后。畜禽养殖场、养殖园区饲养规模要适应本地的自然条件和土地环境容量，保证畜禽养殖产生的废弃物有足够的土地消纳，减少污染，增加农田土壤肥力，实现农牧业的良性循环。但有些养殖场对这方面因素认识不足，片面强调做大产业，追求规模，导致畜禽粪便产生量超出农田承载消纳有机肥能力，造成环境污染。部分养殖场、养殖园区选址缺乏科学论证，场区布局规划不合理，净污道不分，雨污混流；建设中没有配套的粪污加工处理设施，养殖过程中产生的粪便、污水得不到及时的无害化处理，造成环境污染。生产水平低下，在畜禽良繁、动物防疫、无害化处理设施等方面普遍存在设施简陋、技术手段落后等问题，也制约着生态畜牧业的发展。

四、技术难题有待破解

污染源包括大气污染源、废水、固体污染源3个部分。任何一个养殖场污染物的产生量主要与饲养规模、生产工艺有直接的联系。大气的污染源主要来自锅炉房烟尘、二氧化硫，粪尿分解产生的恶臭，食堂烟气等。废水包括生产废水和生活污水。固体污染源包括粪便、炉渣、病死畜等。根据家畜的种类，将生产的粪尿产量折合成总氮、总磷的产量，计算单位时间向空气排放的氨气、H_2S的总量，测定恶臭、噪声的强度。养殖场排泄物处理工程技术水平不高、处理效果不理想；农牧结合、林牧结合等生态养殖模式成本过高；发酵床零排放生态养殖模式尚存在原料紧缺和防暑降温等技术难题；病死畜的无害化处理技术落后等，这些问题的存在影响甚至阻碍了河南省生态循环畜牧业的建设进程。

五、投入品使用不规范

由于规模化、集约化畜牧业的发展，养殖场使用抗生素、维生素、激素、金属微量元素已成为畜禽防病治病、保健促长的需要。由于很多养殖户的畜产品质量安全意识淡薄，对重金属等添加剂超量使用造成土壤环境污染的认识不足，在饲养过程中大量或超量使用兽药或违禁药物的现象时有发生，造成畜产品的药物残留及环境污染。兽药的残留，通过人们摄食转移到人体内，影响人们的健康；另外有害物质通过畜禽的排泄，造成土壤和水源污染，对人类生存环境构成威胁。

六、政策法规执行不力及从业者环保意识薄弱

大力发展畜禽养殖业一直是畜牧部门的政策目标，各级畜牧部门将畜牧业发展作为农村产业结构调整、实现农民增收、农业增效的重要内容加以推行。由于环境保护不是其核心职能，畜禽养殖污染防治在其政策目标中没有得到充分体现。环境保护部门一直主要治

理城市生活和工业的污染问题，对于农村和城郊快速发展起来的养殖业形成的环境污染问题缺乏相应的职能和手段，加之受人力、物力和财力的限制及部门间沟通衔接不及时，致使畜牧业生产企业没有严格执行环境影响评价和"三同时"等制度。畜禽养殖污染的环境管理没有被纳入水污染、大气污染、固废物污染防治重点，虽然国家环保总局于2001年颁布了《畜禽养殖污染防治管理办法》《畜禽养殖污染物排放标准》和《畜禽养殖污染防治技术规范》，对畜禽养殖污染问题做出了相关规定，但是作为部门规章，其法律效力不够，减弱了监督管理力度。大部分养殖户基本上是在不愿背井离乡打工、土地收入又极为可怜的情况下，被逼从事养殖行业。部分从业人员知识水平低，且由于中国养殖行业发展时间很短，缺乏高级养殖技术指导人员，故其理解和执行规章的能力、水平较差，造成畜禽养殖业的污染防治与环境管理相当薄弱。

七、防污教育引导缺失

虽然各级政府及其相关职能部门在贯彻执行《畜牧法》《动物防疫法》《畜禽养殖污染防治管理办法》《畜禽养殖污染物排放标准》和《畜禽养殖污染防治技术规范》等法律规章方面做了一些工作，但对养殖业污染防治法律法规的宣传教育工作仍然不够广泛、深入。加之多数养殖业主环保意识不强，政策和政府引导力量偏弱，疏于管理的现象较为普遍，导致大多数养殖场主养成了重生产轻治污的理念，使治污措施不能贯穿到每个生产环节，致使许多养殖场不了解治污知识和治污处理技术。政府部门不能从规划布局、饲料饲养、排放治理相结合等根本问题上解决畜禽粪污的污染，致使各地出现程度不同地放任自流的问题。

八、治污设施投入不足

现阶段畜禽养殖污染治理的通行做法是修建沼气池。据测算，建造一个 $50m^3$ 地下沼气池一般需资金2万~4万元，$100m^3$ 需资金4万~7万元，可见修建沼气池的前期投入较大，又难以给养殖业主带来直接经济效益，导致养殖业主不愿投入资金治理污染。中小养殖场户由于规模小，经济实力有限，仅靠自身投入很难做到污染物达标排放，他们大多没有修建化粪池或沼气池，畜禽粪便只经过畜粪池便直接排出；一些大中型养殖场即使有前期资金也不愿意多投入，而采取"小马拉大车"的办法。一旦沼气池投入使用，每年还需要支付一笔运行维护费用。一般来讲，畜禽养殖场进行环境污染治理投资水平不会超过其固定资产总规模的10%，年度投资不应超过年度总产值的20%，运行费用的支付能力不超过其纯利的10%。不按标准配套建设治污设施，导致污染物排放量与治污设施处理能力不配套、治污效果差，达不到治污标准，导致污染物向农田无限制排放，使得土壤的生态功能丧失、河流沟渠水体变黑发臭，严重危及养殖场周围地下水水体的质量和居民的健康，也影响了养殖业自身的可持续发展。

第三章
畜禽养殖业环境管理的政策与法规

第一节　世界畜禽养殖业环境管理政策

一、美国畜禽养殖业环境管理政策

养殖业与农业的污染导致美国 3/4 的河道和溪流、1/2 的湖泊污染，养殖业污染治理已经成为美国环境政策关注的焦点。

1. 美国畜禽养殖业环境管理政策特征

（1）点源与非点源治理结合　美国通过立法将养殖业划分点源性污染和非点源性污染进行分类管理，专门设有非点源性污染的管理部门，制订了非点源性污染防治规划。点源性污染的防治是经过收集和处理技术使污染物达到国家污染物排放许可。美国的非点源性污染主要是通过采取国家、州和民间社团制订的污染防治计划、示范项目，良好的生产实践推广、生产者的教育和培训等综合措施科学合理地利用养殖业废弃物。

（2）推崇农牧结合发展模式　美国十分注重通过农牧结合来化解养殖业的污染问题。美国的大部分大型农场都是农牧结合型的，从种植制度安排到生产、销售等各个方面都十分重视种植业与养殖业的紧密联系，而且是养殖业规模决定着种植业结构的调整，养殖业与种植业之间在饲草、饲料、肥料 3 个物质经济体系形成相互促进、相互协调的关系，养殖场的动物粪便或通过输送管道或直接干燥固化成有机肥归还农田，既防止环境污染又提高了土壤的肥力。

（3）提供高额财政补贴资金　目前美国资金补偿主要包括农业税收、信用担保的贷款、农业养殖补贴、财政转移支付以及补偿等。一是税费补偿，对集约化畜禽养殖场产生的废弃物和农作物秸秆征收废物税；二是财政拨款补偿，设立专项财政资金支持养殖污染治理；三是养殖污染环境责任保险补偿，通过环境投保的方式，由保险公司运作强制环境责任保险、自愿环境责任保险制度。

2. 美国畜禽养殖业环境管理的法律法规体系　美国制订了严格细致的法律体系防治养殖业污染，涉及行政管理、经济刺激和产业优化等各个领域，主要法规和要点内容见表 3-1。

表 3-1　美国畜禽养殖污染防治法规的要点

法律法规	具体内容
《清洁水法》	1977 年实施，1987 年修订，将集约型的大型养殖场看作点污染源，同时制订了非点源性污染防治规划，由各州自行监督实施《大型养殖场污染许可制度》

（续）

法律法规	具体内容
《2002年农场安全与农村投资法案》	对实施生态环境保护措施的农牧民提供经济和技术扶持，根据经营土地上所采用的环保措施多少以及这些措施的应用范围大小，奖励实施环保措施的农牧民以便达到最高环保标准
《CSP计划》	对农场主或牧场主的补贴分为3档，合同期为5~10年，最高年份补贴额为5万~45万美元
《水污染法》	侧重于畜禽场建设管理，超过一定规模的畜禽场，建场必须通过环境许可证
《动物排泄物标准》	针对大型养殖企业（1000养殖单位），要求养殖场在2009年必须完成氮的管理计划
《2008年农场法案》	要求项目60%的资金支出用于解决饲养业造成的水土资源污染问题

3. 美国畜禽养殖业环境管理资金投入现状 美国养殖业污染防治资金绝大部分来源于联邦财政和州财政，农场主也承担了部分费用，其资金投入结构以引导性和激励性资金为主，根据具体项目完成资金投放。

2002—2007年，美国农业法案的支出达到970亿美元（如果计算紧急拨款等支出，总支出为1050亿美元），未来5年里的农业支出将会降低到870亿美元。2002年和2008年《农场法案》都要求项目60%的资金支出用于解决饲养业造成的水土资源污染问题。2005年的项目资金中，关于养殖业水土资源保持的支出占项目总支出的73%，合同数占当年合同总数的70%。

政府对于农户和农场主的直接补贴锐减，其中废弃物治理的补偿也在逐年下降。其中2005年、2008年和2009年分别为243.96亿美元、122.38亿美元、116.34亿美元。2007年得到政府直接补贴的农场占到总农场数量的40.3%，规模越大的区间，补贴覆盖率和补贴额占总补贴的比重也大。

二、欧洲畜禽养殖业环境管理政策

1. 欧盟畜禽养殖业环境管理政策特点

（1）衔接农业补贴与环境保护补贴 欧盟在不断加强行政监管之外，在经济上也实行农业环境补贴，将农业补贴与环保标准挂钩，对减少肥料使用、扩大生态农业耕作、使用有利于环境和资源的其他生产技术都可以给予补贴，并大幅度增加用于环保措施的资金。

（2）制订实施严格的保障制度 欧盟制订的农业生态环境补贴政策为纲领性政策，对于资金来源、支持条件、支持额度、违规处罚等都有操作性非常强的明确规定。欧盟2007—2013财政规划，进一步将补贴用于整个农村大环境的综合保护与治理，养殖场为农业生态建设投入越多，获得的补贴也就越多。

（3）引导农户提高环保行为意识 欧洲农业环境保护主要是以自愿方式引导农户积极参与，财政补贴往往以合同方式落实，成员国在执行农业环境保护政策时，必须尊重公众意愿。

（4）落实成员国承担责任 在欧盟共同农业政策的框架内，成员国对农业发展和环境保护采取积极补贴政策。如英国政府规定，农民负责对农场附近的树林、河沟的保护，养殖农场必须有环保计划书，农场若遵守了这些措施，政府将会支付105英镑补贴费。

2. 欧盟养殖业环境管理的法律法规体系 欧盟自成立以来，致力于改善农业生产环境，促进农业持续发展，不断增加控制养殖业污染的政策，并将其列于欧盟宏观战略政策范围内，确保政策的生命力，具体法律法规体系见表 3-2。

表 3-2　欧洲国家（地区）针对畜禽养殖污染防治法规的要点

国家（地区）	法律法规	具体内容
欧盟	《农村发展战略指南》（2007—2013）	经过批准的项目和计划所需资金主要由欧洲农业发展基金提供，其中农业环保支付金额占全部农村发展项目/措施支付额的 22%
	《欧共体硝酸盐控制标准》	每年 10 月至来年 2 月禁止在田间放牧或将粪便排入农田
德国	《粪便法》	畜禽粪便不经处理不得排入地下水源或地面，畜禽排泄量与当地农田面积相适应，每公顷土地家畜的最大允许饲养量不得超过规定数量
	《肥料法》	规定了回用粪便于农田的标准
挪威	《水污染法》	规定在封冻和雪覆盖的土地上禁止倾倒任何牲畜粪便，禁止畜禽污水排入河流
丹麦	《环保法》	规定畜禽最高密度指标，施入裸露土地的粪肥必须在 12h 内施入土壤中，在冻土或被雪覆盖的土地上不得施用粪便，每个农场的贮藏粪便的能力至少要达到 9 个月的产粪量
	《规划法》	养殖不同动物的农场执行不同的标准，包括农场与邻居的距离，动物粪便、农场污物的收集处理方案，农场耕种地最小面积，施用动物粪便的种植作物的品种等
法国	《农业污染控制计划》	限制养殖规模和养殖特定区域，禁止在土地直接喷洒猪粪，对于采取环保措施降低氮化物、硝酸盐等污染物排放的，给以一定的公共资助（生产经营活动达到合同规定的环境标准的农业经营单位，政府给予相应补贴）
荷兰	《污染者付费计划》	按照粪便的排放量征税，征税标准为每公顷土地平均产生粪便低于 125kg 的免税，125~200kg 的每公顷征收 0.25t，超过 200kg 的每公顷征收 0.5t。如果农场主将粪便出售给用户而使每公顷土地产生的粪便低于 125kg 或者将粪便出口的，其税可以降至 0.15t
英国	《污染控制法规》	粪便贮存设施距离水源至少 100m，有 4 个月的贮存能力和防渗结构。畜牧业远离大城市，与农业生产紧密结合

3. 欧盟养殖业环境管理资金投入现状　农业环保计划的专项资金绝大部分来自欧盟，欧盟每年用于农业环保计划的总支出约为 16 亿美元，占欧盟农业总支出的 4%，各欧盟成员国负责具体实施这些计划，同时国家联邦政府、地方政府也有相应的投入。德国联邦政府农业部在欧盟和各州政府的投资之外，每年拿出近 40 亿欧元，占其年度财政预算总额的 66%，用于支持其农业环境政策的落实，控制农业面源污染，提高农产品质量。目前德国在总面积为 171.3 万 hm² 的农业用地上（其中农田为 118 万 hm²，草场、果园等合计 52.7 万 hm²），有 50 万 hm² 的农业用地（占农用地总面积的 30%）获得由欧盟、联邦政府和地方政府共同出资设立的各种类型的农业环境政策补贴。

三、日本养殖业环境管理政策

1. 日本养殖业环境管理的法律法规体系　20 世纪 70 年代发生严重的"畜产公害"，

此后便制订了《废弃物处理与消除法》《防止水污染法》和《恶臭防止法》等 7 部法律，对畜禽污染管理作了明确的规定（表 3-3）。

表 3-3 日本针对畜禽养殖污染防治法规的要点

法律法规	具体内容
《废弃物处理与消除法》	在城镇等人口密集地区，畜禽粪便必须经过处理，处理方法有发酵法、干燥或焚烧法、化学处理法、设施处理等
《防止水污染法》	规定了畜禽场的污水排放标准，即畜禽场养殖规模达到一定程度的养殖场排出的污水必须经过处理，并符合规定要求
《恶臭防治法》	规定畜禽粪便产生的腐臭气中 8 种污染物的浓度不得超过工业废气浓度
《家畜排泄物法》	一定规模以上的养殖户，禁止畜禽粪便在野外堆积或者直接向沟渠排放，粪便贮存设施的地面要用非渗透性材料

2. 日本养殖业环境管理资金投入现状 日本政府对于养殖场的环境污染防治的资金管理机制较为完善，不仅对养殖场建设进行宏观指导，污染治理也以政府投入为主体，还对所生产的有机肥实施政府补贴，从而做到低价供给农民，大大提高了农民使用有机肥的积极性。

日本政府鼓励养殖企业建设治污设施，资金以政府投入为主，主要用于治污设施建设，同时投入大量经费进行畜禽排泄物治理方面的科技攻关。建设费用 50% 来自国家财政补贴，25% 来自都道府县，农户仅支付 25% 的建设费和运行费用，每个治理点投资都在 1.5 亿日元以上。此外，日本对私营牧场治理粪便污染可补助 50%～80%，对养殖业者建立堆肥化设施特别返还 16% 的所得税和法人税，还设定了按 5 年课税标准减半收取固定资产税的特例。

四、我国养殖业环境管理立法现状

直接或间接的畜禽污染已经引起了我国政府的高度重视，并制订了相关的法规。1993 年 10 月，在第二次全国工业污染防治工作会议上，国家环境保护局提出要牢固树立起"经济发展靠市场，环境管理靠政府"的观念。从近几年国内某些大中城市治理畜牧场粪便污染的实践看，证明管理极为重要，为了顺利地管理好畜禽粪便，改变目前无法可依、无法可循的局面。立法是一项重要手段，随着我国加入 WTO，动物产品出口遭到国外"绿色壁垒"的多次封杀，面对新形势，我国在改革养殖模式的基础上，已经开始注重畜产品的安全质量问题和有关管理规定的制订问题。绿色畜禽产品被世人誉为"21 世纪的主导食品"，第一批绿色产品认证规则——《绿色食品兽药使用准则》《绿色食品饲料添加剂使用准则》《绿色食品动物卫生准则》已于 2001 年 8 月 26 日正式颁布执行。这三项标准对绿色畜禽业的生产提出相当高的并且比较具体的要求，规定 90% 的动物饲料必须来自绿色食品生产基地。

1996 年国家环境保护局已经制订《畜禽养殖业污染物排放的国家标准》，其中有 8 项：pH、生化需氧量（BOD）、化学耗氧量（COD）、悬浮物（SIS）、氨氮（NH_3-N）、总磷（TP）、粪大肠菌群数（1000 个/L）、蛔虫卵数（2.0 个/L）。我国对畜牧业及环境保护的立法规章与标准有：《中华人民共和国畜牧法》《中华人民共和国环境保护法》《中华人民共和国水污染防治法》《中华人民共和国大气污染防治法》《中华人民共和国环境影响评价法》《中华人民共和国固体废物污染环境防治法》《畜禽养殖污染防治管理办法》《畜禽养殖污染防治项目建设与投资技术指南》《畜禽养殖场（小区）环境守法导则》《畜禽养殖业污染物排放标准》（GB 18596—2001）和《畜禽粪便还田技术规范》（GB/T 25246—2010）。国家质量监督检疫总局已于2001年10月1日开始实施8项关系到农产品安全质量的国家标准，包括蔬菜、水果、畜禽肉、水产品4类农产品，每一类农产品都有"安全要求"和"产地环境要求"两个标准。河南省环境保护厅也于2010年发布了《关于加强规模化畜禽养殖污染防治工作的意见》。2012年3月13日，河南省畜牧局、河南省农业厅、河南省环境保护厅关于印发《关于进一步加强畜禽排泄物治理工作的指导意见》的通知。

但是，总体而言，我国畜禽粪便污染防治的立法尚不健全，鉴于此，有必要先学习和借鉴发达国家和地区这方面的法律、法规和规定，然后根据我国国情进行立法工作。

五、国外经验对我国立法的启示

通过对发达国家在畜禽环境管理立法方面的初步研究，这些国家的经验对我国的畜禽环境管理立法工作的完善有以下七点启示：

1. 建立关于选择合适的养殖场所的法规　由于多种原因，我国许多规模化畜禽养殖场地处于居民区内，8%～10%的规模化养殖场距离当地居民水源地距离不超过50m。30%～40%的规模化养殖场距居民或水源地地最近距离不超过150m，养殖场选址不当，不仅构成了对周边地区的环境压力，还在许多地方造成了畜禽养殖场主与周围居民的环境纠纷，因此有必要建立畜禽养殖场合理选择的方案。比如英国对畜禽养殖场气味的控制，是通过规定畜禽养殖场与居民建筑的最短距离来实现的，规定畜禽房舍必须远离居民区400m以上。

2. 适度发展畜禽业，控制工厂化养殖　尽管随着加入WTO，畜禽业变得越来越重要，但为了长远利益，我国有必要适度地发展畜牧业，而不是一味追求规模，为了较快地消除畜禽粪便污染，在不影响当地居民食品供应的前提下，一些国家和地区采取限制畜牧业的发展。在荷兰，畜牧业高度密集居世界之冠，全国每年1/6的畜禽的粪便过剩。因此，从1984年起，不再允许养猪和养禽户的扩大经营规模，禁止进一步增加过剩粪便量。在新加坡，由于城市发展需要，目前已禁止发展畜牧业，肉、蛋、奶基本上靠国外供应。中国台湾省1990年3月颁布的《养猪调整方案》中已明确提出短期内养猪头数不再增加，逐步减少并限制大型养猪场增加饲养数，未来养猪业仅自足自销，不以外销为目的。

为便于粪便还田和防止污染，不少发达国家都不主张畜牧场规模过大。如英国基本无畜禽粪便污染，其主要原因是限制建立大型畜牧场。政府综合了经济学家、畜牧学家和兽医学家的意见，提出了一个畜牧生产场点的家畜最高头数限制指标：奶牛200头、肉牛1000头、种猪500头、育肥猪3000头、绵羊1000只、蛋鸡70000只。

（1）新建大中型畜牧场要经过审批　大中型畜牧场畜禽头数各国标准不一，达到一定头数后要经过审批。例如，在日本，一个点饲养的猪超过50头、牛超过20头、马超过50匹时，必须向所在地政府提出申请，取得许可。美国《联邦水污染法》规定：①1000或超过1000标准头的工厂化畜牧场（如1000头肉牛、700头乳牛、2500头体重25kg以上的猪，12000只绵羊或山羊、55000只火鸡、180000只蛋鸡或290000只肉鸡）必须得到许可才能建场。②1000标准头以下、300标准头以上的畜牧场，其污染水无论排入本场自己控制的人工贮粪池，还是排入流经本场的水体，均需得到许可。③300标准头以内的畜牧场，若无特殊情况，一般可不经审批。

（2）畜牧场要有处理粪便设施，粪尿需经过净化处理，加强水域保护　1962年芬兰在《水资源保护法》中规定，畜牧场动工前3个月必须提出关于牧场的规模、贮粪池大小及利用粪肥的土地面积等。日本在《废弃物处理及清除法》中规定，城市规划地区域内粪尿和其他废弃物必须经过处理，其方法有：①发酵处理，包括堆肥生产；②干燥或焚烧，在干燥法中包括用吸收水分调整剂以及加热处理；③化学处理，即加硫酸、石灰氮、硫化铁等的处理；④分离尿；⑤通过粪尿处理设施或者类似的动物粪尿处理设施如活性污泥法、洒水滤床法、嫌气性消化法等进行处理；⑥充分覆盖，包括与耕地土壤充分混匀。

所有国家和地区都必须注重防止水体的水质恶化。例如，日本一个畜牧场养猪超过2000头，牛超过800头，马超过2000匹时，由畜舍排出的污水必须经过净化，使之符合水质保护法审定。在公用水域中排放水者要求更严，规定猪舍面积在50m²以上、牛棚在200m²以上、马厩在500m²以上，必须向当地政府申报设置特定设施。对于每月排水量在500m³的养殖场，排出污染物质的容许限度依照水标准表执行。在德国，家畜粪尿不经卫生处理，不得排入地上或地下水源。

（3）畜禽养殖注意土壤保护　为防止氮污染，许多国家都注意当地畜禽粪便（排放量要与当地农田面积适应），同时要维护公共卫生。例如，在挪威，13头牛、8头猪或67只产蛋鸡应有0.4hm²土地来承纳粪便。在英国，粪便施用量不得超过每公顷125kg氮肥总量；作物收获后在冬季闲置的农田不得施用粪肥。丹麦法律规定每个种植农民每年订出施肥计划，计划里要考虑粪肥与化肥搭配使用，确保不造成污染。

（4）畜禽养殖关注大气保护事宜　家畜粪尿所产生的腐臭气如硫化氢（H_2S）、氨（NH_3）、甲基胺（$CH_3\text{-}NH_2$）等，能对大气造成污染。在日本，畜牧场必须遵守《恶臭防止法》规定，并受政府机构监督，一旦有害气体超过允许浓度，影响周围居民生活，勒令停产。

为了防治畜禽粪便污染，不少国家和地区制订的惩罚制度相当严格。例如，在美国，畜牧场造成污染后，各州环保部门一般采取下列两种方法：①每天罚美金100元以上，直至污染排除为止；②可先清除污染，而后把所花费用由造成污染者负担。

（5）对畜禽养殖场建立征税制度　为弥补畜牧环境保护资金的不足，荷兰从1998年起，实行对畜禽养殖场建立征税制度。税款用于科研和农民咨询业务，这些成功经验值得我们借鉴。

3. 我国在立法中应注意的问题

（1）法律条款要订得很细　为保护水域而制订的法律。芬兰的《水资源保护法》、美国和挪威的《水污染法》等，对畜禽粪便污染中的许多环节均作了具体规定，而我国的《水污染防治法》中尚未提到"畜禽粪便"，只有"禁止向水体排放、倾倒工业废渣、城市垃圾和其他废物"一句，还应该规定更细。

（2）由于各地自然经济社会条件不同，所立之法要有所不同　北欧诸国和加拿大，寒冷季节很长，此时农田不施粪肥，故要求畜牧场的贮存粪的设施必须能贮存粪便半年以上；日本人口稠密，每年恶臭发生的事故大大超过污染水质的事故，专门制订《恶臭防止法》等。

（3）**国家立法，地方也立法**　美国的州政府、日本的都道府县，均分别订立了当地的法律、法规。地方政府往往规定得更严格、更具体。

（4）**所立之法要不断完善**　美国、荷兰等发达国家对所立之法并非一成不变，而是随着新情况、新问题的出现或者为了进一步提高环境卫生状况，及时进行修订。例如，日本《防止水质污染法》最初是1970年公布的，1985年7月15日起规定在今后5年内，畜产养殖污水排放的允许浓度是：氮129mg/kg（日间平均60mg/kg），磷16mg/kg（日间平均8mg/kg）；1991年1月，日本20个都道府县再次制订了第三次水质总量控制的削减计划。此外，在1970年公布的《恶臭防止法》中限制超标的恶臭物质只有8种，1989年9月又新增加了正丁酸等4种恶臭物质。

（5）**法律手段与资助手段相结合**　由于当前畜牧业处于微利时期，而治理畜禽粪便污染需要相当多的投资，农民和畜牧经营者难以承受，因此许多国家不仅运用法律手段，而且在经济上给以资助。例如，日本在地方、财政年度预算中，拨出一定的款额来防治畜禽粪便污染。英国和丹麦为使粪肥能安全地储存越冬，分别承担农民建造储粪设施费用的50％和40％。荷兰为促进过剩粪肥运往缺肥区，对距离100km以上和50km以上的给予了运输补贴：1m³鸡粪运输50km以内补贴1.2美元，150km以上补贴2.2美元。

需要特别指出的是，目前发达国家对畜禽养殖有新的动向，就是到发展中国家发展畜禽养殖业，转嫁环境污染以减少国内的环境污染。通过各种政策上的优惠和资金上的资助，鼓励养殖企业集团在同外投资兴办各类养殖企业，既满足了本国同民对于肉、蛋、奶的需求，同时又避免环境污染的发生。这一点必须引起我国各级政府和环保部门的重视。就目前国内的情况看，我国已有不少国外企业在我国进行养殖业项目投资。从短期来看，这些公司对于国内的畜禽业确实起到了促进作用，而且一定程度上对某一个地方的经济发展起到推动作用，但若从长远的观点来看，对于环境的破坏和对于畜牧业的可持续发展有一定的消极作用，以牺牲赖以生存的环境而换取一点经济效益，无异于杀鸡取卵，这是不可取的。

第二节　畜禽养殖业对生态环境污染的应对措施

一、加强生态环境重要性的认识

1. 政府要重视　我国要提高各级领导干部的生态责任感，加强领导干部的生态道德观教育，使各级领导干部认识到，为官一任不仅要造福一时，而且要造福子孙后代，为其留下充足的发展条件和发展空间。各级政府要引导公众树立科学发展观，树立"绿色GDP"的观念，将谋求经济增长与环境保护协调发展的理念付诸实施，促使本区域环境状况的改善和生态文明观念的形成与普及。政府应当通过建立健全法律监督约束机制，制订完善各种促进生态保护的优惠政策，落实各项生态道德规范和措施，使各阶层公众特别是决策者确立新的生态意识。

2. 企业要践行　生态环境保护不仅是一项以政府为主导的公益性活动，更是一项以企业为主体的经济活动。政府要提高企业的社会责任感，引导企业经营者从传统的向自然索取的"拿来主义"观念向"人与自然和谐相处"的理念转变，培育可持续发展意识和社会责任感，把政府的产业导向转化为企业的自觉行动，主动地承担起环保社会责任，从而促使企业在承担社会责任的同时获得良好的经济效益。

3. 媒体要引导　政府应当坚持新兴媒体与传统媒体并重，充分发挥媒体的优势和作用。同时要积极主动宣传党和政府对环境问题的重视和关切，宣传环保工作取得的成绩和成效，宣传生态文明建设知识。突出重要环保法律、政策宣传，回应群众关心的环保热点、难点、焦点问题，深度报道环境保护的好经验、好典型，对环境违法行为进行有力的鞭挞和抨击，切实发挥新闻媒体的舆论监督作用，将生态文明的理念渗透到生产、生活的各个层面和千家万户，增强全民的生态忧患意识、参与意识和责任意识，树立全民的生态文明观、道德观、价值观。

4. 强化教育　政府应当提高公众的生态环境素养，抓牢关键点，提高环保部门宣传教育的实效性。在宣传形式方面，网络、动漫和文字、影视相结合，制度化、多元化、系列化地进行全方位、持久性的宣传。在宣传内容方面，从一般性的宣传向深层次宣传转变，从普及法律法规、普及科学知识向形成生态文明的价值观、道德观转变，通过扎实的宣传教育，让人们自觉自愿地履行保护生态环境的责任和义务，真正落实环境保护基本国策，形成良好社会风尚。宣传中国政府在解决环境问题中表现出的决心和信心，宣传国家环保政策和取得的成效。

5. 找准结合点，扩大生态环境教育的影响力　建立全民生态教育体系，是生态环境教育最有效的途径。我国要建立健全生态教育法律法规和标准体系，制订国民生态教育的方针、政策和方案，明确公众生态教育的责任和义务。要在教育部门的统筹规划下，开发具有中国特色的课程体系，设置不同的教学目标和教学内容，在中小学可以采取渗透课程加专题实践的组织模式，在高等教育中将生态教育作为素质教育的组成部分，作为一门公共必修课程。要培养学生的可持续消费观念，倡导善待自然、节约资源、保护环境的可持续消费意识，培养可持续发展生活消费模式。

6. 紧盯薄弱点，提高农村生态环境教育的覆盖面　政府应当因地制宜地开展形式多样的对农民的宣传教育，着重宣传实用的环保科普知识和法律法规知识，宣传农村生态恶化的危害和加强农村生态环境保护的重要性、紧迫性，形成农村生态环境保护的整体氛围，唤起农民的生态意识和可持续发展意识，提高农村干部群众的保护环境、防治污染和平衡生态的自觉性和责任感，自觉培养健康文明的生产、生活、消费方式，增强全民生态环境保护的责任感和使命感，建设"生产发展、生活宽裕、乡风文明、村容整洁、管理民主"的社会主义新农村。

7. 健全公众参与机制，实施全民环保　我国应当不断提高依法行政水平，保障公民环境权利。我国要加强环境立法，以环境可持续发展为中心，建立起污染防治与保护生态并举、经济建设与环境保护并重、城镇污染防治与农村环境综合治理并重的环境法制体系；要加强执法，创新执法理念、健全执法机制、提高执法权威、严惩违法违规行为，着力解决影响群众健康的突出环境问题，维护群众环境权益；要努力为公众参与提供持续稳定的制度保障，用法律形式明确公众在环境评价过程和环境管理过程中的权利和义务。

8. 重视发挥民间环保组织作用，拓展公众参与渠道　民间环保力量是促进公众对生态文明的关注与参与热情的有效激发力量，是对政府引导行为的有力补充，也是目前我国公民参与生态文明建设的有效途径。为此，政府要充分发挥现有各类民间环保组织的作用，建立政府与民间环保组织定期的对话沟通机制，增进双方的沟通和了解；优化配置环境公共资源，为环保组织创造有利的物质条件和发展空间；在媒体宣传、资金、项目和人员培训上给予一定的政策支持和优惠；鼓励、引导现有的成熟的环保志愿的队伍建立民间环保组织，为公众的有序参与提供制度化、组织化保障；构建民间环保组织交流平台，加强自身建设；加大对环保民间组织的培训力度，提升政治意识、管理水平、业务能力和专业化程度；拓展民间环保组织的交流渠道，积极开展国内外民间环境交流合作，鼓励和引导境外民间环保组织建立分支机构，以境外民间环保组织的先进理念、健全的运作机制来推动民间环保组织的健康发展。

9. 依托健康社区厚植生态文明观念　我国要依托社区互动来培养责任意识，通过在社区层面开展各种绿色创建和环保志愿活动，通过组织与组织之间相互交流、合作、协商等活动，使社区成员逐渐养成协商、合作、参与、妥协等契约观念、法纪观念、秩序观念，在互动过程中养成生态意识落实于行动的习惯，自觉遵守各项生态法规。要发动群众相互监督，不断强化他们尊重他人利益和社会公益，履行环境义务的行为方式，将生态意识真正固化为人们的行为习惯，使社区居民真正做到勇于监督、恒于自律、提升理念、勤于维护、乐于享受。

在生态文明建设过程中，政府只有促进全社会整体生态意识的提升，继而形成一个领导者带头做起，企业家从本企业做起，公民从身边做起的人人践行生态文明的良好社会风气，在全社会牢固树立与保护生态环境相适应的政绩观、消费观，形成尊重自然、热爱自然、认知自然、善待自然的良好氛围，树立人与自然和谐相处的价值观，使生态文明的理念深入人心，才能使人们对生态环境的保护转化为自觉行动，走出一条具有中国特色、适应生态文明建设要求的科学发展道路。

二、环境保护应采取的主要措施

1. 倡导生态理念，促进养殖观念更新　畜牧业能否与生态环境协调发展，在很大程度上取决于人们对畜牧业发展的认识。政府要用动物生态营养学的理论指导畜牧生产，把"环境—动物—产品"作为一个整体，研究动物在生存条件构成的多维环境中，对各营养要素的动态需求，在精确量化的基础上，用计算机模拟物质流、能量流和经济流的动态转化、平衡及调控模式，以求用尽可能少的饲料资源，尽可能短的周期内，生产出尽可能多而优的畜产品，获得尽可能大的经济效益，达到或维持尽可能最佳的生态平衡。要强化广大养殖场户的生态意识和环保意识，激发他们建设生态环保畜牧业的自觉性和积极性，使广大人民、畜牧从业人员真正认识到发展生态畜牧业对增加农民收入、改善农村环境、保证菜篮子安全、实现畜牧业与自然和谐共处、实现畜牧业可持续发展等方面的重要作用。政府必须要广泛宣传和普及生态循环畜牧业的基本知识，努力营造建设生态畜牧的良好氛围，着力提高畜牧业主体的环保意识和生态理念，充分发挥畜牧业主体在农业资源配置中的作用，推进生态循环畜牧业的发展。

2. 应用现代技术，减少有害物质排放

（1）采取动物营养性环保措施　我国主要通过营养调控降低畜禽对有毒有害物质的排

出量。一是合理配制饲料，准确测定畜禽营养需要量和饲料原料的营养价值，准确地配制出符合不同生产阶段和目的的畜禽饲料，以减少养分的过量供给并降低养分的排泄量，避免对环境造成污染；二是加强环保生物型饲料的研究应用，在饲料中应用生物活性物质，可有效地提高饲料的品质及养分的利用率，降低猪、禽排泄物中氮和磷的含量，减少排泄物的数量；三是消除饲料中抗营养因子的抗营养作用，提高饲料养分的利用率，减少氮和磷的排出量；四是采用科学合理的饲养管理方式，提高其生产效率，减少对营养物质的采食和粪便的排泄。

（2）对畜禽粪污进行无害化处理　一是采用多种技术对畜禽粪便进行处理，如低温风道式连续干燥、高温快速干燥、太阳能塑料大棚干燥、热喷干燥、微波辐射干燥、发酵干燥等。这样，可提高畜禽粪便作为农业肥料的利用效率，并可杀灭病原菌。既增加了养殖业的收入，又减少了农业污染。二是充分考虑不同地区自然、生态和社会等条件的差异，制订畜禽粪便管理政策，控制粪便的产生和处置。三是在农业中采取污染者付费，能有效地减少粪便不恰当处理和贮存给农业造成的污染，可用于对饲料、过剩粪便、粪便贮存和运输等诸方面的管理，获得的资金用于资助粪便加工处理厂和粪便库的建设。

3. 加大科技投入，研究推广适用技术

（1）建立完善相应组织机构　政府建议由畜牧部门牵头，科技和环保等部门参与，成立专门污染治理研究管理机构。环保、能源、畜牧等部门应结合各自职能做好排泄物资源化利用技术的应用与推广工作，广泛开展污染治理技术交流合作，加强先进技术和设备的引进与创新，通过科研攻关、人才引进、交流合作、技能培训，尽快建立一支与污染治理相适应。高层次科研人员、技术推广服务人员和具有熟练操作技能人员组成的人才队伍，为畜禽污染治理提供有力的技术和人才支持。

（2）大力推广先进实用技术　我国通过技术示范、技术培训等多种方式，加快污染治理技术推广的利用步伐，把低氮饲料生产使用、污水低成本处理和资源化利用等先进实用技术应用到生产实践中。尽快改变水冲粪、水泡粪等湿法清粪工艺，大力推行干法清粪工艺，切实搞好污染治理的技术服务。针对畜禽养殖污染全程控制和重点治理的实际需要，政府组织开展污染治理工程设计施工、运行维护的系列化服务，逐步实现畜牧业污染治理在工程设计、建设、维护、管理等环节的产业化和规范化

（3）重点研究开发新技术　政府要组织科研、教学、生产、推广等各个方面的力量，深入开展养殖布局、场舍建设、饲料生产、饲喂方式、粪污处理、机械设备、有机肥加工使用、农牧结合等关键环节的技术攻关和推广应用；重点研究推广节地、节水、节料、节药和节能技术；研究低投入、低消耗、低排放和高效率的畜牧业生态养殖技术；要加强科技创新，推广农牧结合，提升农业资源循环利用水平；逐步建立不同作物、不同农时的农牧结合的科学耕作制度与操作规范；要根据农作物在不同农时对肥料的需求及土壤地力情况，科学施肥。我国努力做到既推进农牧结合，又节约肥料资源，既改善土壤地力，又保护生态环境，从根本上提高生态环境治理和畜牧业发展的科技含量。

（4）科学规划布局　实现河南省畜牧业协调发展应当根据《河南省现代畜牧产业规划》和《河南省"十二五"畜牧产业发展规划》，结合粮食核心区、五大畜禽优势集聚区和现代农业产业化集群建设。研究、制订《河南省畜禽粪便资源化利用规划》，以种植业和周边环境的承载能力为基础，按环境保护的有关规定合理划定宜养区、限养区、禁养

区，指导各地畜牧业建设。环保建设应与养殖场建设同步，对不能达到环保标准的养殖企业坚决不建或叫停。各地畜牧部门根据本省畜产品的消费需求，提出畜产品必需的战略储备量；环保部门根据相关环保法律和规划制订本省生态畜牧发展的环保要求等；制订本省处理畜禽粪尿的技术标准和规程；国土部门结合本省可利用的土地面积，规划预留畜牧业发展用地，鼓励合理利用荒山、荒地等发展畜禽养殖；有效突破畜牧业的用地瓶颈，拓展畜牧业发展空间要按照畜禽排泄量和外部消纳量相配套的原则，提升畜禽排泄物的资源化利用，实现畜牧业和种植业、渔业、农村能源等产业的有机结合和资源循环利用，加快推进生态畜牧业发展，促进农产品提质和农业增效、农民增收。

4. 加大监管力度，确保公共卫生安全

（1）**严格养殖场建设审批制度**　我国应当推行畜禽饲养场建设审批制度。畜禽规模养殖场在建场前要经当地政府、畜牧兽医和环保部门进行审批，凡环保措施不合要求的一律不审批，严格执行畜禽养殖业环境准入制度。各地要按照建设项目环评审批分级管理权限规定，严格执行新建、扩建规模化畜禽养殖场（小区、户）环境影响评价的"三同时"制度，未批先建且已建成的规模化畜禽养殖场，应按照法律法规的要求处理，并在落实污染防治措施、完成限期治理任务及相关环保要求的前提下，依法补办相关审批手续。各级环保部门要认真落实畜禽养殖场排污许可制度。向环境排放畜禽养殖污水的规模化养殖场，应当按照国家和省有关规定申领排污许可证。各级畜牧兽医部门要加快落实畜禽养殖场（小区）备案制度，并及时掌握年存栏生猪100头以下养殖场（户）的名称、养殖地址、治理方式等情况，督促落实畜禽排泄物综合治理与资源化利用措施。规模化畜禽养殖场（小区），必须按一场一档要求建立养殖档案，明确生产状况、排泄物治理与资源化利用状况，严格执行畜禽养殖禁养区和限养区制度。各级畜牧部门会同环保部门，按照《中华人民共和国畜牧法》、《畜禽养殖污染防治管理办法》等规定，结合当地实际，科学划定禁养区、限养区范围，经县（市、区）人民政府批准后组织实施，并及时向社会公告。

（2）**要建立健全企业标准化质量管理体系**　政府要积极引导畜禽养殖、加工和经营单位建立健全企业标准化质量管理体系。实施畜禽养殖档案及标识制度，逐步建立畜产品从产地环境、投入品、饲养过程、排泄物治理到市场销售的全程监控系统和质量可追溯体系。要科学制订和推行畜牧技术标准规范，根据产业发展需求，科学制订畜牧技术标准规范，在规模养殖场全面推行无公害畜产品生产技术标准规程，不断提高畜产品标准化生产水平。要建立新型产业经营组织，积极扶持畜禽养殖、饲料生产、畜产品加工于一体的大型畜牧业产业化经营组织。通过机制创新，建基地、创品牌，向规模化、产业化、集团化、国际化方向发展；大力培育发展各类畜牧业合作经济组织，使更多的经营者走向联合，实行专业化生产、规范化养殖、生态化管理，不断提高畜牧生产组织化程度，引导畜牧业合作经济组织和种植业合作经济组织实行种养联合，有计划、有组织地扩大利用有机肥，提高农产品的产量和品质。

（3）**加大畜牧兽医行政执法力度**　政府要对国家公布的违法兽药饲料生产企业及其产品进行重点监管，坚持实施兽药饲料产品质量抽检结果通报制度。将严重违规兽药饲料生产、经营企业列入黑名单，加大公开曝光力度，强化社会监督作用，提高农民维权意识。加强畜产品质量监测，加大假劣兽药饲料案件、违法行为的曝光力度，打击非法使用瘦肉精、苏丹红、三聚氰胺等对环境和人体具有极大威胁的禁用药品和有毒有害化学物质行为，确保畜产品安全。严格按照用药规程用药，控制畜禽用药，限制某些抗生素及药物的滥用，保证畜产品的安全，减少对人畜环境的污染。建立畜产品生产的无公害化、标准化生产体系，配套建设有检测资质的畜产品检测站，负责畜产品质量安全的检测工作。建立畜产品生产的质量可追溯系统和健全的生产档案管理系统。

（4）建立畜禽养殖污染物排放总量削减制度　我国要按照同区域"控量减污"的原则，根据畜禽养殖场资源化利用水平和土地消纳能力、水环境功能区达标等情况，合理控制畜禽养殖总量。水环境质量不能达到功能区要求，化学需氧量、氨氮等指标超标且畜禽养殖过载的区域，当地政府要制订畜禽养殖总量逐年削减目标。当地政府要不断提高畜禽养殖规模化水平，并积极采用新型生态养殖模式，加快畜牧产业转型升级，对未能完成年度削减任务的地区，暂停该区域内新增水污染物排放的畜牧业建设项目环评审批。新建、扩建、改建的猪（牛）规模化养殖场（户、小区），应削减一定比例的畜禽养殖污染物排放总量，削减指标优先支持本区域内有条件发展的生态养殖场（小区）与现代农业示范园区配套建设生态化牧场。

5. 总结推广成熟经验，转变畜牧业发展方式　解决畜牧业污染问题的根本出路是转变畜牧业生产方式，加快推进标准化规模养殖场建设。各地要创新畜禽排泄物资源化利用机制和发展模式，按照"减量化、无害化、资源化"的原则，采用过程控制与末端治理相结合的方式。河南省优先应用"就地结合、就地利用"的"零排放"模式，实现养殖排泄物全部资源化利用，促进畜牧业与种植业、农村生态建设协调发展。近年来，本省大力实施畜禽养殖标准化建设"百千万工程"，积极推广"长葛经验"和"雏鹰模式"，全省标准化规模养殖场区建设有了很大进步，在生态养殖技术研究方面取得可喜成绩。同时探索出几种比较成熟的生态养殖模式，在养殖小区和标准化规模养殖场的建设上要坚持发展与规范并重的原则。同时建立健全规范的动物防疫、饲料供给和环保设施，实现安全生产、清洁生产等操作规程。要在发展中提升养殖水平，引导规模养殖不断向集约化、标准化、工厂化方向发展，促进规模养殖的升级，逐步提高畜牧业生产的现代化水平。要积极探索"畜—沼—果（菜），牧—沼—鱼—果、牧—菌—沼—果"结合等立体农业新型模式。对于畜禽粪便超过周边承载量的中大型规模养殖场和专业生产区，要尽量在异地配套相应承载利用能力的种植业基地，着力培育畜禽肥水、沼液综合利用的中介服务组织，推动畜禽排泄物的异地资源化利用。对于平原、丘陵地带的中小规模散养密集地区，要采取分散与集中处理相结合的办法，畜禽粪便收集后发酵处理，养殖户一户或联户建立沼气池，沼液、沼渣收集后作肥料就地还田。要积极引导散养密集区异地兴建生态小区或规模场，实现人畜分离，改善村庄环境；对于资金、技术实力比较雄厚的大型养殖场；要积极提倡配套一定面积的综合性农、林、渔业生产区域，实现生态立体养殖和区域资源合理化利用。

6. 完善体制机制，保障生态畜牧发展

（1）建立健全生态环境保护综合考评机制　河南省建立健全政府领导、部门齐抓共管、养殖企业全力配合的工作推进机制，努力将发展生态畜牧业纳入生态文明建设和新农村建设考核的重要内容；把责任制落实到市县、落实到部门、落实到企业；同时，按照本省畜牧产业规划和当前畜牧产业的布局，采取分类考核评价办法，并根据考核结果优劣，实施精神方面和物质方面奖励或处罚，突出强调生态文明建设。

（2）建立健全生态补偿机制 河南省按照"谁污染，谁治理"、"谁保护，谁受益"、"谁改善，谁利益"、"谁贡献大，谁多得益"的原则，建立健全法制生态环保财力转移支付制度，逐步加大力度，提高保护生态环境的积极性；完善对循环经济基础和节能减排的奖励补助机制。如对执行政府决定，认真履行环境保护措施，真正达到达标排放、为生态畜牧做出贡献的养殖场给予一定的奖励。

（3）完善政策扶持措施 河南省坚持"政府引导、社会参与、市场运作"原则。鼓励金融机构加大对标准化规模养殖的企业给予信贷支持和保险服务，要抓好国家有关发展生态畜牧、改善生态环境、加强资源节约的各项税收优惠政策的落实，加大对发展循环畜牧、节能减排和节地节水项目和企业的政策扶持，加大政策扶持力度，引导对畜牧业污染的治理。要对畜禽规模养殖污染治理工程项目在用地、税收、用电等方面给予优惠和补贴；要加强农村环境污染监测，将畜禽生产环境治理与新农村建设相结合，加大畜禽生产环境治理力度，像对待城市污染一样监督农村环境污染问题，科学掌握畜牧业环境污染情况，为畜牧业的生态保护提供依据。

（4）加大资金投入 争取社会各界对畜禽规模养殖污染治理资金的投入，对积极采取措施主动开展污染治理的养殖场，给予适当的奖励补助，积极拓宽治污资金筹资渠道，鼓励引导社会资金、国外资金投向畜禽规模养殖污染治理。逐步建立以养殖场投入为主导、政府扶持为导向、社会力量为补充的多元化投入机制。

由此可见，畜牧业发展与生态环境保护并不矛盾，只要措施得当，科学谋划，既能使畜产废弃物等资源得到合理利用，做到"无污染、零排放"，又能有效地防止畜牧场受到已存在的环境污染的影响，实现畜牧业生产与生态环境保护协同并进。

第三节 河南省畜牧业发展与生态环境

河南是人口大省，粮食生产大省，也是畜牧大省，畜牧业综合产值位居全国第一位。近期出台的《国务院关于支持河南省加快建设中原经济区的指导意见》明确指出，要把中原经济区建成全国重要的畜产品生产和加工基地；《河南省现代畜牧产业发展规划》也为本省畜牧业发展描绘了宏伟蓝图。但河南人均资源少，发展畜牧业存在粮畜争地、人畜争粮的矛盾，畜禽养殖添加物和排泄物对生态环境的污染已经引起各级政府和有关部门的高度关注，如何正确处理生态环境治理与畜牧业发展的关系，坚持在对生态环境的有效保护和建设中促进畜牧业的可持续发展，是一个非常紧迫而又重要的课题。

一、河南省畜牧业发展现状

长期以来，畜牧业一直是本省农村经济的重要支柱产业。随着经济的快速发展和人民生活水平的不断提高，畜产品的需求量不断加大，本省畜牧业实现了持续快速发展，呈现出良好的发展态势，不仅保障了畜产品的有效供给，促进了农民增收，而且有力推动了食品工业等相关产业的发展。

1. 畜产品综合生产能力较强 2010 年全省肉、蛋、奶产量分别达到 638.4 万 t、388.6 万 t、307.9 万 t，分别位居全国第三位、第一位、第四位。全省肉牛存栏 1010.2 万头、出栏 551.9 万头，均居全国第一位；生猪存栏 4547 万头、出栏 5390.5 万头，分别居全国第二位和第三位；家禽存栏 62104 万只、出栏 85101.7 万只，分别居全国第一位和第三位；羊存栏 1895.4 万只、出栏 2114.7 万只，分别居全国第四位和第五位。河南是畜牧大省，也是奶业大省。2012 年，全省奶牛存栏 100.6 万头，比 2011 年增长 1.5%；奶产量 330.4 万 t，比 2011 年增长 2.9%；奶业产值 111.7 亿元，占畜牧业产值的 4.95%。

2. 畜牧业生产方式的集约化与规模化　全省规模化、标准化、集约化养殖发展迅速，年出栏 5000 头以上的猪场达 1257 个，其中出栏万头以上的 460 个，出栏 10 万只以上的肉鸡场 446 个，存栏 5 万只以上的蛋鸡场 227 个，存栏 500 头以上的奶牛场 239 个，生猪、肉鸡、蛋鸡、奶牛规模饲养比重分别达到 65%、96%、70% 和 80%。

3. 产业化发展能力明显增强　本省以畜牧龙头企业和各类合作社为主体的产业化经营模式不断涌现，畜牧业产业化水平不断提高。全省规模以上畜产品加工企业 711 家，其中肉制品加工企业 217 家，乳制品加工企业 30 家，加工能力分别达 807 万 t、370 万 t。省级以上畜牧产业化龙头企业 101 家，其中国家级龙头企业 27 家，涌现出双汇集团、众品集团、华英集团、大用集团、永达集团等一批国内外知名企业，生猪和肉禽加工业在国内处于领先水平。

4. 畜牧业在农村经济中的地位更加突出　2010 年全省畜牧业产值达到 1805.9 亿元，居全国第一位，占全国畜牧业产值 20825.7 亿元的 8.67%。全省有 54 个县（市、区）畜牧业产值占农业总产值的比重超过 40%，其中有 15 个县（市、区）超过 50%。农民人均牧业现金收入 1016.82 元，对农民家庭经营现金收入的贡献率达 28.35%。

在看到成绩的同时，也要更加深刻地认识到，繁荣的背后隐藏的生态环境问题和污染危机也初步显现。经科学测算，养殖 1 头牛产生并排放的废水超过 20 个人生活产生的废水，养殖 1 头生猪产生的污水相当于 7 个人生活产生的废水。目前全省大型规模养殖场配套建设标准化治污设施达到零排放的很少，绝大部分养殖场的畜禽粪污未经处理或处理不达标，已对环境造成了较大的污染。由此可见，养殖污染问题能否得到有效处理，如何在合理发展规模化生态养殖、调整养殖结构与布局的同时治理养殖污染，已成为制约本省畜牧业可持续发展的关键所在，也是各级政府和主管部门都应高度重视的问题。

二、畜牧业对生态环境保护的贡献

1. 解决了粮食出路，减少了工业污染和资源浪费　河南省是我国最大的粮食生产基地，粮食出路除口粮外，主要有两个：一是作为工业原料，生产乙醇、味精等。二是作饲料，发展畜牧业。无论生产何种产品，粮食作为化工原料，不可避免地大量消耗水资源，产生废水、废渣、废气，对环境的污染要大于畜牧业。由于生产工艺不同，酿酒耗水、耗电及"三废"排放的数据差距很大，制酒过程中原料与水的比例一般是 1∶20，而畜牧业料水比为 1∶2～3，消耗同样的粮食，制酒远远高于养殖业用水。以粮食为原料的化工厂、酒厂污染环境，尤其是污染水源的报道屡见不鲜。养殖业作为农业生产的延伸，已经延续了成千上万年。在自然界，种植业与养殖业是互相依存的生物链，在人类历史上，养殖业的时间远远早于种植业。离开养殖业，生态平衡将无从谈起。

2. 提供了有机肥料，减少化肥使用带来的污染　目前，人们对食物安全越来越重视，要保证全国人民的食品安全，首先要解决农药、化肥的残留。据专家计算，自中华人民共和国成立以来，全国已有 2 亿 t 化学物质用在土壤中，对环境的隐患远远大于现实的污染。随着化肥工业的发展，化肥施用量不断增加，有机肥施用比例逐年下降，对环境造成的压力越来越大。充分合理利用有机肥料不仅能增加作物产量，培肥地力，改善农产品品质，提高土壤养分的有效性，同时对于防治环境污染和农业可持续发展也有重要意义。近20年的土壤调查结果表明，我国土壤质地变差，土壤板结，耕层变浅，盐化和酸化等一系列农业生产问题，很大程度上是由于不合理使用化肥，忽视有机肥料投入造成的。畜牧业越发展，有机肥资源就越丰富，畜牧业提供的有机肥中的养分占有机肥料总量的63%～72%。畜禽粪便中带有动物消化道分泌的各种活性酶以及微生物产生的各种酶，能够大大提高土壤的酶活性，有利于提高土壤的吸收性能、缓冲性能和抗逆性能，增加土壤中的有机胶体，把土壤颗粒胶结起来，变成稳定的团粒结构，改善土壤的物理、化学和生物特性，提高土壤的保水、保肥和透气性能，还可为植物生长创造良好的土壤环境，对改善农产品品质，保持其营养风味具有特殊作用。因此，发展畜牧业，为农业提供充足的有机肥料，对保证土壤的质量，保证农产品安全，维持农业的可持续发展，有着不可替代的作用。在种植业发达地区，畜禽粪便是一个宝。据调查，有机蔬菜种植大县河南省扶沟县，有专门的畜禽粪便交易市场，每立方米达到80元甚至更高，周边地区也能达到每立方米17元，一个千头猪场每天可产 1m³ 粪，对猪场来说也是一项不小的收入；河南省西华县红花乡的很多村庄靠运输畜禽粪便致富，其中凌桥村劳动力90%以上从事畜禽粪便的运销经营，成了名副其实的有机肥运销专业村。在这些地方，谁也不舍得把畜禽粪便扔掉去污染环境。

三、鼓励发展生态畜牧业的政策和措施

1. 科学规划布局，实现畜牧业协调发展　河南省要紧紧围绕生态文明建设的总体要求，坚持把发展生态循环畜牧业作为推进生态文明建设的主要抓手，把粮食生产功能区和现代农业产业集群建设为主要平台，根据《河南省现代畜牧产业规划》和《河南省"十二五"畜牧产业发展规划》，以资源利用集约化、生产过程清洁化、废弃物利用资源化、环境影响无害化为目标，按照种植业和周边环境的承载能力为基础，科学规划畜牧业的布局和规模，按环境保护的有关规定合理划定宜养区、限养区、禁养区，指导各地生态畜牧业建设。在选择养殖场地时，一方面要考虑到周围环境对畜养殖场的污染，另一方面要考虑到养殖场不要污染周围环境。要防止因陋就简，为减少投入而使配套的设施不完善；环保建设应与养殖场建设同步，对不能达到环保标准的养殖企业坚决不建或叫停。建议畜牧部门根据本省畜产品的消费需求，提出畜产品必需的战略储备量；建议土管部门结合河南可利用的土地面积，规划出生态畜牧用地量；建议环保部门根据相关环保法律和规划提出全省生态畜牧发展的环保要求等。加快推进畜牧业用地规划，鼓励合理利用荒山、荒地等发展畜禽养殖，有效突破畜牧业的用地瓶颈，拓展畜牧业发展空间。要按照畜禽排泄量和外部消纳量相配套的原则，提升畜禽排泄物的资源化利用，实现畜牧业和种植业、渔业、农村能源等产业的有机结合和资源循环利用，加快推进生态畜牧业发展，促进农产品提质和农业增效、农民增收。

2. 转变畜牧业发展方式，走生态畜牧业发展模式　解决畜牧业污染问题的根本出路是转变畜牧业生产方式，加快养殖小区和规范化、规模化养殖场建设。各地要将畜牧业生态化建设为畜禽养殖减排增效的关键措施来抓，严格按"减量化、无害化、资源化"的原则，采用过程控制与末端治理相结合的方式，优先应用"就地结合、就地利用"的"零排

放"模式，实现养殖排泄物全部资源化利用。近年来，河南省大力实施畜禽养殖标准化建设"百千万工程"，积极推广"长葛经验"和"雏鹰模式"，全省标准化规模养殖场区建设有了很大进步，在生态养殖技术研究方面取得可喜成绩，探索出几种比较成熟的生态养殖模式。在养殖小区和标准化规模养殖场的建设上要坚持发展与规范并重的原则，全省要建立健全规范的动物防疫、饲料供给和环保设施，实现安全生产、清洁生产等操作规程。要在发展中提升养殖水平，引导规模养殖不断向集约化、标准化、工厂化方向发展，促进规模养殖的升级，逐步提高畜牧业生产的现代化水平，同时要积极探索新型模式。对于畜禽粪便超过周边承载量的中大型规模养殖场和专业生产区，要尽量在异地配套相应承载利用能力的种植业基地，着力培育畜禽肥水、沼液综合利用的中介服务组织，推动畜禽排泄物的异地资源化利用。对于平原、丘陵地带的中小规模散养密集地区，本省采取分散与集中处理相结合的办法，畜禽粪便收集后发酵处理，养殖户一户或联户建立沼气池，沼液、沼渣收集后作肥料就地还田。积极引导散养密集区异地兴建生态小区或规模场，实现人畜分离，改善村庄环境；对于资金、技术实力比较雄厚的大型养殖场，要积极提倡配套一定面积的综合性农、林、渔业生产区域，实现生态立体养殖和区域资源合理化利用。

3. 制订优惠政策，加快奶源基地建设 河南省财政每年列出 600 万元专项事业费、300 万元基本建设资金、1200 万元结构调整资金，重点用于养殖小区和挤奶站建设；每年用于畜牧业重点县的 3000 万元省财政专项扶持资金，也向黄河滩区绿色奶业示范带建设倾斜；各地纷纷出台扶持奶牛养殖小区及挤奶站建设、种草、品种改良推广等方面的政策和措施，从资金、技术、服务、优惠政策等方面给予大力扶持，促进了奶源基地的快速健康发展。郑州市从 2001 年开始，每年由市财政拿出 285.75 万元，三年时间用于进行高产奶牛细管引进的补贴，并每年扶持 20 个养殖小区，由市、县财政和龙头企业按 1：1：1 投资建设。为了推动规模养殖的发展，省政府设立了 2000 万元奶业发展专项资金，重点扶持规模养殖场扩大生产能力。2000 万元专项资金主要用于实施河南省千万吨奶业跨越工程，充分发挥资源和区位优势，积极发展奶牛标准化规模养殖，不断完善奶牛良种繁育体系，大力开展技术推广与培训，努力提高奶牛单产水平和生鲜乳质量安全水平；以市场为导向，以加工带动发展，以消费促进发展；加快构建规模化、标准化、生态化、产业化的现代奶业产业体系，实现奶业跨越式发展。推行标准化生产，保证乳品质量安全

全省大力开展"抓小区、带农户，促进农民增收"行动，发展养殖小区，实行标准化、规范化生产，在集中产区配套建设机械化挤奶站、综合服务站；在养殖过程中，严格执行兽药、饲料及添加剂等投入品的使用管理，大力推行无公害产地认定和奶品质量认证，建立健全乳制品质量检测体系、产品标准体系和质量认证体系，完善监测手段，确保乳制品质量安全。2012 年全省乳制品总产量 308 万 t，其中，巴氏杀菌乳 12 万 t，UHT 纯奶 48 万 t，酸奶 60 万 t，花色奶 68 万 t，奶饮料 120 万 t。年带动农民奶牛饲养量 20 万头，年增加农民养牛收入 6000 万元。河南省人均牛奶占有量达到 31.3kg。河南省乳品加工企业的产品种类主要有：纯奶、酸奶、花色奶、学生奶、奶饮料及冰淇淋等；包装形式主要为百利包、利乐包、康美包、爱壳包及复合包装膜。

4. 扶持龙头企业发展，提高产业化水平 目前，我国的畜禽饲养方式有 3 种：一是大型的出口肉类加工企业自己设置专门的饲养公司，自己饲养；二是出口公司通过合同形式与农户合作，即"公司＋农户"的饲养模式；三是农户自己饲养，企业收购产品进行加

工。第一种模式在控制兽药残留和动物疾病方面效果很好，值得推广；而目前大部分的饲养方式是后两种，由于饲养的规模太小，点多面广，很不利于兽药残留和疾病的控制，导致我国出口的动物源性食品屡屡被进口国检出兽药残留超标，造成了重大的经济损失。如果不采取规模化、集约化的饲养方式，仍维持目前的饲养方式，出口动物源性产品的内在质量将很难保证，将严重地制约畜牧业的发展速度。因此，出口企业和饲养户转变饲养模式和经营方式，由"公司＋农户"的饲养方式尽快转变为"公司＋基地"的饲养模式，即规模化、集约化地饲养。只有这样，才能很好地控制产品的内在质量，扩大动物源性食品的出口，促进我国畜牧业的发展。同时，加大检查监督执力度，并加大投资力度，建设种、养、加一体化的大型生态畜牧场。河南省通过政策支持，扶强扶壮了花花牛、巨尔、科迪等一批奶业加工龙头企业，扩大了加工规模、提高了产品档次和市场竞争力。加大招商引资力度，引进国内乳品加工巨头如伊利、蒙牛、光明入驻河南，使乳品加工的迅猛发展成为了畜产品加工快速发展的新亮点。同时，还要注重提高奶业生产组织化程度，搞好产销衔接，发展订单奶业，提高产业化经营水平。

5. 加强良种繁育，提高生产水平　全省加大良种繁育改良力度，坚持"引、繁、改"多策并举，建设一批奶牛核心繁育场，提高繁育水平；利用胚胎移植技术加速良种奶牛的扩繁，快速提高奶牛数量和质量；全面普及人工授精技术，改良提高奶牛生产水平，全省奶牛平均单产由原来的 3t 左右提高到 5t 以上。

第四节　发挥黄河滩区的优势发展生态畜牧业

一、自然条件和区域分布

河南省黄河滩区和黄河故道区主要分布于郑州、洛阳、济源、开封、焦作、新乡、濮阳 7 市 21 个县（市、区），滩涂区约占全省天然草地总面积的 6%，滩涂区地势平坦，土壤肥沃，以沙瓤土为主。处于亚热带与暖温带的过渡地段，全年主导风向为东南风，冬季主气流为西北风。水资源丰富，自然条件不仅适合多种农作物生长，而且非常适宜各种优质牧草和饲料作物生长；黄河流域是中华民族的发源地，这里人文景观和自然资源丰富，具有明显区位优势。同时黄河小浪底工程的建设，使黄河中下游滩区农作物生产及草地建设有了可靠保证，在此发展奶业具有得天独厚的条件。

二、开发思路

几年来，全省依托现有的乳品加工和市场消费基础，坚持突出重点、合理布局、协调发展的原则，按照"上数量、扩规模、保质量"的思路和"滩内种草、滩外养牛、集中挤奶、城郊加工"的模式，走规模化、标准化、产业化的路子，加快了黄河滩区绿色奶源基地建设。种草养畜作为一项产业，是对我国传统农牧业的一次深刻革命，它不仅有利于产业结构调整，建立可持续发展的草地农业系统；而且有利于西部生态环境建设，实现农业经营系统与自然生态系统协调发展；有助于培育新兴产业，人民脱贫致富，是现代农牧业的一个重要标志。人工草地建设可以启动植物生产和动物生产的偶合，使效益增值，促进产业发展与生态建设有机地结合，是现代农业的必要组分。黄河滩区作为以畜牧业经济为主导产业的区域，必须加强对人工草地的建设，切实加大种植业的结构调整力度，突出其在黄河滩区农牧业生产中的重要地位和作用，以实现建设黄河滩区新农村的历史重任。经过几年建设，河南省的"一带一片"奶源基地及乳品加工业发展成效显著。2005年，"一带一片"奶牛养殖小区发展到201个，占全省245个的82%；奶牛场132个，占全省177个的74.6%；奶牛存栏21万头，占全省奶牛存栏的67.7%；牛奶产量72.8万t，比2000年增加59.8万t，占全省牛奶产量的70%；乳制品加工能力达124万t，比2000年增加88万t，占全省乳制品加工能力的75.6%。

为了进一步优化畜牧业结构，根据黄河滩区独特的资源优势和区位优势，在充分论证的基础上制订了黄河滩区绿色奶业示范带建设规划。此规划已列入建设全国重要畜产品生产和加工基地的重要内容，规划区包括黄河滩区的济源、孟州、孟津、偃师、吉利区、温县、武陟、巩义、荥阳、邙山区、金水区、中牟、原阳、封丘、长垣、开封市郊区、兰考、开封县、濮阳县、范县、台前及黄河故道豫东平原商丘市的夏邑、虞城、睢阳、梁园25个县（市、区）。围绕黄河安全，结合国家构建节约型社会和建设社会主义新农村的战略部署，全省充分发挥和利用黄河滩区气候土壤等自然资源优势，引草入滩，草当粮种，草畜配套、草企结合，大面积种植紫花苜蓿等优质牧草，着力打造绿色黄河、生态黄河，最大限度地提高黄河滩区的经济效益、生态效益和社会效益。

三、黄河滩区种草养畜的现实意义

1. 现有的滩区利用模式弊病较多 黄河安全第一。黄河滩区担负着黄河汛期行洪、泄洪的重任，在滩区从事一切活动都必须围绕黄河的安全进行，抛开黄河安全搞滩区开发利用将后患无穷。目前，滩区一些地段搞观光农业，大量植树、建造观光建筑，这势必会影响汛期行洪、泄洪。而大量种植粮食作物，势必会加大水土流失，增加黄河的泥沙量，造成河床淤积，也不利于黄河安全。

2. 种草的生态效应 针对目前滩区开发利用存在的弊端，大面积种草尤其是种植紫花苜蓿是一种比较好的选择。紫花苜蓿以其适应能力强、光合效率高、单位面积生物产出量大而著称。大力种植优质牧草，具有显著的生态效益和社会效益。

（1）涵养水分，调节气温 草地不仅可以截留降水，而且有较高的渗透性和保水能力，在相同的气温下，草地土壤含水量较裸地高出90%以上，涵养水源的能力比森林提高0.5~3倍；在调节气候和空气湿度方面，草地上的湿度一般较裸地高出10%~20%，夏季草地的地表温度比裸地低3~5℃，而冬季则相反，草地比裸地高6~6.5℃。

（2）防风固沙，减少污染 牧草从返青到枯黄生长期一般比农作物延长70d以上，提高了土地利用绿色覆盖的时间。牧草株丛密布，根系发达，不仅可以调节气候涵养水分，保持水土防风固沙，为人们构筑一道绿色屏障，同时提高空气湿度，沙风、沙尘减少甚至消失，大大改善空气质量，久违的蓝天白云重现人们视野也将成为现实。

3. 种草的经济效益

（1）可以充分利用气候土壤等自然资源 牧草以生产茎、叶等营养体为目的，受生长季节长短、光照强度高低、日照时间长短等限制较小，一般情况下有效降水10~20mm即可播种出苗，气温0℃以上即开始光合作用，而粮食作物则需10℃以上才开始。河南省每年10月下旬到第二年4月中旬是冬季休闲期，有近6个月时间，20%以上的年降水量、40％以上的年光辐射、15％的大于 0℃的积温资源处于无效状态。

（2）生物产出高　1kg 优质紫花苜蓿干草粉相当于 0.5kg 精料的营养价值，其赖氨酸含量为玉米的 5.7 倍，每亩[①]紫花苜蓿可生产粗蛋白 200～300kg，相当于每亩玉米整株产粗蛋白量的 4～6 倍。

（3）市场需求量大　目前，无论是国内市场还是国际市场对优质紫花苜蓿青干草的需求量都非常大。

四是绿色奶业示范带建设的需要。在畜牧业发展中优质牧草可以为畜禽提供足够的维生素、蛋白质等多种营养物质，保证全年青绿饲料的均衡供应，提高繁殖成活率、幼畜品质和母畜的再生产能力等。紫花苜蓿不仅能够增强奶牛的体质，降低发病率，增加奶牛的产奶量，提高乳脂率，还能够延长奶牛的泌乳期，延长利用年限。

四、积极推进滩区草地畜牧业建设的措施

1. 试验、生产、示范和技术培训的联动　根据“一带一片”规划，围绕奶牛养殖小区建设。几年来积极引草入滩，认真搞好试点，探索滩区人工种草的模式，积累经验，示范带动滩区草地建设。2003 年，在郑州黄河滩区建成“河南省优质牧草示范园区”，园区占地 5000 余亩，设有冬牧-70 黑麦、中饲 237 饲用小黑麦、4 倍体多花黑麦草、保定苜蓿等原种种植区，优质牧草田间栽培品试验区，优质紫花苜蓿生产区等。该园区集引种、试验、生产于一体，播种、浇水、施肥、收割、翻晒、搂草、打捆全程机械化作业于一身。2004 年和 2005 年，园区生产冬牧-70 黑麦原种 12 万 kg，中饲 237 饲用小黑麦 5 万 kg，4 倍体多花黑麦草 500kg，优质苜蓿青干草 3000 多 t，培训牧草生产技术人员 300 人次，接受省内外参观考察 15 批 850 人次，初步显示了河南省农区和黄河滩区种植紫花苜蓿的巨大潜力。园区重点推广了紫花苜蓿、墨西哥玉米草、冬牧-70 等优质牧草品种和飞播牧草、草地改良、根瘤菌拌种、牧草种子包衣、牧草田间管理等实用技术，并研究了牧草病鼠虫害防治技术。

2. 专门资金支持黄河滩区牧草种植　河南省政府积极争取国家相关项目，从资金、技术等方面支持滩区草地建设。先后有“天然草原植被恢复和建设”、“飞播牧草”、“良种牧草种子繁育”等项目落户黄河滩区，项目投资 4470 万元，种草 12.8 万亩，改良草地 6 万亩。按照河南省人民政府 2003 年批准的《河南省黄河滩区绿色奶业示范带建设规划》，河南省积极向国家申报了“世行贷款河南省黄河滩区生态畜牧产业带建设项目”。项目总投资 14.8 亿元人民币，其中项目建设投资 13.4 亿元，拟利用世行贷款 6.6 亿元，折合8000 万美元，国内配套 6.8 亿元人民币。项目投资利润率 19.4％，投资利税率 29％（含增值税），项目财务内部收益率 30.1％，投资回收期 5.2 年。项目区开发草场 70 万亩，其中改良和保护天然草场 20 万亩、人工种植优质牧草 50 万亩，年产苜蓿干草 34.5 万 t、青饲牧草 259 万 t。国家发展改革委员会、财政部与世界银行已将该项目列入世界银行贷款三年滚动计划（2006—2008 财年）。河南省畜牧局每年用于黄河滩区人工种草资金达 60 多万元，重点用于补贴草籽、购买收割、灌溉等设备；郑州市惠济区政府投资 1700 万元，收回滩地 7 万亩，统一种草；同时，政府加大宣传力度，对黄河滩区种草与种粮进行效益

---

①　1 亩≈667m²。

比较，用具体数据引导群众进行人工种草，极大调动了滩区群众种草积极性，目前黄河滩区人工种草保留面积达 26 万亩。

3. 形成一批牧草种植企业　在立足种草养奶牛的基础上探索，河南省政府着重加强牧草收割机械和牧草加工机械等配套基础设施建设，探讨牧草收割、草产品加工调制以及牧草搭配饲喂等技术，不断提高种草的效益。全省建立了草产品加工厂 12 座，加工能力 9 万 t，2005 年实际加工牧草 7 万 t，通过加工增值 2100 万元。2005 年，黄河滩区种草 11.2 万亩，其中紫花苜蓿 7.1 万亩，墨西哥玉米草 1 万亩，冬牧-70 黑麦 1.2 万亩，高丹草 0.5 万亩；累计保留面积 57 万亩，其中紫花苜蓿 32 万亩。有力推动了全省"一带一片"奶源基地建设步伐。2013 年，河南省也纳入国家振兴奶业发展苜蓿计划支持省份，也将带动黄河滩区苜蓿种植和奶业的进一步快速发展。

4. 利用外资发展绿色奶业带　为进一步推动绿色奶业示范带建设，河南省政府于 2002 年提出利用世界银行贷款的 8000 万美元项目用于建设种草、养畜、加工、环保一体化经营的河南省黄河滩区生态畜牧产业带，这个项目得到了国家发展改革委员会、财政部的大力支持，经国务院国批准，已于 2005 年列入我国利用世界银行贷款 2006—2008 财年滚动计划。

目前，黄河滩区绿色奶业示范带建设步伐不断加快，以养殖小区为主要形式的规模养殖发展势头迅猛，龙头企业加工能力和水平明显提高，已成为本省重要的优质奶源生产基地和优质奶制品加工基地。黄河滩区规划区域内奶牛存栏达到 26.3 万头，占全省的 70%；奶牛养殖小区达到 251 个，机械化挤奶站达到 130 个，分别占全省的 66% 和 72%；区域内乳品加工能力达到 135 万 t，占全省的 75%。

五、下一步的建议

（1）将黄河滩区草业开发作为黄河治理的重要战略措施之一列入国家有关部门规划，从长计议，稳步实施。

（2）黄河滩区老滩地及每年河道滚动形成的嫩滩不属于农民承包土地的范围，由于多种原因，目前绝大部分由农民种植粮食作物，每年造成大量水土流失，不利于生态保护和黄河安全。建议有关部门统一协调，统一解决滩区土地经营权问题。

（3）由于黄河滩区面积大，建议成立黄河滩区综合利用领导机构，负责统一规划、统一协调、统一管理黄河滩区综合开发利用。

第二篇

矿物质/营养计算与生态养殖/种植业的合理布局

第四章
畜禽废弃物矿物质/营养及还田利用

近年来畜禽养殖业得到了迅猛发展，与此同时也产生了大量的畜禽粪便废弃物。由于大部分养殖场未能对畜禽粪便进行有效的处理和利用，畜禽养殖产生的污染已经成为我国农村地区的主要污染源，只有发展生态畜牧业，才能解决上述问题。发展生态畜牧业就是要使畜牧生产符合生态规律，在保护环境的同时发展畜牧业，实现生态系统的良性循环。根据不同地区，不同的自然环境，因地制宜，建立不同生态畜牧业模式，但它们的共同特点都以牧业为主，适当配置其他生产经营。如一个养牛场，以养牛为主，同时配置饲料作物、养鱼、沼气、食用菌生产等。如果单纯养牛，从生态畜牧业的观点看，就明显存在两个问题，一是牛饲料需外购；二是牛粪没有能够合理利用，同时造成环境污染。

国外针对畜禽养殖污染的管理主要从两方面进行：一是农牧结合，国外发展畜禽养殖业，绝大多数是既养畜又种田，畜禽粪便由充足的土地进行消纳；二是要求规模化的畜禽养殖场必须有一定的污染处理设施，达到达标排放，或者畜禽养殖污水进入市政污水处理厂进行处理，畜养殖场支付污水厂污水处理费用。河南省为了加强对畜禽养殖业污染排放的控制，省环境保护厅于 2010 年发布了《关于加强规模化畜禽养殖污染防治工作的意见》。各地环保管理部门已在环保部要求下，开展了畜禽养殖业专项环境执法检查工作。2012 年 3 月 13 日，河南省畜牧局、河南省农业厅、河南省环境保护厅关于印发《关于进一步加强畜禽排泄物治理工作的指导意见》的通知。目前畜禽养殖场污染物处理的目的是要达到无害化和资源化，主要有以下一些处理方法。

1. 土地还原 即把畜禽的粪污作为肥料直接施入农田，利用土壤中的微生物达到分解有机质的目的。但如果污染物排放量超过了土壤的自净能力，就会出现降解不完全和厌氧腐解，产生恶臭物质和亚硝酸盐等有害物质，引起土壤的组成和性状发生改变，尤其是粪污当中的病原微生物也会造成土壤污染。

2. 堆肥法 通常用堆肥法处理畜禽粪污中的固体部分，即在人工控制的条件下，通过微生物的发酵作用将有机物转变为肥料，同时将畜禽粪污中的病原微生物杀死。其中，高温堆肥以其无害化程度高、腐熟程度高、堆腐时间短、处理规模大、成本较低、适于工厂化生产等优点逐渐成为首选处理模式（图 4-1）。

3. 畜禽粪便饲料化 畜禽粪便中含有大量未消化的蛋白质、B 族维生素、矿物质元素、粗脂肪和一定量的碳水化合物，且氨基酸的品种比较齐全，所以是用作饲料的好原料。可以通过将畜禽粪便干燥处理、发酵处理、青贮、膨化制粒等作为饲料应用。畜禽粪便作为饲料使用存在安全性问题，因为畜禽粪便中可能含有高量的重金属残留、抗生素残留及大量病原微生物和寄生虫卵等。不过实践证明只要对畜禽粪便进行适当处理并控制其

图 4-1　堆肥

用量，一般不会造成危害。

4. 高效厌氧处理　这是养殖场粪污处理的主要方法，即通过厌氧消化将畜禽粪便中的有机物转化为沼气，生产清洁能源图 4-1、彩图 1。目前应用较多的是沼气池、UASB（上流式厌氧污泥反应床）等。

5. 针对畜禽养殖场的高浓度　有机废水，通常须经过厌氧消化处理后，再进行好氧生物处理，如生物滤池、生物转盘、SBR 工艺等处理后，进行达标排放。

图 4-2　沼气发酵罐

畜禽养殖是低利润行业，环保投入经费有限，所以为了减轻养殖企业末端治理的负担，应考虑综合治理措施，即从多环节入手，加强生产工艺的改进和源头的管理，实现畜禽粪污量的减少。如合理选点规划，调整饲养规模，改善冲洗办法，采取粪尿干湿分离、雨污分流，开展清洁生产，加强生态环保型饲料的应用研究等，减少污染物的排放总量，降低污染治理。

传统养殖业以农民个体家庭饲养为主，这种作坊式的禽畜养殖规模普遍较小，主要集中在牧区、农区，大多远离人口稠密的城市。禽畜养殖是以副业的形式出现，种植、养殖一条龙，禽畜粪便绝大部分作为农家肥料，直接施入农田，对环境污染较轻。然而，到了20 世纪 80 年代中后期，我国畜牧业出现了集约化的趋势，部分大城市和城郊出现了一批集约化或工厂化畜牧场，这种生产方式造成了粪尿的过度集中和冲洗水大量增加。同时，由于化肥工业的发展，化肥具有肥效高、运输、储存、使用方便等特点，农民逐渐用化肥替代畜禽粪肥，畜禽粪尿用作农田肥料比重大幅度下降，由"宝"变"废"，成为污染源。集约化养殖所产生的大量集中的畜禽粪污带来了严重的环境污染，已成为制约我国畜牧业发展的一个主要因素。

国家环境保护总局 2000 年对 23 个省、自治区、直辖市规模化畜禽养殖业的调查发现，90％的养殖场未经过环境影响评价，60％的养殖场缺乏必要的污染防治措施。调查发现，规模化养殖主要分布在广东、山东、河南、河北和湖南等地。对环境影响较大的大中型畜禽养殖场 80％集中在人口比较集中、水系较发达的东部沿海地区和诸多大城市周围。2003 年，我国畜禽养殖业共产生 31.90 亿 t 粪便，是当年工业产生固体废物的 3.2 倍；畜禽粪便及其中的氮、磷纯养分平均耕地负荷分别为 $24t/hm^2$，N $107kg/hm^2$ 和 P $29kg/hm^2$。到 2010 年，我国每年畜禽粪便产生量达到 45 亿 t。国内外科学家在畜禽养殖业污染治理方面做了大量的研究和实践工作，并从自然和社会科学的角度提出了众多的污染防治方法和不同的治理模式，包括对畜禽粪污进行减量化、资源化、无害化处理、达标排放、畜禽粪污还田利用等。其中畜禽粪污还田利用是一种比较切合实际的污染处理方式，这种方式的优点在于：①环保的传统"达标排放"畜禽粪污治理方式，存在很大的局限性，如固定投资及运行费用高，工程运行不稳定，污水处理达标难度大等，而畜禽粪污还田利用减少了"达标排放"的处理费用，使畜禽污染物的处理费用不再成为畜禽养殖场沉重的经济包袱；②畜禽粪污还田利用解决了从畜禽养殖业到种植业之间的"断链问题"，实现了种植业—养殖业—种植业的良性循环，既解决了畜禽养殖业的环境污染问题，又增加了土壤养分含量，减少了化肥的使用量，降低了农业生产的成本，提高了农业经济效益。

环境承载力是指在一定时期内，在维持相对稳定的前提下，环境资源所能容纳的人口规模和经济规模的大小。畜牧业发展规划环境承载力的研究对促进畜牧业发展与资源环境的协调、实现畜牧业可持续发展具有重要的意义。目前，畜牧业在迅猛发展过程中存在的盲目性、随意性、布局的不合理以及经济利益最大化所带来的环境污染问题越来越严重。在走过长达十多年的达标排放畜禽粪污治理历程后，现在又回复到生态还田利用的老路上，上海就是典型的例子。王振旗等（2014）在对上海市畜禽规模养殖分布特征和污染治理现状分析的基础上，分别研究了适于上海市经济社会特点的资源化还田利用和工业化达标治理两大类四种鼓励减排模式，即"沼气工程"模式、"生态还田"模式、"污水纳管"模式和"达标排放"模式，以及各模式的技术要点、工艺流程、设施配套等，并通过投入—产出分析和适用性评价，提出了各郊区县规模化畜禽场适宜采纳模式。结果表明：崇明县、松江区、青浦区单位耕地畜禽承载量为 4.7～9.0 头标准猪/hm^2，适合采用资源化还田利用模式，经济收益可以满足减排工程的稳定运行，尤其适合采用低投入和管理要求低的"生态还田"模式；奉贤区、宝山区和浦东新区因养殖密度高、耕地面积相对少，多数养殖场仅能选择工业化达标治理模式，但"达标排放"模式管理水平要求较高、运行成本高昂，长效稳定运行难度大，因此应作为今后畜禽规模养殖空间布局调整的重点区域，可为我国平原河网发达省区规模化畜禽场选择适合自身的污染治理技术提供借鉴。截至 2013 年底，上海市共完成了 50 余家规模化畜禽场污染减排工程建设，工程总投资约 2.8 亿元，实现了 0.36 万 t COD 和 0.03 万 t 氨氮的削减量。

然而，传统的粗放式的还田方式并没有解决畜禽污染问题，反而使畜禽污染问题有愈演愈烈的趋势。究其原因主要有以下两点。①传统的畜禽污染物还田并没有充分考虑畜禽污染物的特点、土壤特性及作物营养需求量、污染物施用农田的风险等因素，而只是将土壤作为一种天然的无限制的污染物处理场所。②我国畜禽养殖业集约化程度比较高，大多集中在市郊，畜禽粪污相对集中，大多远离农田，畜禽粪污还田利用易出现盲目性、无计划，畜禽粪污滥用现象普遍存在，超过了耕地土壤畜禽粪污承载力，结果造成粪污流失，进入自然水体，给生态环境带来了严重威胁。因此，在进行畜禽粪污还田利用时，改变这种传统粗放式的还田方式，结合土壤特性、畜禽粪污的特点、作物营养需要，根据土地畜禽粪污施用限量，制订合理的粪污还田利用计划尤为重要。

第一节　畜禽粪便中氮、磷、钾等养分含量状况

鸡粪、猪粪、牛粪和羊粪4种畜禽粪便的主要养分氮、磷、钾、锌、铜含量存在较大差异。鸡粪和猪粪的氮、磷、锌、铜含量明显高于牛粪和羊粪，但4种畜禽粪便的钾素含量相当。与20世纪90年代相比，几种畜禽粪便氮素含量变化不大，但鸡粪、猪粪、牛粪中磷素的含量明显增加，4种畜禽粪便的含钾量都显著增加。鸡粪和猪粪中的锌含量增加很大，而牛粪和羊粪中锌含量变化不大，除猪粪含铜量增加近12倍外，鸡粪、牛粪和羊粪含铜量变化不大。目前，猪粪中锌、铜的超标最为严重，其次是鸡粪，牛粪和羊粪的锌铜超标较少，甚至不超标。总之，鸡粪、猪粪、牛粪、羊粪中氮、磷、钾、锌、铜含量丰富，按照2003年畜禽粪便资源总量22亿t，可提供氮磷钾3082万t，按4种粪便约占畜禽粪便资源的90％计，可提供氮、磷、钾约2800万t，约为当年氮、磷、钾化肥消费量的60％以上。因此，特别在目前化肥价格居高不下的情况下，利用好畜禽粪便不但可以有效地减少化学肥料的用量，还能增加土壤有机质含量，实现减肥增效和农田可持续利用。但是猪粪和鸡粪中磷含量较高，氮磷比平均约为1∶1.7。因此，施用畜禽粪便时一要注意氮、磷、钾养分的平衡，二要防止过度施用造成土壤磷素积累和面源污染。畜禽粪便钾素含量均达到2％以上，是很好的钾源，可以缓解我国钾肥资源缺乏的问题，钾元素对环境不会构成威胁。猪粪和鸡粪中锌和铜的含量很高，一方面可以给植物提供微量元素营养，增加植物产品中微量元素的含量，有利于人体健康；另一方面，过量施用会对作物造成损害，甚至使作物产品中含量超标，对人类健康构成威胁（表4-1）。

表4-1　粪的检测指标、检测方法及方法标准

项目	测定方法	标准号
含水率	复混肥料中游离水含量的测定　真空烘箱法	GB/T 8576—2010
有机质、全氮、全磷	有机肥料	NY 525—2012
铜、锌	土壤质量　铜、锌的测定　火焰原子吸收分光光度法	GB/T 17138—1997
钾	土壤全钾测定法	NY/T 87—1998

对氮素含量来说，鸡粪含氮量范围为0.60％～4.85％，平均2.08％，主要集中在1.0％～2.0％和2.0％～3.0％，分别占样品总数的37.3％和35.6％，含量大于3.0％的样品占15.3％。猪粪含氮量略高于鸡粪，含量范围为0.20％～5.19％，平均为2.28％，分别有25.0％、32.5％、25.0％的样品含氮量在1.0％～2.0％、2.0％～3.0％、3.0％～4.0％。对牛粪来说，全氮含量范围为0.32％～4.13％，平均为1.56％，有一半以上的样品含氮量在1.0％～2.0％，小于1.0％和大于2.0％的样品分别占27.0％和21.2％。羊粪的含氮量较低，含量范围为0.25％～3.08％，平均为1.31％，有42.1％的样品含氮量在1.0％～2.0％，含氮量小于1.0％和大于2.0％的样品分别占42.2％和15.8％（表4-2）。

表 4-2 尿的检测指标、检测方法及方法标准

项目	测定方法	方法标准号
pH	水质 pH 测定 玻璃电极法	GB 6920—1986
COD	水质 化学需氧量的测定 重铬酸盐法	GB 11914—1989
氨氮	水质 氨氮的测定 蒸馏中和滴定法	HJ 537—2009
总氮	水质 凯氏氮的测定	GB 11891—1989
总磷	水质 总磷的测定 钼酸铵分光光度法	GB 11893—1989
铜、锌	水质 铜、锌、铅、镉的测定 原子吸收分光光度法	GB 7475—1987

对磷素（P_2O_5）含量来说，鸡粪含磷量范围为 0.39%～6.75%，平均为 3.53%，小于 3.0% 的样品占 28.8%，含磷量 3.0%～4.0% 的样品占 35.6%，含磷量 4.0%～5.0% 的样品占 22.0%，大于 5.0% 的样品占 13.6%。猪粪含磷量范围较大，为 0.39%～9.05%，平均为 3.97%，有 55.0% 的样品含磷量在 3.0%～6.0%，40.5% 的样品含磷量大于 5.0%，大于 6.0% 的样品还有 13.0%。对牛粪来说，磷素的含量远远小于猪粪，含量范围为 0.22%～8.74%，平均为 1.49%，36.5% 的样品含磷量在 0.5%～1.0%，40.4% 的样品含磷量在 1.0%～2.0%，含磷量大于 2.0% 的样品只有 17.3%。羊粪的含磷量更低，含量范围为 0.35%～2.72%，平均只有 1.03%，有 52.6% 的样品含磷量在 0.5%～1.0%，含磷量大于 2.0% 的样品只有 5.0%。

对钾素（K_2O）含量来说，鸡粪含钾量范围为 0.59%～4.63%，平均 2.38%，含钾量 1.0%～2.0% 的样品占 30.5%，含钾量 2.0%～3.0% 的样品占 47.5%，大于 3.0% 的样品占 18.6%。猪粪含钾量范围较大，为 0.94%～6.65%，平均 2.09%，总的来看猪粪的含钾量低于鸡粪，57.5% 的样品含钾量在 1.0%～2.0%，32.5% 的样品含钾量在 2.0%～3.0%，大于 3.0% 的样品只有 7.5%。牛粪中钾素的含量更低，平均含钾量为 1.96%，59.6% 的样品含钾量在 1.0%～2.0%，含钾量 2.0%～3.0% 和大于 3% 的比例分别为 19.2% 和 13.5%。羊粪的含钾量较高，含量范围为 0.89%～3.70%，平均 2.40%，47.4% 的样品含钾量在 2.0%～3.0%，含钾量大于 3.0% 的样品有 21.1%。

与 20 世纪 90 年代的研究数据相比，几种畜禽粪便氮素平均含量变化不大，而鸡粪、猪粪和牛粪中磷素的平均含量分别增加 65.7%、93.7% 和 52.0%，羊粪中磷素含量几乎没有变化。4 种畜禽粪便的平均含钾量都显著增加，鸡粪、猪粪、牛粪、羊粪含钾量分别增加 138.7%、54.8%、71.9%、50.9%。从氮磷钾养分平均含量来看，过去鸡粪中 3 种养分含量相当，目前磷钾含量较高，甚至高出氮素含量 1 倍；猪粪中过去以氮磷为主，含量相当，钾素含量较低，目前以磷素含量为主，氮、钾含量相当；牛粪和羊粪过去以氮素为主，磷、钾含量相当，而目前以钾素含量为主，氮、磷含量相当。从不同畜禽粪便氮、磷、钾养分含量特点来看，无论过去还是现在猪粪和鸡粪中磷素含量显著高于牛粪和羊粪，高出 1～2 倍。畜禽粪便的氮、磷、钾养分含量特点要求施用时应根据畜禽粪便种类和氮、磷、钾含量确定合理用量，避免过量投入某种养分，而造成养分失衡。

畜禽粪便中锌（Zn）、铜（Cu）含量的范围很大，每千克干基中含有几十至上千毫克。从平均值来看，猪粪中 Zn、Cu 含量最高，其次为鸡粪，羊粪最低。

对锌含量来说，鸡粪、猪粪、牛粪、羊粪中 Zn 含量分别为 38.8～1017.5mg/kg、40.5～

2286.8mg/kg、31.3～634.7mg/kg、30.2～161.1mg/kg，平均分别为 306.6mg/kg、663.3mg/kg、138.6mg/kg、88.9mg/kg。鸡粪中有 49.1% 的样品含 Zn 量在 200～500mg/kg，而猪粪中有 60% 的样品含 Zn 量在 500mg/kg 以上，牛粪和羊粪分别有 50% 和63.2% 的样品含 Zn 量小于 100mg/kg。对铜含量来说，鸡粪、猪粪、牛粪、羊粪中 Cu 含量分别为 16.8～736.5mg/kg、12.1～1742.1mg/kg、8.9～437.2mg/kg、13.1～47.9mg/kg，平均分别为 78.2mg/kg、488.1mg/kg、48.5mg/kg、23.5mg/kg。鸡粪中有 62.7% 的样品含 Cu 量小于50mg/kg，84.7% 小于 100mg/kg，而猪粪中有 42.5% 的样品含 Cu 量在 500mg/kg 以上，甚至有10% 样品含 Cu 在 1000mg/kg 以上，牛粪有 88.5% 的样品、羊粪 100% 的样品含 Cu 量低于 50mg/kg。可见，猪粪中铜的含量明显高于其他畜禽粪便，其次为鸡粪，而牛粪和羊粪含铜量较低。

与 20 世纪 90 年代相比，鸡粪和猪粪中的 Zn 含量增加较多，分别增加 92.1% 和383.5%，而牛粪和羊粪中 Zn 含量变化不大；对 Cu 含量来说，除猪粪含 Cu 量增加近 12 倍外，鸡粪、牛粪和羊粪含铜量变化不大，这可能与不同畜禽使用的饲料添加剂种类和用量不同所致。

虽然锌和铜是作物必需的微量元素，但作物需要量不高，过量施用会对作物造成损害，甚至使农产品中的含量超标，对人类健康构成威胁。欧洲一些国家如比利时、荷兰和德国对有机废弃物中锌、铜等重金属有较为严格的限量，由于目前我国还没有关于有机肥中重金属的限量标准，参考德国腐熟堆肥中部分重金属限量标准，Zn、Cu 最高限量分别为 400mg/kg 和 100mg/kg。按照这一标准，在测定的样品中，鸡粪中 Zn、Cu 的超标率分别为 27.1% 和 15.3%，猪粪中 Zn 和 Cu 的超标率分别为 62.5% 和 70.0%，牛粪中 Zn 和 Cu 的超标率分别为 3.8% 和 9.6%，羊粪中 Zn、Cu 不超标。对畜禽粪便中其他重金属元素如镉、铅、砷、铬、镍、汞的含量和超标率已进行过研究。由此可见，施用畜禽粪便时，不但要考虑其氮、磷、钾养分含量，也要考虑其中的金属元素含量状况，既要合理利用畜禽粪便的养分资源，又要防止金属元素对农产品和环境可能造成的污染，实现畜禽粪便的安全合理施用。

畜禽粪便的养分含量特点要求在施用畜禽粪便时并不是多多益善，一定要根据畜禽粪便的种类及其养分含量状况，确定合理用量。同时考虑畜禽粪便中锌、铜和其他重金属元素的含量从而确定其安全使用量，避免过量金属元素对环境和农产品安全构成威胁。因此，开展畜禽粪便安全高效施用方面的研究，包括养分的释放特点和与化学肥料合理配合的比例、畜禽粪便中重金属对环境和农产品影响的安全阈值等迫在眉睫。

第二节　畜禽粪污处理方法

畜禽粪污的处理方法很多，但目前尚未找出一种单一的处理方法就能达到所要求的满意效果。因为某一种处理方法能否被接受，不仅要考虑这种处理方法在技术上的优势，还要考虑实现这种方法的投资、日常运行费用和操作是否方便。畜禽粪便处理可简单地归纳为减量化处理、无害化处理和资源化处理。

一、粪污减量化处理

规模化养殖场粪污减量化处理主要包括生态营养途径减少污染物排放量、雨污分离、干湿分离、饮污分离、改变清粪工艺、进行物理方法处理等。

按照可消化氨基酸含量和理想蛋白质模式，给猪、鸡配合平衡日粮，使其中各种氨基酸含量与动物的维持和生产需要相平衡，使饲料的转化率最大，营养元素排出可最少。Simons 报道，应用植酸酶可使单胃动物日粮中养分的消化率提高 9%～24%，植酸磷的利用率提高 50%。畜禽日粮中添加植酸酶不仅提高了日粮中无机磷的利用率，而且可以减少无机磷的添加量，从而降低磷的排放量。对猪进行药物保健时，应严格控制用药剂量和疗程，并可利用中草药取代部分抗生素，或添加益生素、糖萜素等，以减少抗生素和磺胺类药物的排泄量。猪饲料粉碎粒度控制在 700～800μm，可以增加单位体积养分的含量和消化率，提高饲料转化率，使粪便中干物质排放量减少 1/3。猪场一般应在上风向种植5～8m 宽的防风林，在场界周边种植乔木和灌木混合林带，在场内外道路两旁与猪舍之间种植树冠整齐的乔木或亚乔木 1～2 行，在猪舍墙外种藤蔓植物，在裸露的地面种草、种花、种菜。据有关研究报道，猪场绿化、美化良好时，通过植物的光合作用可以减轻热辐射 80%，冬季风速降低 75%～80%，有毒有害气体减少 25%，恶臭减少 50%，尘埃减少 35%～65%，细菌数量减少 20%～70%，还可减少和消除噪声，使猪场员工心情舒畅，工作效率提高。

雨污分离是对养殖场进行必要的排水工程改进，如通过铺设排污管道（管沟）和雨水管道，把屋顶瓦片下来的雨水（或在地面流的雨水）和污水分隔开，使雨水和污水分流，减少治污量。对畜禽场的排水系统进行改进，将原有的合流排水系统改为污水排放系统。将污水排放沟渠加高沟壁，使其高出地面，以防地面雨水进入沟内。饮污分离是采用自动饮水器，减少畜禽饮水时的浪费，减少粪污总量。雨污分离做法：一是养殖场把原来的污水沟上面加盖板改成全封闭暗沟（图 4-3），污水从暗沟流，避免雨水流入沼气池；二是重新接一根 PVC 管作污水管（图 4-4），污水通过 PVC 管接入沼气池，原来的污水沟改成雨水沟使用。

图 4-3　雨污分流暗沟法

图 4-4　雨污分流暗管法

粪尿干湿分离也称固液分离，就是把干粪与尿液及冲洗污水分离开来。畜禽粪便干湿分离是农业面源污染治理的关键所在，如果固液不分及水龙头当扫把，把干粪直接用水冲洗入池，会直接造成两大危害，一是把干净的水变成了污水，浪费了水资源；二是大大增加了污水量，使得污水处理量增加，也势必增加污水处理设施，以致造成沼气池容积过大而增加投资或达不到减排效果。应该尽量减少养殖场污水产生的数量和浓度，对粪便进行干湿分离，把收集的固体粪便进行堆沤发酵，作为农作物的有机肥料，尿液污水经污水管孔或地漏流入厌氧发酵池处理，确保养殖场的干净整洁，减轻对水环境的污染。干湿分离要点：一是必须摒弃水龙头当扫把的做法，避免用高压水枪进行冲粪洗栏把干粪直接用水冲洗入池；二是栏舍污水沟入口处设置细格栅，阻挡干粪通过细格栅进入污水沟；三是采用固液分离工艺，把干粪收集后堆放到干粪棚（图4-5）。

图4-5　固液分离机

在清粪方式上，现代大中型规模化养猪场部分采用水泡式清粪工艺。猪舍内的排粪沟中注入一定量的水，粪尿、冲洗和饲养管理用水一并排放缝隙地板下的粪沟中，储存一定时间（一般为1～2个月），待粪沟装满后，打开出口的闸门，将沟中粪水排出。粪水顺粪沟流入粪便主干沟，进入地下贮粪池或用泵抽吸到地面贮粪池。缺点：由于粪便长时间在猪舍中停留，形成厌氧发酵，产生大量的有害气体，如 H_2S（硫化氢），CH_4（甲烷）等，恶化舍内空气环境，危及动物和饲养人员的健康。粪水混合物的污染物浓度更高，后处理也更加困难。该工艺技术上不复杂，节约用水和人力，操作简单，不受气候变化影响，污水处理部分基建投资及动力消耗较高。而日本大多采用干清粪工艺，粪便一经产生便分流，干粪由机械或人工收集、清扫、集中、运走，尿和污水从下水道流走，分别进行处理。这种工艺固态粪污含水量低，粪污营养成分损失少，肥料价值高。产生的污水量少，且其中的污染物含量低，易于净化处理，是目前较理想的清粪工艺。该方法的缺陷是比较耗人力、物力。欧洲多采用水泡粪，少数干清粪。

物理方法处理主要是把干粪和尿液污水、冲洗水分开，减少污水中固形物，便于分别处理。固液分离的方法主要有两类：一类是按固体物的几何尺寸的不同进行分离，一类是按照固体物与溶液的相对密度不同进行分离。

二、粪污无害化处理

无害化，就是将畜禽废弃物通过工程技术处理，达到不损害人体健康，不污染周围的自然环境的目的。自然界中广泛存在着各种微生物，它们通过自身的新陈代谢，能够氧化分解环境中的有机物，并且将其转化为稳定的无机物。自然水体遭受有机污染后主要靠微生物的降解作用得到净化。污水的生物处理技术，也是利用微生物的这种生理功能，从而提高污水中有机污染物的降解速度和去除率。

畜禽粪污常见的无害化处理方法有干燥处理、堆肥化处理和污水生物处理方法等。

干燥处理是利用热能（燃料燃烧）、太阳能、风能等能量，对畜禽粪便进行处理。干燥处理不仅在于减少了粪便的含水量，而且达到除臭和灭菌的效果。干燥后的畜禽粪便将大大降低对环境的污染。干燥后的畜禽粪便可加工成颗粒肥料，或作为畜禽的饲料，有多种用途。但是，畜禽粪便在干燥处理过程中容易产生大量的臭气，污染空气。遇到连阴雨天气，粪便会随雨水一道流失进入自然水体，对水环境构成严重威胁。

污水生物处理方法是目前世界上有机废水处理的主要工艺，也称生化处理法。方法是建立废水处理建筑物，在其中培养微生物，通过微生物的新陈代谢，使废水中有机物降解，并转化为无害的物质，使废水得以净化。

三、粪污资源化处理

规模化养殖场粪污资源化处理包括肥料化利用、饲料化处理和能源化利用等。畜禽粪污中含有大量的有机物及丰富的氮、磷、钾等营养物质，是农业可持续发展的宝贵资源。数千年来，农民一直将它作为提高肥力的主要来源，经干燥或发酵、防霉、除臭、杀菌，加工成优质、高效的有机复合肥料。

过去采用填土、垫圈的方法或堆肥方式将畜禽粪便制成农家肥。如今，伴随着集约化养殖场的发展，产生了大量的畜禽粪便，研究者对畜禽粪便肥料化进行了大量的研究。当前研究得最多的是堆肥法。堆肥是处理有机废弃物的有效方法之一，是一种集处理和资源循环再生利用于一体的生物方法，是把收集到的粪便掺入到高效发酵微生物如 EM（有效微生物群），调节粪便中的碳氮比，控制适当的水分、温度、氧气、酸碱度进行发酵。这种方法处理粪便最终产物臭气少，较干燥，容易包装、撒施，而且有利于作物的生长发育。但是堆肥过程中有 NH_3 的损失，不能完全控制臭气，而且堆肥需要的场地大，处理所需要的时间比较长。

畜禽粪便中含有较丰富的基础性饲料，如粗蛋白、粗脂肪、钙、磷等。此外，还含有大量的氨基酸和钠、镁、铁、锌等多种微量元素。2013 年，南通市苏鹏禽业有限公司刘明生等利用鸡粪烘干机对鲜鸡粪进行烘干处理，测定烘干后鸡粪的营养成分，并在育成鸡日粮中添加 10% 的烘干鸡粪，不仅对育成鸡的体重和饲料转化率均没有显著影响，而且可以节省饲料成本 0.16 元/只，为养鸡场取得较好的经济效益，最重要的是可以有效处理养鸡场的鸡粪，避免其可能造成的环境问题。鸡粪中粗蛋白含量较高，达 30.12%，几乎与大豆相当，同时鸡粪中还含有粗脂肪、粗纤维、B 族维生素以及钙、磷、铜、铁、锌、锰等元素，可作为较好的饲料资源。

有研究者利用蝇蛆、蚯蚓对畜禽粪便转化，生产优质蛋白质饲料，饲喂鸡、鸭、养鱼等，经济效益非常高。但是由于蝇蛆、蚯蚓本身的生理特性决定这种方法有一定的局限性，受季节、气候、温度等因素影响比较大，难以全年生产，加上前期畜禽粪便灭菌、脱水处理和后期收蝇蛆，饲喂蚯蚓、蜗牛的技术难度较大，故尚未得到大范围的推广。

畜禽粪便经厌氧发酵产生沼气，作为能源加以利用。沼气是利用人畜粪便等有机物，在厌氧条件下，通过沼气池内微生物代谢和呼吸作用产生可燃性气体。每只鸡日排粪便中以含总固体 22.5g 计，可产沼气 8.7L，一个 10 万只规模的养殖场，收集其粪便进行厌氧发酵，每年产的沼气作燃料相当于 232t 标准燃煤；每头猪每天排泄的粪便可产沼气量 150～200L；每头牛每天排泄的粪便可产沼气量 700～1200L。

沼气工程不但解决了我国广大农村燃料短缺和大量焚烧秸秆的矛盾，还能消除臭气，杀死致病菌和致病虫卵，解决大型畜牧养殖场的畜禽粪便污染问题。该方法的缺陷是易造成畜禽肥料氮素流失，并且有大量的沼液、沼渣需要处理，处理难度比较大。

四、有机肥的制作工艺

根据牧场的实际生产条件，通过中试试验进一步确定小试所得到的最优化参数，即初始含水量70%，菌剂添加量为0.35%，C/N为30∶1，4d翻堆一次，在发酵进行到15d时，向物料中加入1%氮、磷、钾复合菌剂进行二次发酵，每天翻堆一次，发酵5d，终止发酵，总发酵周期为20d。一般认为当发芽指数（GI）达到80%～85%时，就可以认为堆肥没有植物毒性或者说堆肥已经腐熟。在生物有机肥生产过程中，试验组升温快，高温保持时间长，达到了无害化的要求，且腐熟快，发酵周期缩短，生物有机肥产品中的残留水分含量低。

在发酵15d时，温度下降到了45℃，下降速度开始减慢，有机质的降解速度也开始减慢，因此将一次发酵的时间控制在15d，即选择一次发酵进行到15d时的产物作为二次发酵的原料，添加功能性微生物菌剂，混合均匀后，摊开至堆料厚度为40cm。每天翻堆一次，控制温度使其大量繁殖，根据二次发酵过程中氮、磷、钾细菌的变化情况，确定了二次发酵的终止时间，提高了产品中的有益活菌数。

猪粪好氧堆肥工艺：在添加0.3%的高效组合菌剂的条件下，以木屑为调理剂，调整堆肥的C/N为25∶1，控制初始水分在60%～70%，在堆肥过程中，每天翻堆1次，20d左右，堆肥可达到腐熟。堆肥结束时，GI>80%，NH_4^+-N-DOC均趋于稳定；蛔虫卵的杀灭率为100%，大肠菌群数小于900个/kg，卫生指标达到了国家标准。

五、粪污利用技术

目前，国内外流行的几种处理工艺技术主要有厌氧发酵生物处理系统、发酵床养殖技术、条垛式发酵技术等。

我国的厌氧发酵粪水处理技术从池型、结构、发酵工艺等都达到了较高的水平，但由于对粪便资源化过程中物质循环及能量转换的动态平衡机理深入研究不够，存在着粪水处理工艺设备不配套，技术优化组合欠佳，与厌氧消化和综合利用配套的固液分离技术和设备还不成熟，缺少自动化监控系统，工程投资大，资金回收年限长等问题，同时仅仅从能源利用出发，依靠沼气发酵处理方法本身具有一定的局限性，经济效益不十分明显。所以必须从资源的合理利用，防止环境污染。利用各种能量之间的相互关系，优化组合先进的实用技术，变单项技术为连锁技术，提高农业生产中的能量互补效应和增值效益，在粪便资源化过程中实现污水无害化、粪便商品化，有效地、多层次地、多功能地利用粪水中的能源物质和营养物质，使之回归到大自然的良性循环之中。具体工艺流程见图4-6。

采用厌氧发酵系统处理畜禽粪便符合我国现实情况，是一种经济可行的处理方式，但目前国内大多数畜禽粪便尚未采用此方式进行处理。主要有下述原因：①我国对畜禽粪便的排放立法不严，环保意识不强；②在北方地区冬季气温低，大多数厌氧发酵装置产气量低，甚至不产气，厌氧发酵的产品——沼气作为能源不能满足冬季的需要量，这往往使人

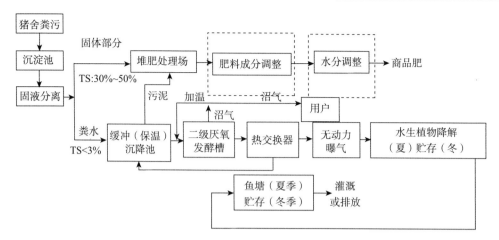

图 4-6　厌氧发酵生物处理系统

们误认为，厌氧发酵工艺仅仅为了利用沼气，而忽略了处理粪污的目的；③池容大，发酵周期长，初次投资成本大（相对来说）；④若采用高温发酵虽能提高产气率，但加热增温所需能耗大，在能源利用上不合算，且运行管理复杂。为了改变目前的状况，则必须改进厌氧发酵装置的工艺流程，开发出小型高效厌氧处理器，多层次利用沼渣、沼液，开发商品肥，提高经济效益，调动畜禽场粪污处理的积极性。

发酵床养殖法是一种零排放无污染的生态环保养殖技术，它是根据微生物学、养殖学、微生物学、动物营养学、环境卫生学、土壤肥料学研发而成，具有除臭、高效、节能、健康等特点。

以发酵床养猪技术为例，在养猪圈舍内利用一些高效有益微生物与垫料建造发酵床，将谷壳、锯末、米糠等和微生物添加剂按一定比例混拌均匀调整其水分后，进行堆积，促进有益微生物菌群繁殖，发酵后将垫料放进猪舍里，铺垫厚度 40～100cm。猪舍地面铺设有机垫料，垫料里含有相当活性、能处理粪尿的有益微生物。猪将排泄物直接排在发酵床上，利用生猪的拱掘习性，加上人工辅助翻耙，使猪粪、尿和垫料充分混合，通过有益发酵微生物菌落的分解发酵，使猪粪、尿有机物质得到充分的分解和转化。发酵床养猪的技术原理与农田有机肥被分解的原理基本一致，关键是垫料碳氮比与发酵微生物的选择。其技术核心在于"发酵床"的建设和管理，可以说，"发酵床"效率的高低决定了该养猪法经济效益的高低。

发酵床养猪从社会效益上来讲保护环境。圈舍周边无臭味，零排放，从源头上解决了污染问题。为遏制近年来规模化畜禽养殖行业的迅速发展对环境造成的严重污染，国家出台了一系列的政策法规，各生产企业都在积极应对。目前各规模化养殖场大多采用达标排放、种养平衡、沼气生态等生态养殖模式。但在实际运用中发现，这些模式要么运行费用高，经济效益低，要么需要配套大面积的场所。发酵床养猪法不同于一般的传统养猪，猪粪、尿可长期留存猪舍内，不向外排放，不向周围流淌，整个育肥期不需要清除粪便，可采取在猪群出栏后一次性清除粪便，这样做不会影响猪的发育。因为在猪的饲料和垫料中添加了微生物菌种，这样有利于饲料中蛋白质的分解和转化，降低粪便的臭味；同时在垫料发酵床内，垫料、粪尿、残余饲料是微生物源源不断的营养来源，被不断分解，所以床内见不到粪便垃圾臭烘烘的现象。整个发酵床内，猪与垫料、猪粪尿、残余饲料、微生物等形成一个"生态链"，发酵床就像一个生态工厂，它总在不停地流水作业，垫料、猪粪尿、残余饲料等有机物通过发酵床菌种这个"中枢"在循环转化，微生物在"吃"垫料、猪粪尿、残余饲料，猪在"吃"微生物（包括各种真菌菌丝、菌体蛋白质、功能微生物的代谢产物、发酵分解出来的微量元素等），整个猪舍无废料无残留，无粪便垃圾产生，而且发酵床内部中心发酵时温度可达 60～70℃，可杀死粪便中的虫卵和病菌，清洁卫生，使苍蝇蚊虫失去了生存的基础，所以在发酵床式猪舍内非常卫生干净，很难见到苍蝇，空气清新，无异臭味。

环境优越，发病率下降，减少用药。发酵床内环境优越，"冬暖夏凉"。冬暖，是因为垫料、猪粪尿和残余饲料的混合物在发酵床菌种粪便发酵剂作用下迅速发酵分解，产生热量，底部温度可达 40～50℃，中间甚至可达 60～70℃，表层温度长期维持在 25～30℃。这种环境冬天可以避免猪只感冒生病。夏凉，夏天周围揭起塑料膜就是凉棚，而且凉爽不仅与温度还与湿度有关，发酵床的温度并不是无限上升的，而且还可人为控制。假定当发酵床内温度升高到接近或高于室内或室外温度时，热空气上升，冷空气从四周进入，产生对流，温度就迅速降下来了，而且还产生凉爽的感觉。同时圈内因无粪尿垃圾，而显得干爽，不会产生湿热、闷闭的感觉。夏天可以避免猪粪尿又多又湿又臭，导致呼吸道疾病和消化道疾病的发生。生活在发酵床内的猪只一年四季最舒服，猪处在自由逍遥的生存环境中，抵抗各种疫病的能力增强，兽药、疫苗使用数量下降。

节省水、电、煤、饲料，降低饲养成本。常规饲养需要大量的水来冲洗猪粪尿，发酵床养猪法免除冲洗用水，只要饮水即可，所以节省大量用水。"冬暖夏凉"的环境省去大量电、煤。发酵床内垫料、猪粪尿和残余饲料的混合物经发酵床菌种粪便发酵剂发酵后，分解或降解出很多有益物质，如长出的放线菌菌丝、微量元素、蛋白质等，这些都对猪的成长起到很好的促进作用。猪通过翻拱食用，给猪提供了一定的营养，从而减少了精饲料的供应。根据初步试验表明，可节省精饲料 20%，平均日增重高于不用发酵床的猪只。

条垛堆肥是传统的堆肥方法，它将堆肥物料以条垛式条堆状堆置，在好氧条件下进行发酵。条垛的断面可以是梯形、不规则四边形或三角形。条垛堆肥的特点是通过定期翻堆的方法通风。堆体最佳尺寸根据气候条件、场地有效使用面积、翻堆设备、堆肥原料的性质及通风条件的限制而定。

条垛堆肥主要是翻堆堆肥。通过定期机械搅拌或人工翻堆使堆体保持有氧状态。大规模条垛堆肥可以采用多条平行的条垛。由预处理、堆制、翻堆 3 部分组成。堆肥场地必须坚固，场地表面材料常用沥青或混凝土，防渗漏、防雨，场地面积要与处理粪便量相适宜。条垛堆制：将混合均匀的堆肥物料堆成长条形的堆或条垛。在不会导致条垛倾塌和显著影响物料的孔隙容积的前提下，尽量堆高。一般条垛适宜规格为垛宽 2～4m，高 1.0～1.5m，长度不限。条垛太大，翻堆时有臭气排放；条垛太小则散热快，堆体保温效果不好。堆垛表面覆盖约 30cm 的腐熟堆肥，以减少臭味扩散和保持堆体温度。采用人工或机械方法进行堆肥物料的翻转和重新堆制。翻堆不仅能保证物料供氧，促进有机质的均匀降解；而且能使所有的物料在堆肥内部高温区域停留一定时间，以满足物料杀菌和无害化的需要。翻堆过程既可以在原地进行，又可将物料从原地移至附近或更远地方重新堆制。翻堆次数取决于条垛中微生物的耗氧量，翻堆的频率在堆肥初期显著高于堆肥后期。翻堆的频率还受腐熟程度、翻堆设备、占地空间及经济等其他因素影响。一般 2～3d 翻堆一次，当温度超过 70℃时要增加翻堆。条垛堆肥系统的翻堆设备分斗式装载机或推土机、跨式翻堆机、侧式翻堆机 3 种。中小规模的条垛宜采用斗式装载机或侧式翻堆机。跨式翻堆机不需要牵引机械，侧式翻堆机需要拖拉机牵引。美国常用的是跨式翻堆机，而侧式翻堆机在欧洲比较普遍。

堆肥物料堆放在铺设多孔通风管道地面的通风管道系统上，利用鼓风机将空气强制输送至堆体中进行好氧发酵，如果空气供应很充足，堆料混合均匀，堆肥过程中一般不进行物料翻堆，堆肥周期 3～5 周（图 4-7）。

图 4-7　条垛堆肥

第三节　畜禽粪污还田利用

一、畜禽粪污还田利用内涵

畜禽养殖场粪污经厌氧、好氧、堆肥化处理之后，可作为灌溉水或肥料回用到土地，畜禽粪便也可以只经简单固液分离后直接施加到农田进行土地利用。还田利用存在季节性，一般畜禽养殖场应设有贮存装置和设备。另外，还可以利用土地对粪便污水进行处理，在利用污水中 N、P 等营养成分的同时，实现污水的净化处理。

二、粪污还田利用的必要性和可行性

近年来，随着农业现代化的发展和人民生活水平的不断提高，畜禽养殖集约化与规模化得到快速发展，但由此产生了大量的畜禽粪便。据统计，1000 头奶牛日产粪尿 50t，1000 头肉牛日产粪尿 20t，1000 头育肥猪日常粪尿 4t，1 万羽蛋鸡日产粪尿 2t 等。畜禽粪污如果不经处理直接排入外界，不但严重影响了生态环境，还会危及畜禽本身及人体健康。而畜禽粪污又是一种宝贵的饲料或肥料资源，通过加工处理可制成优质饲料或有机复合肥料，不仅能变废为宝，而且可减少环境污染，防止疾病蔓延，具有较高的社会效益和一定的经济效益。畜禽粪便通过堆沤处理腐熟后，由于含有大量的有机质和丰富的氮、磷、钾及微量元素等营养物质，所以是农业生产中的优质肥料，可增加土壤肥力，提高农作物产量和品质，有利于发展现代有机农业。

另外一个方面，土壤有机质是土壤可持续利用的核心物质，与土壤肥力提升、农业可持续发展、生态环境保护等关系密切。目前，我国部分地区有机肥施用不足，一些增加土壤有机质的措施没得到广泛推广，土壤在长期大量施用化肥的背景下，有机质含量下降明显，耕地退化现象突出。过去许多年来，为了保证农业高速发展，提高单位面积的产量，我国化肥的施用量急剧增加。由有机肥料提供的 N、P_2O_5、K_2O 三要素养分量占肥料的总养分量由 20 世纪 50 年代的 91.0%～99.9%下降到 80 年代的 40%左右（表 4-3）。粪便堆沤处理生产有机肥技术是通过调节畜禽粪便中的碳氮比和人工控制水分、温度、酸碱度等条件，利用微生物的发酵作用处理畜禽粪便，生产有机肥料。2006 年，针对 26 个省份有机肥资源调查数据表明：我国每年各种有机肥总产量达 33 亿 t 左右，是投入化肥养分的 80%。随着农业和畜牧业的发展，未来有机肥的数量和质量会有很大的提高，有机肥资源是提高土壤有机质，促进农业可持续发展的物质保障。

表 4-3　不同年份我国有机肥在肥料中的比重

年份	有机养分		有机氮		磷（P_2O_5）		钾（K_2O）	
	含量/万 t	占总量/%	含量/万 t	占总量/%	含量/万 t	占总量/%	含量/万 t	占总量/%
1949	427.9	99.9	161.6	99.6	79.0	100	187.3	100
1952	585.0	98.7	225.9	96.7	110.7	100	248.4	100
1957	658.0	91.0	249.0	88.7	122.6	96.0	286.4	100
1965	736.9	80.7	292.7	70.8	138.2	71.5	306.0	99.9
1970	886.5	71.6	342.9	61.1	163.1	55.6	380.0	99.4
1975	1065.3	66.5	409.9	53	193.8	54.6	461.6	97.3
1980	1130.8	47.1	415.9	30.6	206.4	41.8	508.5	92.8
1985	1380.7	43.7	503.3	28.6	256.2	38.6	621.2	85.1
1990	1556.6	37.4	561.5	23.8	292.5	31.7	702.6	71.3

我国化肥目前施用量是世界平均水平的 2.8 倍，但有效利用率仅为 15%～30%，绝大部分随渗流、径流及水土流失，污染地表和地下水，而一些发达国家化肥的有效利用率达到 60%～70%。全国土壤普查结果表明，我国耕地总面积的 59%缺磷，23%缺钾，12%的土壤板结。在这种情况下，很多地区化肥的施用量逐年增加，而产量增加却不明显，有的甚至减产。由此可见，提高土壤肥力，实现农业可持续发展是我国农业迫切需要解决的问题。20 世纪 90 年代后期，我国农产量迅速增加，不可忽略的一个因素是化肥施用量逐年递增，连年叠加的化肥后效发挥了重要作用。1985—1994 年，我国粮田单产逐年增加显著，二者具有明显相关性。但 1994 年以后，产量开始下降，1996 年以后，尽管施肥量仍在增加，产量曲线却趋于平缓。据有关部门统计，自 1980 年起，我国化肥施用量年均达到 4%的增速。1998—2002 年，施肥量一直在上涨，但中国粮食总产量连年下降，我国农业生产经历了增肥不增产、化肥施用过量和养分利用效率下降的一个迷茫阶段。可见，现有的地力水平已经达到极限，只靠增加化肥投入已经难以提高产量。

此外，我国畜禽粪便资源丰富。据研究估算，1998 年全年的畜禽粪便产出量就相当于硫铵 200.1 万 t、过磷酸钙 40.4 万 t、硫酸钾 16 万 t，分别是当年施用化肥量的 17%

（N）、39％（P_2O_5）和 111％（K_2O）。2010 年我国畜禽粪便排放总量为 19.00 亿 t，形成污染的畜禽粪便量为 2.27 亿 t，平均每公顷耕地的畜禽粪便污染量为 1.86t，我国东南地区的广东、福建等省是畜禽粪便污染较重的区域。预测显示，如果不进行政策干预，全国畜禽粪便总污染量将大幅增至 2020 年的 2.98 亿 t。东部地区畜禽粪便污染将更为严重，中部和西部地区污染程度相对较低且增幅低于东部地区。如果将这笔巨大的物质财富还田利用起来，不仅可以节约大量的资源、缓解我国资源不足，而且可以有效地维护人类赖以生存的生态环境，可谓是一举两得。

三、粪污还田利用存在的问题

还田利用是将粪肥中的营养物用于农作物生长的需要，同时不造成环境的污染和破坏。但大量的畜禽粪便如果施用不当或过量施用，超过耕地土壤畜禽粪便承载力，不仅无法达到应有的增产效果、降低肥料的有效性，而且同样会造成粪便流失，导致土壤、水体、大气和农产品的污染，给生态环境带来严重威胁，存在的具体问题是：①需要大量土地利用粪便污水，如近年来兴起的万头牛场至少需 5 万～10 万亩土地消纳粪便污水，故其受条件所限而适应性弱；②雨季及非用肥季节必须考虑粪便污水或沼液的出路；③存在着传播畜禽疾病和人畜共患病的危险；④不合理的施用方式或连续过量施用会导致 P 及重金属沉积，成为地表水和地下水污染源之一；⑤恶臭以及降解过程所产生的氨、硫化氢等有害气体释放对大气环境构成污染威胁。

因此，畜禽养殖场污水排入农田前必须进行预处理，如采用格栅、厌氧、沉淀等工艺流程，并应配套设置田间储存池，以解决农田在非施肥期间的污水出路问题，田间储存池的总容积不得低于当地农林作物生产用肥的最大间隔时间内畜禽养殖场排放污水的总量。对没有充足土地消纳污水的畜禽养殖场，可根据当地实际情况选择合适的综合利用措施。污水的净化处理应根据养殖种类、养殖规模、清粪方式和当地的自然地理条件，选择合理、适用的污水净化处理工艺和技术路线，尽可能采用自然生物处理的方法，达到回用标准或排放标准。污水的消毒处理提倡采用非氯化的消毒措施，要注意防止产生二次污染物。

第五章
生态养殖与种植业的合理布局方案的设计

第一节 畜禽养殖业排污量及营养成分的计算方法

畜牧业的迅速发展在带来经济效益的同时,其产生的大量畜禽粪尿废弃物也给环境造成了巨大的压力。以北京市为例,2006年畜牧产值达123.6亿元,占农业总产值的45.8%。据《北京市"十一五"时期水资源保护及利用规划》显示,北京市实际排入河道的COD和氨氮是河道纳污能力的2.17倍和3.28倍,在这之中畜牧业所占比例较高。近年来,国内部分区域的畜禽粪便污水产生量已经超过农用地的负荷,造成了严重的环境污染。尽管如此,国内还没有衡量某区域内畜禽承载力的详细研究。

现代循环农业模式所产生的生态效益是不可忽视的,主要体现在减少化肥使用量、培肥耕地土壤、保护环境等方面。为了能够定量化衡量系统的生态效益,应以环境承载力作为衡量人类社会经济与环境协调程度的标尺。环境承载力是指维持人与自然环境之间的和谐的前提下,环境所能够承受的人类活动的阈值。对于种养结合循环模式而言,环境承载力主要指,一方面是农田系统能够消纳畜禽粪污的能力,另一方面是农田系统中作物秸秆所能提供畜禽草料的能力,从这两方面出发针对各类作物和畜禽的特点,定义了基于家畜单位标准的作物农田秸秆载畜量和作物农田纳畜量。

为了降低畜牧业带来的环境污染,许多发达国家规定畜牧场周围必须有与之配套的农田来消纳畜禽粪便,从而在农场范围内形成农牧良性循环。然而,国内绝大多数畜牧场都没有与之配套的农田,周围的农田又分散在农户手中,而且种植类型随机性很大,这对农田消纳家禽粪便造成了障碍。国外有很多针对其自身条件的畜禽承载力研究,而且通常是针对某一具体畜牧场和某一具体畜种来计算单位农田所能承载的动物单位数的。然而,我国区域养殖畜种种类较多,加之不同的畜禽在动物单位数相差不大时,其粪便养分含量差异明显,所以必须针对特定区域,根据不同畜种粪便养分含量估算农用地的畜禽承载力。

一、畜禽养殖业产污系数的定义和计算方法

参考其他行业污染物产生和排放系数的定义,畜禽养殖业产污系数是指在典型的正常生产和管理条件下,一定时间内,单个畜禽所产生的原始污染物量,包括粪尿量,以及粪尿中各种污染物的产生量。考虑到畜禽的产污系数与动物品种、生产阶段、饲料特性等相关,为了便于计量畜禽养殖的产污系数,以d为单位,分别计算不同动物(生猪、奶牛、肉牛、蛋鸡、肉鸡、山羊、绵羊)、单个动物在不同饲养阶段的产污系数。畜禽产污系数具体计算公式如下。

$$FP_{i,j,k} = QF_{i,j} \times CF_{i,j,k} + QU_{i,j} \times CU_{i,j,k}$$

式中 $FP_{i,j,k}$——每头产污系数，mg/d；

       $QF_{i,j}$——每头粪产量，kg/d；

       $CF_{i,j,k}$——第 i 种动物第 j 生产阶段粪便中含第 k 种污染物的浓度，mg/kg；

       $QU_{i,j}$——每头尿液产量，L/d；

       $CU_{i,j,k}$——第 i 种动物第 j 生产阶段尿中含有第 k 种污染物的浓度，mg/L。

从公式可以看出，畜禽原始污染物主要来自畜禽生产过程中产生的固体粪便和尿液两个部分，为了能够准确的获得各种组分的原始污染物的产生量，首先需要测定不同动物每天的固体粪便产生量和尿液产生量，同时采集粪便和尿液样品进行成分分析，分析固体粪便含水率、有机质、全氮、全磷、铜、锌、铅、镉等浓度，以及尿液中的化学需氧量、氨氮、总氮、全磷、铜、锌、铅、镉等浓度，再根据产污系数计算公式就可以获得粪尿中各种组分的产污系数。

为了便于统计和分析比较，建议生猪分为保育、育成育肥和繁育母猪 3 个阶段，牛分为出生犊牛、育成牛和成乳母牛 3 个阶段，蛋鸡分为产蛋鸡、育雏育成 2 个阶段，肉鸡为 1 个阶段。

二、畜禽养殖业排污系数的定义和计算方法

畜禽污染物排放系数是指在典型的正常生产和管理条件下，单个畜禽每天产生的原始污染物经处理设施消减或利用后，或未经处理利用而直接排放到环境中的污染物量。

此处提出的排放系数是与畜禽产污系数表达方式一致，以单个畜禽计。排污系数除受粪尿产生量及其污染物浓度的影响外，还应考虑固体粪便收集率、收集粪便利用率、污水产生量、污水处理设施的处理效率、污水利用量等因素，具体计算公式如下。

$$FD_{i,j,k} = \left[QF_{i,j} \times CF_{i,j,k} \times (1 - \eta_F) + QU_{t,j.} \times CU_{t,j,k} \right] \times (1 - \eta_{T,K}) \times (1 - WU/WP) +$$
$$QF_{i,j} \times CF_{i,j,k} \times \eta_F \times (1 - \eta_U)$$

式中 $FD_{i,j,k}$——每头排污系数，mg/d；

       η_F——粪便收集率，%；

       $\eta_{T,K}$——第 k 种污染物处理效率，%；

       WU——污水利用量，m³/d；

       WP——污水产生量，m³/d；

       η_U——粪便利用率，%。

畜禽养殖业的排污系数也考虑污水和固体废弃物两个部分。固体废弃物主要考虑收集粪便在贮存和处理过程中的流失率；污水包括在畜禽舍中未收集的粪便、尿液和冲洗水等混合物，它是畜禽养殖排污系数的主要来源，畜禽养殖污水主要是通过贮存、固液分离、厌氧沼气发酵、好氧处理、氧化塘及人工湿地等方式进行处理后利用或者排放。不同养殖场的处理方式和工艺组合不同，各种污染物的去除效率不同，需要根据养殖场的污水处理设施的实际运行情况、测试污水在各种处理系统前后的污染物浓度变化，计算得到不同污染物的处理效率。畜禽养殖污水的利用如灌溉农田、排入鱼塘的量计为利用量；污水经处理后的排放都认为是进入环境的污染物（表 5-1、表 5-2）。

表 5-1　畜禽粪便排泄系数及其中的养分含量

畜禽种类	粪便排泄量	总氮含量/%	总磷含量/%	美国农业工程学会数据
猪	5.3kg/d	0.238	0.074	5.1kg/d
役用牛	10.1t/年	0.351	0.082	
肉牛	7.7t/年	0.351	0.082	7.6t/年
奶牛	19.4t/年	0.351	0.082	20.1t/年
马	5.9t/年	0.378	0.077	8.3t/年
驴、骡	5.0t/年	0.378	0.077	—
羊	0.87t/年	1.014	0.216	0.68t/年
肉鸡	0.10kg/d	1.032	0.413	0.08kg/d
蛋鸡	53.3kg/年	1.032	0.413	42.1kg/年
鸭、鹅	39.0kg/年	0.625	0.290	32.3kg/年
兔	41.4kg/年	0.874	0.297	—

注：以牛的排泄系数代替水牛和黄牛的排泄系数，驴骡的粪便氮、磷养分含量取值与马相同，鸭、鹅的粪便养分含量取均值，—代表缺乏数据。

表 5-2　每头生猪产污系数比较

饲养阶段	粪便/（kg/d）	尿液/（L/d）	粪样 COD/（g/d）	全氨/（g/d）	全磷/（g/d）	参考体重/kg
保育	1.3	2	—	27.36	9.62	30
育肥	2.7	5	—	62.33	19.99	90
妊娠	2.4	5.5	—	62.26	17.77	230
育肥	3.15	2.7	590	36.5	5.35	70
生猪	2	3.3	130.7	22.7	8.5	—
保育	0.67	1.48	184.4	18.3	2.5	30
育肥	1.41	2.84	391.3	36.3	5.2	70
妊娠	1.71	4.8	480.7	46.0	8.2	200

注：表中部分数据通过文献中的原始数据换算而得到。

三、畜禽粪便养分的确定

不同畜种的粪尿排泄量差异很大，同一畜种由于品种、生产类型、生长阶段、体重、性别和日粮性质等因素的不同亦有差异。综合国内外资料确定正常营养水平和饲养条件下每头（只）动物（奶牛、肉牛、猪、羊、蛋鸡、肉鸡、鸭）在不同年龄阶段的日平均粪便产生量，再根据畜群结构，加权计算出每头（只）存栏动物的日平均粪便产生量，从而估算出每头（只）存栏畜禽每年粪便产生的养分量（表 5-3）。

$$畜禽粪便养分年产量＝365×Q×P×L$$

式中　Q——每天的粪尿排泄量，kg/d；

　　　P——粪便养分百分含量，%；

　　　L——养分损失率，%。

表 5-3　各种畜禽平均日产粪便量及存栏畜禽平均年产粪便养分量

畜种	体重/kg	畜禽粪便日产量/ [kg/ (d·只)]	畜群结构/%	加权体重/kg	存栏畜禽平均粪便日产量/ [kg/ (d·只)]	每千克粪便养分含量/%		年养分产量/kg	
						N	P₂O₅	N	P₂O₅
奶牛				492	42.70	0.0048	0.0018	64.04	25.75
成年牛	650	56.3	52.9						
青年牛	450	39.0	18.0						
育成牛	300	26.0	19.1						
犊牛	100	8.7	10.0						
肉牛				387	23.39	0.0051	0.0038	37.01	29.20
屠宰牛或母牛	450	27.2	72.9						
育肥牛	300	18.1	15.9						
犊牛及架子牛	100	6.0	11.2						
猪				54	3.24	0.0051	0.0045	5.15	4.78
母猪或公猪	160	5.5	11.0						
生长育肥及后备猪	56	4.0	52.0						
保育及哺乳仔猪	20	1.5	37.0						
羊				56	2.24	0.0105	0.0042	7.30	3.10
成年羊	65	2.6	70.0						
羔羊及育成羊	35	1.4	30.0						
蛋鸡				1.6	0.10	0.0150	0.0218	0.44	0.68
产蛋鸡	1.8	0.11	73.6						
育雏育成鸡	0.9	0.06	26.4						
肉鸡	1.3	0.10		1.3	0.10	0.0150	0.0218	0.47	0.72
鸭	2.0	0.12		2.0	0.12	0.0089	0.0109	0.33	0.43

注：N 以其总量的 85% 计算，P₂O₅ 以其总量的 90% 计算。

第二节　农田载畜量的计算方法

一、作物的秸秆载畜量

以作物秸秆作为粗饲料资源提供给养殖场，由养殖过程消纳角度考虑，作物秸秆提供量不能超过养殖场的承载力，一旦"超载"，过多的秸秆仍无法处理，田间焚烧仍会导致环境污染。为了衡量农田系统所能提供畜禽草料饲料的能力，考虑到不同作物秸秆的营养含量不同，基于作物秸秆营养含量和畜禽营养需求，建立家畜单位标准的作物秸秆载畜量单位。

参照草地载畜量标准，将作物的秸秆载畜量定义为：作物在单位农田种植面积下，周年内实际收获的作物副产品/废弃物（秸秆、藤、蔓等），能够满足家畜正常生长发育、繁殖情况下所能饲养家畜的最大数量。采用消化能为指标来评价作物的秸秆载畜量，为了便于比较，通常将各种存栏家畜统一为标准羊单位。

根据畜禽生长养分需要量和作物秸秆养分提供量关系，定义作物的秸秆载畜量公式如下：

$$Z=\frac{w\times g}{G_s\times P}$$

式中　Z——单位面积农田，种植作物在生长周期内收获的作物副产品/废弃物，满足家畜正常生长发育、繁殖情况下所能饲养的羊单位数，羊单位/（hm^2·年）；

w——作物单位种植面积一季所能实际收获的秸秆量，kg/（hm^2·季）；

g——作物秸秆的消化能含量，MJ/kg；

G_s——标准羊的年均消化能需求量，MJ/（头·年）。

P——畜禽所需营养由秸秆提供的比例，％。

不同家畜单位之间可以进行换算，建立统一的作物秸秆载畜量换算标准，以一头标准成年羊一年消化能的需求总量作为换算标准，即 1 标准羊当量，算出其他畜禽一年消化能的需求量与 1 标准羊一年消化能的需求量的比值，即为相应的作物秸秆载畜量转换系数，进一步算得作物秸秆载畜量当量。

二、作物的农田纳畜量

以畜禽粪便作为有机肥提供给种植业，由农田消纳的角度考虑，由于果园、稻田、菜地等对有机肥的需求量不同，为了得到其合理的粪便用量，就必须针对不同作物种植模式研究农田的畜禽粪便环境承载力，防止畜禽养殖场附近土壤严重"超载"、养分失调甚至污染。为了衡量农田消纳畜禽粪便的能力，基于作物养分需求和畜禽粪便养分排放量，建立家畜单位标准的作物农田纳畜量单位。

定义作物的农田纳畜量为：作物在单位农田种植面积下，周年内所能消纳的畜禽粪便量对应的通常营养水平和饲养条件下承载家畜最大数量。考虑到中国土壤缺钾状况严重，仅考虑氮、磷养分作为衡量农田纳畜量的指标，根据养分木桶效应，作物最小的养分需求量决定畜禽粪便使用量的原则，选择基于作物氮、磷养分需求比例的最大农田纳畜量，作为最终农田匹配的畜禽养殖规模。为了便于比较，同样，将各种存栏家畜统一为标准羊单位。

参照畜禽粪便还田技术标准中在不具备田间试验和土肥分析化验条件下施肥量的确定方法，定义农田纳畜量的计算公式如下：

$$N=\frac{A\times p}{S\times r}\times f$$

式中　N——作物在单位农田种植面积下，周年内所能消纳的畜禽粪便量对应的中等营养水平和饲养条件下饲养家畜最大数量，羊单位/（hm^2·年）；

A——预期单位面积产量下作物需要吸收的营养元素的量，kg/hm^2；

S——标准羊单位每只存栏畜禽的粪便养分年产量，kg/（头·年）；

p——由施肥创造的产量占总产量的比例，％；

r——畜禽粪便养分的当季利用率，因土壤理化性状、通气性能、湿度、温度等条件不同，一般在 25％～30％ 范围内变化，故当季吸收率可在此范围

内选取或通过田间试验确定,%;

f——当地农业生产中,施于农田中的畜禽粪便的养分含量占施肥总量的比例,%。

其中,A 参数由以下公式确定。

$$A = y \times a \times 10^{-2}$$

y 为作物预期单位面积产量,单位为 kg/hm²;a 为作物形成 100kg 产量吸收的营养元素的量,单位为 kg。不同作物、同种作物不同品种及地域因素等导致作物形成 100kg 产量吸收的营养元素量各不相同,a 值的选择应以地方农业管理、科研部门公布的数据为准。

畜禽承载力的确定:此处将分别以 N、P_2O_5 为标准,根据作物养分需要量和畜禽粪便养分产量来确定单位农用地(有效耕地面积)承载的畜禽数量。由于多季的作物和蔬菜会在同一块农用地上耕种,所以计入各类作物的复种指数 A。由于我国化肥用量较大,本方法考虑了有机肥的利用率,作物养分需要量的不足部分由化肥提供(表5-4~表5-7)。

$$单位农用地承载的畜禽数量 = \frac{N \times A}{M} \times k$$

式中 N——作物每公顷每季的养分移走量,kg/(hm²·季);

A——各地区的复种指数(每种类型作物的播种面积除以其占用耕地面积);

M——每头(只)畜禽粪便养分年产量,kg;

k——有机肥利用率,%。

表5-4　每公顷作物每年的养分移走量

作物	收获物	每 100kg 产量的养分移走量/kg		经济产量/(t/hm²)	全年养分移走量/(kg/hm²)	
		N	P_2O_5		N	P_2O_5
水稻	籽粒+秸秆	1.75	0.67	6.5	113.8	43.9
小麦	籽粒	2.75	0.90	5.5	151.5	49.5
玉米	籽粒	2.00	1.09	6.0	120.0	65.3
番茄	果实	0.24	0.17	67.5	164.0	118.0
花椰菜	花球	1.23	0.31	29.5	364.0	90.5
黄瓜	果实	0.34	0.10	67.5	229.5	64.5
茄子	果实	0.37	0.09	52.5	192.0	45.0
芹菜	全株	0.22	0.12	90.0	198.0	104.5
苹果	果实	0.30	0.08	12.8	38.5	10.3
葡萄	果实	0.60	0.30	16.1	96.4	48.2
梨	果实	0.59	0.14	13.0	76.9	18.3
桃	果实	0.48	0.20	17.6	84.4	35.2

表 5-5　每公顷大田作物地每季可承载的畜禽数量

大田作物	承载标准	奶牛/头	肉牛/头	猪/头	羊/只	蛋鸡/只	肉鸡/只	鸭/只
水稻	N	2	3	22	16	256	245	343
	P_2O_5	2	2	9	14	64	61	102
小麦	N	2	4	29	21	341	326	457
	P_2O_5	2	2	10	16	72	69	115
玉米	N	2	3	23	16	270	258	362
	P_2O_5	3	2	14	21	95	91	152

注：每公顷农用地每年可承载的畜禽数量须在此基础上乘以当地的复种指数及有机肥利用率。

表 5-6　每公顷蔬菜地每季可承载的畜禽数量

蔬菜	承载标准	奶牛/头	肉牛/头	猪/头	羊/只	蛋鸡/只	肉鸡/只	鸭/只
番茄	N	3	4	32	22	369	352	495
	P_2O_5	5	4	25	38	173	165	275
花椰菜	N	6	10	71	50	819	782	1099
	P_2O_5	4	3	19	29	132	126	211
黄瓜	N	4	6	45	31	516	493	693
	P_2O_5	3	2	13	21	94	90	150
茄子	N	3	5	37	26	432	413	579
	P_2O_5	2	2	9	14	66	63	105
芹菜	N	3	5	38	27	446	425	598
	P_2O_5	4	4	22	34	153	146	243

注：每公顷农用地每年可承载的畜禽数量须在此基础上乘以当地的复种指数及有机肥利用率。

表 5-7　每公顷园地每季可承载的畜禽数量

水果	承载标准	奶牛/头	肉牛/头	猪/头	羊/只	蛋鸡/只	肉鸡/只	鸭/只
苹果	N	1	1	7	5	87	83	116
	P_2O_5	0.4	0.4	2	3	15	14	24
葡萄	N	2	3	19	13	217	207	291
	P_2O_5	2	2	10	16	70	67	112
梨	N	1	2	15	11	173	165	232
	P_2O_5	1	1	4	6	27	26	43
桃	N	1	2	16	12	190	181	255
	P_2O_5	1	1	7	11	51	49	82

注：每公顷农用地每年可承载的畜禽数量须在此基础上乘以当地的复种指数及有机肥利用率。

第三节　生态养殖场与种植业的合理布局

一、畜禽承载力的影响因素

1. 采用畜群结构计算使结果更接近真实值　不同年龄阶段动物的日粪便产生量不同，以成年畜禽的粪便产生量计算会导致估算的粪便年产量偏大。根据不同年龄阶段动物的日产粪便量和该畜种的畜群结构，加权计算出每头（只）存栏畜禽的平均日产粪便量。由于养殖场的饲养工艺、生产力水平等因素的不同，畜群结构会有一定差异，但是对估算粪便产生量影响并不大，所以按此方法估算的年产粪便量更接近真实值。

2. 粪便养分产量对畜禽承载力的影响　粪便的处理、收集、贮存和运输方式是影响粪便养分产量的重要因素。在不同处理系统和贮存方式下，氮和磷的损失范围为 15%～85% 和 10%～85%，导致粪便氮、磷含量分别相差 5.7 倍和 8.5 倍，从而使农用地承载力随之发生变化。然而，由于粪便在施入农用地时会损失更多的养分，若采用粪便养分最大损失量计算，那么在满足作物需要的同时，环境已经受到污染。所以，为了将环境污染的程度降到最低，采用粪便养分最小损失量进行计算。但是如果不考虑环境污染，仅从承载畜禽的角度来说，实际的畜禽承载力会比计算结果大。饲料成分也会影响粪便养分产量。有研究显示，利用工业氨基酸可使粪氮排出量降低 10%～12%，同时使用植酸酶可使粪磷的排出量降低约 30%。为降低饲料成分对粪便养分的影响，使后者更具代表性，采用畜禽在正常营养水平和生产条件下的粪便产量和养分含量进行计算。同时，可以通过提高饲料利用率减少粪便中的养分含量，从而在减少环境污染的情况下增加农用地的畜禽承载力。

3. 粪肥和化肥的施用量、作物对肥料的利用效率对畜禽承载力的影响　为了在减少环境污染的情况下保证农田能够消纳畜禽粪便，尽量用粪肥作为氮源，然而由于作物对粪便养分的当季利用率较低，在实际生产中仍会施用一定量的化肥来满足作物的生长需要。有资料显示，我国农田肥料总投入中，化肥 N 占 70%～75%，化肥 P_2O_5 占 60%～65%。然而化肥的当季利用率极低，氮肥为 30%～35%，磷肥为 10%～20%。如果考虑养分利用率，氮和磷的施用量应该分别是理论需求量的 3 倍和 4～10 倍，按照不同作物不同产量及其不同收获物时的养分需求量进行估算。养分利用率较低时，农用地的畜禽承载力也相应增加。

由此可见，畜禽承载力在很大程度上取决于化肥的施用量以及作物对肥料的利用效率。例如，假设可施肥土地作物的平均氮需求量为 220kg/hm²，若粪肥氮的利用效率按 60% 计，则 220kg/hm² 的粪肥可提供 132kg 的氮，其余 88kg 的氮必须由化肥提供，若化肥氮利用率按 30% 计，则还须施入 293kg 的化肥氮，可知化肥氮施用量占总施用量的 57%。在保持农用地的畜禽承载力不变时，如果提高粪肥的利用效率，则可以降低由于粪肥效率低下、补充施用化肥等引起的环境污染；此外，用粪肥代替部分化肥用量，可在减少化肥用量的情况下降低环境污染，同时增加畜禽承载力。

4. 复种指数与种植结构对畜禽承载力的影响　不同地区的复种指数会随当地种植习惯、气候以及种植结构等因素的不同产生差别。考虑到作物每季的养分移走量相对稳定，所以同种作物在同等经济产量的情况下，复种指数大的地区畜禽承载力大。不同类型的作物对养分的需求量不同，畜禽承载力也会有所不同。蔬菜地的畜禽承载力最大，大田作物地次之，园地承载力最小。所以，不同地区可以根据调整当地的种植结构改变畜禽承载力的大小，使农田能够最大限度地消纳当地的畜禽粪便，减少对环境的污染。

二、养殖场与种植业二者规模的合理搭配

由作物的秸秆载畜量和农田纳畜量计算结果，假设各种模式的作物种植面积分别为 X_1、X_2、X_3，单位为 hm^2。为了最大限度地利用农业废弃物资源，节约成本，保护环境，首先必须满足作物秸秆供应与羊场粗饲料需求、畜禽粪便供应量与农田消纳量间的平衡；其次，考虑到我国地少人多，为了节约耕地资源，以万头羊场匹配耕地面积最小为优化目标，列出线性优化模型如下。

目标函数：$MIN = X_1 + X_2 + X_3$

约束条件：$Z_1 \times X_1 + Z_2 \times X_2 + Z_3 \times X_3 = 10000$（$Z_1$、$Z_2$、$Z_3$ 为作物秸秆载畜量）

$K_1 \times X_1 + K_2 \times X_2 + K_3 \times X_3 = 10000$（$K_1$、$K_2$、$K_3$ 为农田纳畜量）

求解可得到 X_1、X_2、X_3，万头羊场匹配耕地总面积为 $X_1 + X_2 + X_3$ hm^2。若仅靠种植大田作物完全消纳万头羊场所排放的畜禽粪便所需配套的耕地面积仍然很大，考虑到蔬菜地每公顷每季的养分移走量高于大田作物地和园地，若计入复种指数，蔬菜地每公顷每年的养分移走量更大，可添加部分蔬菜作物的种植，进一步通过规划求解实现用最少的耕地完成农业废弃物零排放的同时，满足农牧结合系统中种植业和养殖业之间养分供需平衡的要求。为权衡选择养分需求大和秸秆营养丰富的作物，合理配置作物和畜禽种类，根据种养平衡、废弃物零排放的要求，对种植业和养殖业进行匹配提供一种更加精确的计算方法。还能进一步根据不同作物秸秆、各类作物及畜禽之间的等量代换关系，灵活组合各类作物资源和畜禽种类。

在实际应用中，同种作物不同品种及地域因素等导致作物秸秆的营养含量和作物所需施肥量都有所不同；此外，各地畜禽粪便养分含量差异也很大。因此，作物的秸秆载畜量和农田纳畜量定量化数学模型中参数的选择应以地方农业管理和实际生产中的数据为准。接下来需要进一步结合线性规划模型，将作物的秸秆载畜量和纳畜量定量化模型引入农牧生态系统结构优化设计中，使系统内的种植业、养殖业协调发展，使农业废弃物在系统内得到自我消纳，在获得较高经济效益的同时，还能得到良好的生态效益和社会效益。

第四节　河南省耕地畜禽粪便负荷分析

近年来，河南省畜禽养殖业发展迅猛。随着养殖规模和总量的增长，畜禽养殖业污染已成为农业面源污染的主要来源。为了防治畜禽粪便污染，河南省各地区采取发展沼气池、利用畜禽粪便制造有机肥等措施增加对废物的利用，减少对环境的污染。但由于缺乏基于环境保护的对整个区域畜禽养殖的科学规划、地区之间畜禽粪便利用缺乏流动性、部分地区畜禽养殖业盲目发展，单位面积粪便施用量超过当地的土地利用负荷而导致流失，污染了当地环境，影响了经济的可持续发展。因此，合理规划区域畜禽养殖业布局、控制畜禽粪便污染、走种养业良性发展之路刻不容缓。通过对河南省各地区畜禽的养殖数量、

养殖结构进行统计，调查各种畜禽粪污产生量，结合各地区的耕地面积粗略估算耕地畜禽粪便负荷，分析各地区的畜禽养殖业发展潜力，以期为河南省畜禽粪污的合理利用、畜禽养殖业的科学规划及可持续发展提供参考。

一、河南省畜禽养殖变化趋势

河南省畜禽养殖经过多年快速发展，特别是生猪养殖业向规模化、产业化发展，已成为该省的农业支柱，有力地推动其农村经济的发展。据 2009 年度统计资料显示，全省生猪年出栏 5145.57 万头，年末存栏量 4537.21 万头；牛年出栏 559.83 万头，年末存栏量 1039.91 万头；羊年出栏 2175.64 万只，年末存栏量 1997.26 万只；家禽（包括鸡、鸭、鹅）年出栏 61307 万只，年末存栏量 62786.08 万只。猪肉、牛肉、羊肉、禽蛋年产量分别为 388.31 万 t、82.09 万 t、25.80 万 t、382.95 万 t。由图 5-1、图 5-2 可见，2000—2009 年河南省主要畜禽存栏数及畜禽肉产量总体上呈现不断上升的趋势。

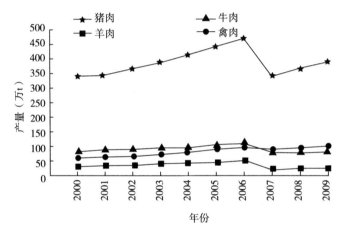

图 5-1 2000—2009 年河南省畜禽养殖变化趋势

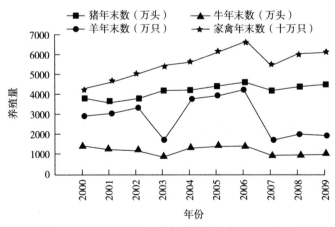

图 5-2 2000—2009 年河南省畜禽肉产量变化趋势

二、河南省畜禽粪便污染产生量

2000—2009 年，河南省畜禽饲养量和肉类总量有较快增长，随之而来的畜禽污染物产生量也相应快速增长（图 5-3）。采用排泄系数法计算，2009 年河南省主要畜禽粪便年产生量为 19725.81 万 t，其中粪量为 12938.53 万 t、尿液 6787.28 万 t、COD_{cr} 460.02 万 t、NH_3-N 44.45 万 t。河南省生猪养殖量较大、饲养期长、单头日排放量也相对较大，故年排放量较其他畜禽大；牛养殖量虽然不占优势，但单头日排放量远大于其他畜禽，故排放量紧随其后；羊在单头日排放量和饲养数量上均一般，故排放量最小；家禽虽年饲养量最大，但日排泄量也最小，且肉禽生长期短，因此，年粪污排放量没有猪、牛排放量大。猪和牛的粪污排放量总和占总量的 82.21%。

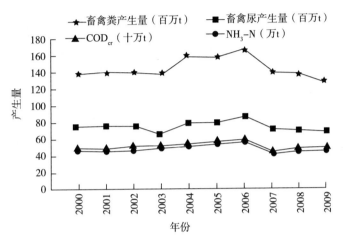

图 5-3　2000—2009 年河南省畜禽粪污年产生量变化趋势

三、河南省畜禽粪便污染负荷

畜禽粪污一般通过两种途径进入水体：一是在饲养过程中直接排放进入水环境，二是在堆放过程中因降雨和其他原因进入水体。研究表明，市郊畜禽粪便的流失率为 30%～40%。按流失率 30%，2009 年全省畜禽粪流失污染总量为 5688.48 万 t，其中 COD_{cr} 138.01 万 t、NH_3-N 13.34 万 t，分别是当年全省工业和生活废水中 COD_{cr} 和 NH_3-N 排放量的 2.2 倍和 1.8 倍。

各类畜禽粪污的肥效养分差异较大。根据各类畜禽粪污猪粪当量换算系数，统一换算成猪粪当量值进行分析。2009 年，河南省畜禽粪污猪粪当量为 18961.61 万 t。畜禽粪污猪粪当量负荷为 487.39t/hm²，平均猪粪当量负荷为 27.08t/hm²，总体上畜禽粪便负荷偏高，而且分布也不均匀，负荷量最大的是平顶山市，达 38.79t/hm²，是全省污染负荷的 1.43 倍，负荷最小的是安阳市，负荷量为 18.33t/hm²，前者是后者的 2 倍多。河南省有两个地市的猪粪当量负荷超过环境限量 30t/hm²，有 16 个区的猪粪当量负荷超过全国平均值 20t/hm²。由此可见，畜禽养殖业粪污污染已经成为周边地带环境的重要污染源。

四、河南省畜禽粪便污染负荷预警分析

以产粮区为例，在化肥习惯施用量为 225kg/hm² 纯氮的基础上，猪粪当量为 15～30t/hm²。根据上海市农业科学研究院的警报值分级标准，以土地能够负荷的畜禽粪便最大理论适宜量 30t/hm²，对河南畜禽粪便负荷预警值分级进行分析。全省平均畜禽粪便猪

粪当量负荷预警值为 0.90（Ⅲ），沙颍河流域为 0.82（Ⅲ），而沙颍河上游的平顶山市的畜禽粪便负荷预警值高达 1.29（Ⅳ）。随着预警值的增大，畜禽粪便将逐渐超过农田的可消纳量和承受程度，对环境造成污染的威胁将越来越大。

总体上看，河南省各市及黄河滩区畜禽养殖污染预警级别都在Ⅱ级以上，对环境稍微存在一些威胁。其中，郑州市、安阳市、周口市畜禽养殖污染预警级别为Ⅱ级，已稍微对环境产生威胁，应适当控制畜禽养殖规模；其余各市的畜禽养殖污染预警级别都在Ⅲ级以上，特别是平顶山市和三门峡市的畜禽养殖污染预警级别已达Ⅳ级，对环境产生较严重威胁，应及时采取相应的治理措施处理畜禽养殖污染或合理规划畜禽粪便的还田量。

河南省有必要在大力发展畜禽养殖业的同时，合理规划区域畜禽养殖业布局。一方面，参考农田消纳畜禽粪便的能力实施区域种植业养殖业统筹发展；另一方面，加强环境管理，通过限量排放、技术支援和政策保障鼓励、支持和引导畜禽养殖企业进行畜禽粪便的资源化，走减少环境污染和种植业、养殖业良性互动发展之路。

这里计算得来的预警值反映的是畜禽粪便使用后被农田完全吸收、没有损失的理想状态下，粪污使用对环境造成的威胁。在实际使用中，由于施肥方式、施肥时间、土壤类型的差异，粪污在使用过程中会有流失，因此实际造成的环境威胁会小于预警值。

第三篇

生态养殖的饲料技术

第六章
饲料质量控制

第一节　我国饲料资源的现状

随着国民经济的快速发展及人民生活水平的不断提高，饲料资源的开发既要满足国人对畜牧、水产品不断增长的物质需求，又要促进现代饲料工业全面协调可持续健康发展；既要促进饲料产业及其相关行业的发展，又要带动农村经济的全面协调可持续发展。因此，对于资源稀缺的中国来说，如何合理、科学地利用饲料资源，便成为饲料产业发展面临的紧迫而且具有现实意义的问题。

一、人多地少，人畜争粮

我国主要的农业资源明显不足，耕地面积、草原面积和淡水资源的人均占有量不足世界人均占有量的 1/3，由此构成了食品需求与资源稀缺的突出矛盾。据有关专家预测，2030 年我国人口数量达到最高峰 16 亿时，粮食的总需求量为 7.43 亿 t，超过目前生产能力的 50%。与此同时，耕地面积将进一步缩小，约占当前面积的 80%。虽然有关专家指出，通过增加复种指数和利用科学技术提高单产，2030 年我国粮食产量有望达到 7.1 亿 t，但这仍存有明显变数。到 2020 年，我国粮食原粮需求的 43% 将用作饲料，而到 2030 年，50% 将用作饲料。21 世纪中国的粮食问题，实际上是解决养殖业所需的饲料粮问题。

二、饲料资源结构矛盾突出

据统计，我国豆粕生产主要依靠进口大豆。2010 年进口大豆 5480 万 t，对进口的依存度达 75%，鱼粉进口依存度也在 70% 以上。饲用玉米用量已超过 1.1 亿 t，占国内玉米年产量的 64%，玉米供应日趋紧张。通过贸易进口大量粮食无法解决饲料问题：①世界上不可能有任何一个国家能以我国国民经济可以承受的价格和数量向我国长期供应粮食；②大量进口粮食，必然导致饲料作物与经济作物进一步破坏农业三元结构的形成与巩固；③近年来受国际石油价格的快速上涨、生物能源的快速发展、粮食需求量的增长、投机资本的炒作、自然灾害的频频发生等诸多因素影响，国际粮价迅猛上涨，无法满足大量的饲料用粮需求。

三、能量饲料资源不足

玉米是主要的粮食型能量饲料。2010 年饲用玉米用量已超过 1.1 亿 t，占国内玉米年产量的 64％，其在饲料配比中所占比例较高，可达 50％～70％。随着饲料工业的发展，玉米供应紧缺已成为迫在眉睫的现实问题。中国玉米消费主要用于饲料生产、工业生产和食用消费。据银河证券分析，我国动物饲料产业和玉米加工产业的继续稳定增长，将导致供应缺口进一步扩大。2009 年，我国玉米由净出口转为净进口。2009 年净进口量达 115 万 t，2010 年达 200 万 t。进口依赖程度持续上升，未来季节性进口将逐渐变成常规进口。

四、蛋白质饲料资源短缺

在饲料生产中，由于豆粕营养价值高，适口性好而得到广泛的应用。我国豆粕生产主要依靠进口大豆，2010 年进口大豆 5480 万 t，对进口的依存度达 75％，主要的原因是我国养殖业及饲料业对蛋白饲料资源需求大增，拉动了我国对大豆产品的进口速度。另外，我国每年约产 1300 万 t 的棉籽，资源量为全球第一，年产棉籽饼粕达 600 万 t 以上。每年有 1400 万 t 以上的油菜籽（含年进口 300 万 t），资源量为全球第一，年产菜籽饼粕达 700 万 t。但由于棉籽、菜籽粕粗纤维含量高、蛋白质含量低、有效能值低、蛋白质（氨基酸）消化利用率低，加之棉、菜籽粕中有毒有害物质含量高，因此在传统上认为棉、菜籽饼粕为低质蛋白饲料资源。尤其是在推广玉米—豆粕型饲料之后，蛋白质饲料资源短缺问题已越来越严重，我国豆粕、鱼粉及玉米等优质饲料资源的短缺问题更加凸显。人均饲料资源极其匮乏的国情特点决定了我国不能照搬美国的玉米—豆粕型日粮的饲料工业发展模式，只能坚持具有中国特色的饲料工业，以充分利用大量农副产品及非粮饲料资源为发展模式。

第二节　饲料质量控制的意义及管理

对于饲养业来说，饲料质量的好坏会直接影响饲养效果及经济效益，特别是在集约化饲养的条件下，生态养殖场畜禽的营养几乎全部来自于配合饲料，饲料质量稍有变化，即可产生显著的影响。配合饲料是根据各种动物的营养需要，按科学的配方，利用各种饲料原料和饲料添加剂，经合理的生产工艺加工而成，是营养比较全面的商品饲料，它是畜禽的唯一或主要营养来源。

我国饲料工业虽然起步较晚，但发展快，竞争激烈，不断有经营不善的饲料企业被淘汰出局，为保证本饲料企业在激烈的市场中立于不败之地，必须提高饲料质量，在同等的质量上要求较低的价格，或者在同等的价格上有较好的质量。对于饲料企业来说，其产品能否满足用户的需要，在市场上有无竞争能力，有无良好的信誉与稳定的销路等，皆取决于产品的质量。另外，销售质量的好坏也对饲料企业而言是至关重要的。

在饲料的激烈的竞争中，各厂家的技术、设备、工艺、资金、人员素质等存在着较大的差异，大部分质量较好；有些由于技术力量薄弱，设备工艺条件较差等客观原因，生产的产品质量较差，不仅影响了养殖户的利益，而且对饲料市场形成了一定的负面影响；而另外有些生产厂家，由于业主素质较差，只考虑自身的利益，在生产饲料产品时为降低成本而以次充好，偷工减料，甚至在饲料产品中掺杂使假，不仅扰乱了饲料市场，而且严重影响广大养殖户和合法饲料生产者的利益。只有制订出明确的质量标准及有关规定，制订出相应的饲料质量管理体系和饲料的有关法规，规范饲料企业的正常运作，保证饲料质量，杜绝伪劣、以次充好、掺杂掺假等，并加以有效的贯彻执行，才能保护那些按科学配方生产的配合饲料企业，打击和惩办那些以次充好、投机掺假的不法企业和不法分子，维护配合饲料的信誉，保证配合饲料工业及畜牧业的健康发展。

饲料添加剂及其预混料对配合饲料质量影响大，也必须加以规范化，制订相应的保障制度与检测规则，以保证饲料添加剂等的有效性和对人、畜禽的安全。再说，其中所用的药物、抗生素、激素等，其品种、数量与质量的情况，不仅影响到饲养效果和经济效益，还会直接影响到人畜的安全与健康。

任何饲料厂的产品，如要符合企业标准和博得客户的满意，都必须实施质量控制，在饲料加工中，其质量多半取决于所用原料的品质。因为在家畜的饲料配方中要使用许多种饲料，为查明原料是否适宜，须作各种测试。

饲料产品质量和提高产品质量的意义：饲料产品质量指的是饲料产品本身的适用性，它要求饲料满足动物生长或繁殖需要所具备的一切自然属性或特性。饲料产品质量主要包括以下几方面的内容。

（1）营养性　饲料产品能满足使用目的的各种要求而达到的程度。饲料产品必须达到饲料配方所规定的各种营养物质的浓度，必须符合饲料标准所限定的有关成分的比例，能够取得满意的饲养效果和相应的饲料报酬。

（2）有效性　饲料产品必须能够使用一定的期限，在此期间对饲养效果有保证。

（3）安全性　饲料产品在使用过程中应能保证安全。保证在正常饲养条件下不出现任何与饲养要求不一致的结果。产品的使用应当满足畜禽正常生长需要，应当促进畜禽正常繁殖机能，应当保证畜禽产品品质要求。

（4）经济性　饲料产品由原料变为产品的全过程所需费用应在合理范围内。要做到这一点不仅应该考虑原料选用、配方筛选、生产工艺诸环节的最低成本投入，而且还要考虑满足最佳饲养效果，获得理想饲料报酬必要的成本投入。

饲料产品的上述基本特性反映了它在满足饲养业需要时应具有的基本要求，这些要求是衡量产品质量好坏的依据。提高产品质量可以促进饲养业的现代化发展，为人们提供更多的畜禽产品；可以大大降低原料消耗，提高原料利用的合理性；可以促使产品更新换代，形成产品质量水平连锁提高的良性循环；可以增强企业在国内外市场的竞争能力，使企业获得良好的经济效益。总之，不断提高饲料产品质量关系到人民生活、企业生存、经济发展的根本利益，它是饲料企业的一项根本任务。

不断提高质量管理水平，积极推行全面质量管理，保证为社会提供品质优良的饲料产品，是饲料企业管理的一项重要内容。饲料产品质量受到饲料企业生产经营管理活动中多种因素的影响，它是企业各项工作的综合体现。保证和提高产品质量，必须把影响质量的因素全面、系统地管起来，全面质量管理就是适应这一要求而形成的科学的、现代化的质量管理。全面质量管理是企业为了保证和提高产品质量，综合运用一整套管理体系、手段和方法进行的系统管理活动。它所强调的是对全部内容、全部过程和全体人员的科学管理。

1. 全面质量管理的对象　全面质量管理与旧式质量管理的根本区别在于，旧式质量管理是被动的管理，它只能把废次品检验出来，而不能解决产生废次品的原因，更无法解决产品质量的提高问题。而全面质量管理不仅要管产品质量，还要管产品质量赖以形成的工程质量和工作质量。工程质量是指与产品生产有关人员、原料、设备、工艺、环境等因素对产品的影响程度。工作质量是指企业部门为了保证和提高产品质量所进行的生产工作、技术工作、组织工作、管理工作、服务工作等水平的完善程度。其中，产品质量是工程质量的直接体现，工程质量是工作质量的直接体现；而工程质量直接决定着产品质量，工作质量直接制约着工程质量。全面质量管理内容就是以改进工作质量、提高工程质量来保证和提高产品质量的。

2. 全面质量管理的范围　全面质量管理的范围是全面的，它要求实现全过程的质量管理。饲料产品质量是饲料企业生产活动成果的一项重要内容，是经过生产过程一步一步形成的。优质产品是设计生产出来的。全面质量管理的思想是将劣质产品消灭在它的形成过程中。从预防入手，从全过程的各个环节致力于质量的提高。

实行全过程管理要求把质量管理工作的重点从事后检验把关转到事先控制生产全过程上来，要从管理"结果"发展到管理"成因"，要加强对设计、生产过程的质量管理。消除产生劣质产品的种种隐患，保证生产过程处于控制状态，形成一个稳定生产合格品、优品品的生产系统。当然，为了保证产品质量所进行的必要的质量检验在任何情况下都是必不可少的。全面质量管理的思想在于，通过严格、科学的质量检验，不仅控制劣质产品出厂，而且获得改进、消除劣质产品的有关信息，为实现全过程的科学管理提供依据。实行全过程管理，要求生产过程的各个环节树立"下道工序就是用户"的思想。要求每道工序的生产和工作质量都能经得起下道工序的检验，都能满足下道工序的要求。另外，生产过程的各个环节必须建立质量监控体系，并加强质量联系和协作。

实行全过程管理，要求企业不仅保证生产过程的产品质量，保证产品的出厂质量，同时还要保证饲养者的使用质量。这需要建立保证饲养者在饲料产品规定的期限内能够正常使用的质量保证制度。也就是说，质量管理从原来的生产全过程扩大到市场调查、配方筛选、原料调配、计划生产、科学饲养、销售咨询等各个环节，形成系统的总体质量管理。

3. 全面质量管理的方法　全面质量管理的方法是全面的、多种多样的，是综合性的质量管理。全面质量管理采取的管理手段不是单一的，而是综合运用质量管理技术和科学方法，组成多样化的、复合的质量管理体系。它的特点在于将质量检验、数理统计等科学方法与改善组织管理，改进生产技术等紧密结合起来，充分利用现有条件，充分发挥企业职工的主人翁责任感，系统、全面地协调影响产品质量的诸因素，针对不同的影响因素，采取不同的管理方法和控制措施，从而保证产品质量长期稳定提高。

综上所述，全面质量管理是采用系统性、全面性、预防性的方法，通过工作质量、工程质量的控制与管理来保证获取最佳质量的产品。而其更深一层的含义在于科学地控制"将来"的产品质量，使其具有持久性、稳定性。饲料产品的全面质量管理就是：组织企业的职能部门和全体职工，运用现代科学和管理技术的成果，采用系统的质量管理方法和完整的质量监控手段。对影响饲料产品质量的所有因素、全部过程、一切条件实行全方位的控制与管理。如控制饲料原料的质量，搞好饲料配方的优化；选用先进的加工设备，建立合理的生产工艺；制订完善的岗位责任制，创造良好的生产环境；定期分析生产环节可能出现的一些变化，经常积累有关产品质量的技术信息。从而保证饲料产品质量持续、稳定地向科学化、标准化、系列化的方向发展。

第三节　饲料原料采购的控制

一、原料购买的质量控制

采购各种饲料，应严格按照质量标准进行采购。原料供货方要提供担保书，声明该原料适合作配合饲料，并且原料中不含污染物和掺杂物。对供货方的设施进行现场考察，再检查原料的标准规格。要供货方提供原料的试验室资料和用作分析的代表性样品。

二、原料的接收质量控制

（1）接收原料之前，对以下几个方面加以评估并与原料质量标准相比较：①原料产品的颜色，②原料产品的气味，③是否存在任何异物，④是否有昆虫侵扰的存在，⑤颗粒大小和质地，⑥水分含量。

（2）任何一种原料不符合标准规格，技术部应该与采购部取得联系，有权拒收该批原料。

（3）收原料须标明接收日期、送货者，并根据检验制度和留样观察制度进行检验并留样备查。凡进厂的原料必须质检，符合标准方可入库。须凭采购物料价格通知单或采购合同书或委托加工合同或计划进行质检。必须按规定的操作规程和检验方法进行取样质检，以感官鉴定为主，以仪器对照为准。

（4）感官鉴定水分误差不准超过±0.5％，纯粮率或容积重等项误差不差等级，其他各项指标均不超过规定标准。

（5）卸车时质检员必须监测，杜绝不符合标准的原料混入，发现异常立即停卸，不符合标准的原料必须退回。

（6）不符合质量标准的原料退货时必须做好记录，经复检后退货。

第四节　饲料原料的鉴别

一、真假豆粕的鉴别

1. 外观鉴别法　对饲料的形状、颗粒大小、颜色、气味、质地等指标进行鉴别。

豆粕呈片状或粉状，有豆香味。纯豆粕呈不规则碎片状，浅黄色到淡褐色，色泽一致，偶有少量结块，闻有豆粕固有豆香味。反之，如果颜色灰暗、颗粒不均、有霉变气味的，不是好豆粕。而掺入了沸石粉、玉米等杂质后，颜色浅淡，色泽不一，结块多，可见白色粉末状物，闻之稍有豆香味，掺杂量大的则无豆香味。如果把样品粉碎后，再与纯豆粕比较，色差更是显而易见。在粉碎过程中，假豆粕粉尘大，装入玻璃窗口中粉尘会黏附于瓶壁，而纯豆粕无此现象。用牙咬豆粕发黏，玉米粉则脆而有粉末。

2. 外包装检查法　颗粒细、密度大、价格廉，这是绝大多数掺杂物所共同的特点。饲料中掺杂了这类物质后，必定是包装体积小，而重量增加。豆粕通常以60kg包装，而掺入了大量沸石之类物质后，包装体积比正常小。

3. 豆粕（饼）水浸法 取需检验的豆粕（饼）25g，放入盛有250mL水的玻璃杯中浸泡2～3h，然后用手轻轻摇晃则可看出豆粕（碎饼）与泥沙分层，上层为豆粕，下层为泥沙。

4. 显微镜检查法 取待检样品和纯豆粕样品各一份，置于培养皿中，并使之分散均匀，分别放于显微镜下观察。在显微镜下可观察到：纯豆粕外壳内外表面光滑，有光泽，并有被针刺时的印记，豆仁颗粒无光泽，不透明，呈奶油色；玉米粒皮层光滑，并半透明，并带有似指甲纹路和条纹，这是玉米粒区别于豆仁的显著特点。另外，玉米粒的颜色也比豆仁深，呈橘红色。

5. 碘酒鉴别法 取少许豆粕（饼）放在干净的瓷盘中，铺薄铺平，在其上面滴几滴碘酒，过1min，其中若有物质变成蓝黑色，说明掺有玉米、麸皮、稻壳等。

二、饲料中麸皮的鉴别

麸皮常发现掺有滑石粉、稻谷糠等。将手插入一堆麸皮中然后抽出，如果手指上粘有白色粉末，且不易抖落则说明掺有滑石粉。用手抓起一把麸皮使劲握，如果麸皮很易成团，则为纯正麸皮。再用手抓起一把麸皮使劲搓，而搓时手有发胀的感觉，则掺有稻谷糠；如搓有较滑的感觉，则说明掺有滑石粉。

三、鱼粉的鉴别

1. 肉眼鉴别 优质鱼粉颜色一致（烘干的色深，自然风干的色浅）且颗粒均匀。劣质鱼粉为浅黄色、青白色或者黑褐色，细度和均匀度较差。如果鱼粉中有棕色碎屑，可能是棉籽壳的外皮；有白色及灰色或淡黄色丝条，可能是掺有羽毛粉或制革工业的下脚料粉。如果鱼粉颜色深偏黑，有焦煳味，可能是烧焦鱼粉。

2. 鼻闻鉴别 优质鱼粉有浓郁的咸腥味，劣质鱼粉有腥臭、腐臭或哈喇味，掺假鱼粉有淡腥味、油腥味或氨味。如果掺假物数量较多，则容易识别。掺入棉粕和菜粕的鱼粉，有棉粕和菜粕的味道；掺入尿素的鱼粉略有氨味。

3. 手摸鉴别 优质鱼粉用手抓摸感到质地松软，呈疏松状。掺假鱼粉质地粗糙，有扎手感觉。通过手捻并仔细观察，时而可发现被掺入的黄沙及羽毛粉等碎片。

4. 漂水法鉴别 从各袋鱼粉中各取样品少许，用杯子盛半杯清水，将鱼粉样品倒入水中，用小木棒轻轻搅动。真鱼粉会很快沉入水底，如果样品漂浮在水面而不下沉，那就是假鱼粉。然后再将沉淀的鱼粉搅动后轻轻倒掉，看看杯底是否留有沙土，真鱼粉沙土较少，或根本没有沙土，如果沙土多，则为掺假的鱼粉。

四、玉米

玉米是饲料中的能量之王，好的玉米对动物生长以及饲料的质量都有很重要的影响。如何鉴别玉米质量对饲养者和玉米加工者十分重要。

（1）观察颜色 较好的玉米呈黄色且均匀一致，无杂色玉米。

（2）随机抓一把玉米在手中，嗅其有无异味，粗略估计（目测）饱满程度、杂质、霉变、虫蛀粒的比例，初步判断其质量。随后，取样称重，测容重（或千粒重），分选霉变粒、虫蛀粒、不饱满粒、热损伤粒、杂质等异常成分，计算结果。玉米的外表面和胚芽部分可观察到黑色或灰色斑点为霉变，若需观察其霉变程度，可用指甲掐开其外表皮或掰开胚芽作深入观察。区别玉米胚芽的热损伤变色和氧化变色，如为氧化变色，味觉及嗅觉可感知氧化（哈喇味）。

（3）用指甲掐玉米胚芽部分，若很容易掐入，则水分较高，若掐不动，感觉较硬，水分较低，感觉较软，则水分较高。也可用牙咬判断。或用手搅动（抛动）玉米，如声音清脆，则水分较低，反之水分较高。

第七章
饲料原料的贮藏

饲料原料成本约占配（混）合饲料总成本的 90% 左右。因此，研究饲料原料在贮藏期间的生理变化、影响因素和贮藏方法，对保证饲料品质、提高配（混）合饲料质量具有极其重要的意义。饲料原料种类较多，下面仅以植物性饲料为例，简述其在贮藏期间的生理变化、影响因素和贮藏方法。

第一节 谷实饲料在贮藏期间的生理变化

一、呼吸作用及其不良后果

谷类籽实由胚和胚乳组成，胚在未完全丧失生命之前时刻都在进行呼吸作用，呼吸的结果是将营养物质分解成二氧化碳、水和热量。由此可见，谷类籽实在贮藏初期呼吸作用越强，营养物质损失就越大，营养价值也就越低，通常影响呼吸作用的因素有以下几个方面。

1. 水分与环境湿度 水分是谷实生命活动的介质。一般情况下，饲料水分含量越高，呼吸作用越强，为此，饲料原料入库前，首先应注意贮料的水分含量，并坚持贮存期越长，水分含量要求越低这一原则（表 7-1）。

表 7-1 不同贮期几种主要谷实的安全含水量（%）

种类	稻谷	小麦	大麦	玉米	高粱	燕麦	黑麦
贮期 1 年	12～14	13～14	13	13	11～12	14	13
贮期 5 年	10～12	11～12	11	10～11	10～11	10～11	11

贮料种类、状态、贮期不同，安全含水量要求不同。一般籽实类要求 12%，油饼类要求 8%～11%，糠麸类 11%～12%，鱼粉等动物性饲料要求控制在 9%～10% 以下。此外，谷实类含水量还受环境湿度影响。环境湿度大，空气中水分便会渗入谷实，提高谷实的含水量，反之，谷实中水分也可通过蒸发释放到空气中。据此，为了保证所贮原料中适宜水分，一般要求料库中相对湿度应保持在 65% 以下。

2. 温度 温度高低与呼吸作用密切相关。温度高，呼吸旺盛；温度低，呼吸微弱。一般温度达 15～18℃ 时，谷实呼吸作用开始加强，故谷实类贮藏时的温度，最好控制在 15～18℃ 以下。这样，不仅可抑制其生理变化，而且可预防虫蛀。试验表明，温度与贮藏原料水分有关。当谷实类水分≤20% 时，只要贮藏温度低于 10℃，其安全贮藏期仍可达 2

周左右。当温度达 30℃时，不仅籽实饲料无法贮藏，而且由于微生物繁殖与酶活性的增强，反使所贮谷实养分蒙受巨大损失。因此，低温低水分是安全贮藏饲料的重要条件（表7-2）。

表 7-2　饲料谷实安全贮藏天数与水分、温度的关系

温度/℃	含水量/%				
	14	15.5	17	18.5	20
10	256	128	64	32	16
15	128	64	32	16	8
21	64	32	16	8	4
27	32	16	8	4	2
32	16	8	4	2	1
38	8	4	2	1	0

3. 氧气　谷实类饲料呼吸需氧气，氧气越多呼吸越旺盛，故饲用谷实等宜贮藏在低氧环境中。此点尤其对含脂较高的油料饼粕更为重要，以防脂肪氧化酸败，使贮料品质下降。

二、陈化作用

陈化作用是指饲料原料在贮藏过程中发生的一系列物理、化学特性的变化，该变化过程称陈化作用。陈化的谷实虽未达到腐败的程度，但却出现黏性降低、脂肪酸败、变味等品质降低后果。研究表明，陈化速度除与品种、贮藏时间有关外，尚与贮藏条件有关，即温度、湿度高，氧气充足的比温度、湿度低，氧气不充足的陈化速度快；相同条件下，粉碎料比籽实料陈化快；贮藏条件差的比贮藏条件好的陈化快。可见，饲料原料的贮藏，除特殊需要外，应以不粉碎贮藏为宜，并要求贮期不宜过长，以确保贮藏饲料品质。

三、发热与霉变

1. 饲料的发热　发热是指贮料在贮藏中营养物质分解而引起的一种非正常升温现象。产生发热的原因有两个方面，一是呼吸作用放热，二是微生物繁殖产热。当这些热量在料堆孔隙越积越多时便可引起整个料堆发热。

（1）发热类型

①上层发热　是指料堆上层 16～33cm 处的发热。引起发热的原因主要是料堆内潮湿空气上升，引起库温升高。库内湿度过大及结露（出汗）所致。

②下层发热　主要因库房地面潮湿，高温料入库后铺垫层过薄，地面与底层料温温差较大，而使贮料结露、返潮造成。

③垂直发热　主要因库壁潮湿，库壁与贮料温差过大或库顶漏雨所致。

④局部发热　局部料粒潮湿或杂质过多引起。库壁渗水、局部虫害大量繁殖也是造成局部发热的一个原因。

⑤全仓发热　上述四种发热未及时处理即会产生全仓发热。

（2）发热的一般规律　料堆湿度增大、返潮是贮料发热的先兆。若温度继续上升，就

会产生出汗（结露）现象。出汗后的料粒散落性降低，手插入堆内潮湿感增强。当料温达50℃时，就会散发出一股强烈的霉烂味，60～70℃时料粒形成焦块。随后料温虽然下降，但品质破坏，完全丧失饲用价值。

（3）发热的鉴别 发热鉴别一般多采用库温与料温对比法。即春、夏气温上升时，若料温上升速度超过库温或与库温相等，说明贮料发热。秋、冬气温下降时，若料温不降反而上升，说明贮料发热。同库贮料，若某部分料温升高，又无日光直射等因素影响，则说明这部分贮料发热。

（4）发热预防 贮料含水低、杂质少、料库干燥、低温是防止贮料发热的基本要求。要达到这些要求，必须做到以下几点：①检修料库，做到上不漏、下不潮。②加强防热、防潮工作，如加厚铺垫层，注意通风、密闭等。③对贮料做到"四分开"，即新陈料分开、虫料与无虫料分开、含水高的料与含水分低的料分开、好料与坏料分开。④对贮料应始终坚持"推陈贮新"的保存、利用方法。⑤经常检查料温与水分变化情况。

（5）发热料的处理 ①曝晒或摊晾。②翻仓，即倒换料库或料堆。③劈库或打井，即将料堆从中间扒开或从发热部位打一圆井。④改变堆形或降低料堆高度，对袋装料可采用"非"字形、"井"字形或半"非"字形堆放。⑤用烘干机或鼓风机处理发热料。

2. 霉变原因及其预防 微生物活动是导致贮料霉变的主要原因，微生物个体极小，在其未大量繁殖前，常不易被发现。当发现霉变颜色时，说明微生物繁殖已处于旺盛阶段，饲料品质已受到严重影响。研究表明，微生物不仅存在于空气中，而且存在于加工、贮藏、包装等多个环节。当环境条件变化，贮藏时间延长或贮料新鲜度下降时，都可为微生物繁殖创造条件，所以对贮料霉变应以预防为主。

（1）霉变微生物种类及其危害 侵害饲料的微生物主要有真菌、细菌等，其中最常见的是真菌。据研究，真菌有20多万种，其中50多种可对人畜造成危害，而危害饲料最严重的是曲霉属（包括白曲霉、黄曲霉、土曲霉、灰绿曲霉及烟曲霉等）和青霉属（包括黄青霉、黄绿青霉、紫青霉、赤青霉、橘青霉、岛青霉等），即人们经常称谓的霉菌。次为细菌，细菌为单细胞生物，比真菌小，其菌株除对人畜产生致命毒素外，尚因大量繁殖、产热，导致饲料质变。据研究，污染饲料的细菌株以沙门氏菌为主。由于该菌株污染的饲料在外观、气味等方面无特异表现，因此更应引起人们警惕。我国饲料卫生标准中就明文规定，鱼粉中不得有沙门氏菌或志贺氏菌属。为确保饲料品质，一般在饲料中添加2.5%～3.0%的丙酸，即可达到控制沙门氏菌繁殖的目的。因丙酸可阻碍沙门氏菌细胞内糖代谢酶活性，破坏微生物细胞壁，从而抑制或杀死沙门氏菌。

（2）霉菌对饲料的危害

①造成大量营养物质损失 据研究，导致饲料霉变的孢霉菌，属一种腐生微生物。该微生物自身不仅不制造营养，而且常可通过分泌多种酶分解饲料养分，供其生长繁殖。因此，凡被霉菌污染的饲料，营养物质大大降低，并散发出一股难闻的霉味。联合国粮农组织调查，全世界每年被真菌污染的各类谷物、油料种子和饲料，约占其总量的10%。可见，霉菌是影响全世界农业，饲料业的和养殖业发展的一大危害，必须予以高度重视。

②引起发热，使贮料发生质变 霉菌在消耗饲料营养物质的同时，还释放出热量。一般是霉菌繁殖越多，生长越快，释放出的热量越多，料堆的温度也就越高。如曲霉属中的黄曲霉、烟曲霉，可使含水18%的小麦、大麦、燕麦料温迅速从17℃上升到43℃。料温

升高的结果，使饲料中蛋白质、脂肪、维生素发生变化。变化情况是：

A. 首先使饲料蛋白质发生质变　出现蛋白质溶解度降低、纯蛋白减少、氨氮增加、蛋白质利用率和氨基酸含量下降等（表7-3）。产生上述质变的原因在于"棕色反应"，即饲料蛋白质在过热条件下，可使功能性游离氨基酸和苯、糖类、氧化脂肪及有机酸中的羟基（—OH）发生反应，生成新的化学键，该键无法被蛋白酶分解所致。此外，"棕色反应"也常常发生在贮藏不当或调制不良的饲料中，如堆压结块的鱼粉、饼粕、谷物和调制不当的青贮料、干草等。表现为饲料颜色越深（褐或黑色），蛋白质消化率越低。如正常干草蛋白质消化率为67%，变褐时为17%，而变黑时仅3%。总之，饲料温度越高，湿度越大，pH上升得越高，棕色反应进行得越快。

表7-3　干物质中粗蛋白含量（A）和粗蛋白中必需和非必需氨基酸总量（B）与饲料贮藏期的相关性（%）

饲料类型	开始贮藏期		经2个月贮藏		经4个月贮藏		经6个月贮藏	
	A	B	A	B	A	B	A	B
青贮料	11.902	41.59	11.652	39.40	11.233	36.99	10.821	34.11
碎草饼	8.494	61.97	8.315	55.04	7.913	52.19	7.643	49.11
草粉	10.778	57.29	10.584	53.48	10.282	48.97	9.922	46.53
颗粒状草籽	12.385	55.46	12.150	52.79	11.958	49.74	11.521	49.71
半干青饲料	10.796	46.80	10.517	44.26	10.132	40.76	9.723	38.33
干草	10.124	54.02	9.766	50.64	9.364	46.63	9.057	43.93
芜菁	8.218	52.00	7.823	46.33	7.314	40.86	6.942	37.39
饲用甜菜	8.392	34.31	7.968	31.93	7.548	32.32	7.194	29.17
大麦	13.222	65.96	13.025	42.46	12.726	58.70	12.360	54.47
燕麦	13.560	65.96	13.403	64.99	13.119	60.95	12.797	57.72
玉米	9.636	74.95	9.137	70.82	8.804	65.81	8.331	60.72
小麦	13.182	71.05	12.986	67.52	12.719	62.71	12.225	59.70
配合料	16.183	68.68	15.866	61.22	15.585	60.38	15.194	57.42

B. 脂肪的变化　一般是玉米等籽实饲料所含游离脂肪酸常随霉菌的迅速繁殖下降，而脂类化合物增加，且这种变化与饲料贮藏时的温、湿度有关。即凡粉碎前在高温高湿条件下贮藏的玉米，其饱和脂肪酸含量可减少一半，而粉碎前在低温低湿条件下贮藏的玉米，仅减少17%~20%。此外，在低温低湿（相对湿度50%）条件下贮藏8周的鱼粉、米糠等高脂饲料，虽粗脂肪含量未变，未见霉菌产生和氧化物大量积累，但贮藏4周后却发现羟基化合物明显增加。这一变化说明，高脂饲料贮藏4周脂类即开始发生质变。因此，对该类饲料的贮藏，最好控制在4周以内为宜。

C. 碳水化合物的变化　饲料特别是谷实类在贮藏过程中，淀粉和蔗糖常会在其本身所含酶或霉菌的作用下，分解成还原糖，继而再分解成CO_2和水，造成碳水化合物的损失。但研究表明，霉菌在CO_2含量较高的条件下无法繁殖，还原糖也不易分解，因此，将饲料贮藏在CO_2浓度相对较高的环境条件下，实属一种较好的贮料方法，值得推广。

D. 维生素和矿物质的变化　饲料中维生素活性直接受温度影响。温度高，维生素即遭破坏，特别是维生素 E、维生素 K、维生素 B_1 和泛酸表现敏感。据试验，籽实饲料经 88d 贮藏维生素 E 变化极小，而禾本科干草的维生素 E 含量却降低一半，尤其在过氧化物存在条件下，其表现更不稳定，维生素 K 等在高温或阳光曝晒条件下，更易破坏。至于矿物质，贮藏过程中一般不会发生变化。

③产生毒素污染饲料　一些霉菌在生长繁殖过程中会产生毒素，该毒素既污染饲料，又会给人畜带来危害。霉菌中危害饲料最严重的是黄曲霉产生的黄曲霉毒素。据研究，黄曲霉是一种分布很广的真菌，任何饲料均可滋生，玉米、花生等高脂饲料更易滋生。如澳大利亚发生的大面积犊牛急性中毒，即因饲喂残留发霉花生蔓干草所致。大量调查显示，玉米在田间因气候、收获条件和其他生理应激影响，每年都会受到不同程度的黄曲霉污染。当然，不正确的干燥和贮藏，也是导致黄曲霉污染的一个重要原因，不可忽视。

（3）适于霉菌生长发育的条件

①温度　霉菌生存对温度的要求较宽，一般 $-5 \sim 45 \text{℃}$ 均可存活。但霉菌生长发育对温度的要求常因霉菌种类不同而异，如曲霉生长发育最适温度为 $30 \sim 37 \text{℃}$，最高生长发育温度为 45℃，最低生长发育温度为 $15 \sim 20 \text{℃}$；青霉最适生长发育温度为 $20 \sim 25 \text{℃}$，最高生长发育温度为 40℃，最低生长发育温度为 $-5 \sim 0 \text{℃}$。从上述温度要求可见，霉菌不仅在高温季节可危害饲料，而且在低温季节也可使高水分饲料发生霉变。

②相对湿度和饲料含水量　霉菌对环境相对湿度和饲料水分含量要求较高。多数霉菌只有在相对湿度 85% 以上，含水量 15%～18% 的饲料中才能生长。虽然有些耐干燥霉菌也可在 70% 相对湿度和含水 14% 的饲料中生长，但当相对湿度低于 65%、水分含量低于 12% 时已无法存活。所以，防止饲料霉变的有效办法是，贮藏环境相对湿度最好低于 65%，饲料含水量达安全标准即可。

③氧气　大部分霉菌为需氧菌。空气中含氧量高时，霉菌生长迅速；低时，霉菌生长受到抑制。但少数耐氧菌，如米根菌等在空气中含氧量低时仍可使高水分饲料发生霉变。可见低氧、低水分是防止饲料霉变的两大条件，缺一不可。

④贮藏饲料的质量　主要指贮料的含杂率、破损率、成熟度和新鲜度而言。一般含杂率高、破损粒多、成熟度差、新鲜度低的饲料易受霉菌污染。

（4）霉变的预防

①控制贮料水分和料库相对湿度。

②改善贮存条件　要求料库达到上不漏、下不潮、壁防潮。

③采用低温贮藏饲料　创造低温贮料的最好办法是机械降温，使料温低于 $15 \sim 20 \text{℃}$。无条件时可采用自然降温。即利用冬季低温，使贮料通风凉透，当温度降到最低限度时，密封料库。但切忌气温上升时开库，否则热气入库会使贮料结露霉变。

④添加防霉剂　防霉剂的类型主要为有机酸及其盐类，有机染料等。

四、虫害及其防治

虫害是导致饲料在贮藏过程中受损和发生质变的原因之一。研究表明，昆虫不仅能损伤谷物的外皮层，使大量营养物质渗出，为谷物在收获前被真菌污染创造条件，而且在适宜温度下，随着昆虫的迅速繁殖，还会使贮藏原料产热，导致料温升高、结块，为霉菌繁殖创造适宜条件。因此，欲保证饲料安全贮藏，研究饲料虫害及其防治不容忽视。

1. 危害饲料的虫类 据统计，危害饲料的虫类有百余种。这些虫类虽受饲料种类、品质、贮藏条件等多因素影响，不会在同一地区或同一饲料中发现，但一旦条件适宜，即可大量繁殖。我国常见贮料害虫可分三类：即甲虫类，包括玉米象、谷象、豌豆象、锯谷盗、大谷盗等；蛾类，包括麦蛾、粉斑螟蛾、印度谷蛾等和螨类。为了防止入库饲料发生虫害，一般应从杜绝饲料自身虫源入手，严控库房潜伏，包装器材和库外迁入等传播途径。

2. 害虫最适的生长繁殖条件

（1）温度 害虫最适生长繁殖温度一般在 25～32℃，超过 42℃ 或低于 10℃ 害虫即难以生存。据此，生产中人们常在夏季采用高温曝晒法，冬季采用低温冷冻法对害虫予以防治。

（2）饲料含水量与环境温度 害虫生长繁殖对水分要求不高，如谷蠹甚至可以在含水 8%～9% 的饲料中存活。至于湿度，研究表明，多数害虫适应性宽，可以在相对湿度 30%～95% 生活，甚至有些害虫可在相对湿度极低的环境下生存。因此，生产中单靠降低饲料含水量和相对湿度并非完全有效，只有采用低水分、低温度，才能达到有效地防虫效果。

（3）氧气 据测试，料堆含氧低于 2%，才能有效防治虫害，但该水平靠自然降氧不易达到。因此，生产中常采用充氮气或二氧化碳的办法予以解决。如近年来菲律宾推广的把袋装粮（料）投入密闭、充满二氧化碳塑料袋中的办法即是依据这一原理。

（4）饲料质量 谷类籽实的破碎粒、谷屑和杂物不仅招致害虫，而且可成为某些害虫赖以生存的条件。为此生产中人们常把防碎料、去谷屑、去杂作为预防虫害的措施之一，在贮料中推广。

第二节　贮藏饲料的方法和技术

一、饲料库要求

1. 防湿性能

（1）屋顶防湿 为达屋顶不漏，宜在瓦下铺一层牛毛毡或其他防潮物，以防湿气从屋顶进入。

（2）地面防湿 料库应修在排水良好、地下水位低的地方，以防地下水向上渗透。地面以三沥（沥青）、两毡（牛毛毡）铺设较好。

（3）墙壁防湿 要求内壁窗以下涂沥青层。为防粘料，可在沥青层上刷一层石灰水。外墙壁也应从墙底向上 60cm 处刷一层沥青。

2. 隔热性能

（1）减少太阳对料库的直射面 要求料库方向坐北朝南。建筑要求东西窄，南北宽，以减少太阳直射影响。

（2）库顶防热 要求加厚库顶，库内设天花板，天花板上再铺放 30cm 拌有农药的谷壳或麦壳一层。

（3）墙壁防热 墙壁热主要来自太阳照射热和辐射热。故除要求西墙壁用石灰刷白加厚外，植树、加盖工具房或值班房也是一项有效措施。

3. 密闭性能 要求料库门窗封闭性能良好。尤其是库房门板不宜过薄，否则外层热量极易导入，使库温提高。

4. 防雀、鼠性能 料库应无孔洞，窗上应安装孔径小于 3cm 的铁网，门下应设两面光滑、高度 60cm 的防鼠板。

二、饲料入库前准备

1. 料库准备

（1）清库 存放过饲料的料库应进行彻底清理，并采取掏、刮、挖等办法除去隐藏害虫。

（2）维修 包括料库加固、墙壁防渗、修补门窗墙壁和填缝堵洞等。

2. 入库检验

（1）含水量 按照安全贮料含水量要求进行。

（2）含杂率 可以根据现有的饲料原料质量标准，如《饲料用玉米》（GB/T 17890—2008）、《饲料用大豆》（GB/T 20411—2006）与《饲料用稻谷》（NY/T 116—1989）等要求执行。

三、贮料的合理堆放

1. 分级堆放

（1）按品种堆放 将不同品种原料分开堆放。即使同一品种，色泽有别时也应分开堆放。

（2）干、湿料分开堆放 同批入库料含水量应基本一致。水分差异大的料应分开堆放，否则水分转移将会影响原料的稳定性。并堆时，应以第一批入库料水分含量为准，其差异可在 ±0.5% 之间，否则仍应分开。

（3）按等级分开堆放 等级不同，质量不同，耐藏性不同。为保证原料品质，均应分开堆放。

2. 堆放方式 原料堆放方式应从料库容量、安全和方便管理等多因素考虑，其形式分散装堆放和袋装堆两种。

（1）散装堆放 具有堆放量大、节省包装费用、便于机械操作等优点。但对贮料质量要求较高，贮料水分必须控制在安全含水量以下，堆放方式有：

①全库散装 即整库贴壁堆放。优点是堆放量大，库房利用率高。堆放时应注意两点，一是根据库壁承受力确定堆放高度；二是整个库壁应设防潮层，以防贴壁料吸湿霉烂。

②围包散装 指用料包或草包围墙，围包中散放原料的一种方法。围包大小根据贮料多少而定。为防止塌包，要求围包下、中层厚些，并要求包包紧靠（包墙下宽上窄，呈内直外斜梯形），围包内壁有衬垫，以防粘料。

（2）袋装堆放 优点是清洁、调运方便、通风透气好、易于散湿。但易受高温和高湿空气影响，稳定性较差，堆放技术较强，包装费用较大。其堆放形式可分为：

①实垛法 指料袋间不留距离，层层堆放，直至堆满料库为止。优点是料库利用率

高，但原料质量要求高，仅适于冬季低温期利用。

②"非"字形和半"非"字形堆垛法　指低层按"非"字形或半"非"字形排包，次层按反"非"字形排包，第三层再按底层模式排包的一种堆垛法，其余层依此类推。该法要求包包交错压紧，长度不限，但宽度最多四列或两列，包堆上下垂直，以便利用。

此外尚有"井"字形、"口"字形、"工"字形、"金"字形等，该类型统称"通风桩"。优点是包间空隙大，通风好，便于散热、散湿，适于水分偏高或受潮原料采用。但难度大，不宜过高过宽。

四、贮藏期的检查

贮藏期应进行定期定点检查，以便及时发现问题，采取相应措施，减少损失。检查内容包括 3 个方面：

1. 料温　料温反映原料贮藏情况。因简单易行，故生产中经常采用。低温季节对干燥安全料可每隔 2 周检查 1 次，高温季节应周周检查。半安全料，应每隔 3d 检查 1 次。危险的饲料应天天检查。

2. 水分　要求多点多面，以使所测水分具代表性。对大料堆，扦样法规定每 $75m^3$ 为一小区，分上、中、下 3 层，每层设梅花点 5 个，共扦取样品 15 个，混匀后采样测定。对小型料堆，要求取样具代表性即可。无仪器时，可通过看、摸、闻、咬等方法估测水分，即看原料色泽有无变化（含水高色泽较深）、摸有无潮湿感、松散性是否差、手插阻力是否大、闻有无霉变气味。咬即用口咬原料粒，干粒一咬即开，无粉末出现，湿料韧性大，有粉末。

五、原料贮藏条件

1. 相对湿度　对标准料库而言，贮料水分主要决定空气相对湿度。为防止原料吸湿回潮，一般要求料库相对湿度应低于 65%，原料水分接近安全含水量。

2. 温度　超过 30℃，贮料易陈化，并遭虫害；低于 15℃ 可延缓陈化，避免虫害。夏季要求贮料温度不超过 30℃，其他季节应控制在 20℃。

3. 密闭通风　为避免贮料吸湿回潮和升温，干燥原料以密闭贮藏为宜，对库内湿度较大或经过高温季节的料库，须注意通风散热。总之，饲料贮藏期应根据库内外温湿度变化，灵活掌握。一般是开春后以密闭为主，立秋后可以通风。雨、雪或大雾天应绝对密封，干燥低温天可多通风。通风原则是：气温低于料温、非降雨天可通风；库外温度和相对湿度低于库内时可通风；库内外相对湿度基本相同，外温低于库温时可通风。密闭贮料期需通风时，可采用早、晚通风，即上午开北面门窗，下午开南面门窗。根据上述原则，为便于掌握可归纳如下四句话：晴通雨闭雪不通，滴水成冰可以通，早开晚开午少开，夜有寒露不能开。

第八章
饲料加工中的质量管理

配合饲料加工过程基本上就是将各种原料生产为成品饲料的过程。该过程可以划分为四个阶段，即原料加工、配料、混合和后加工。

一、粉碎过程

（一）原料加工工艺

从营养、质量控制、物理性状和顾客接受的角度看，谷物加工非常重要。尽管顾客不能通过一种饲料的表面性状来评价其营养价值，但可以评价粉碎的均匀程度、熟化程度，并且以其所见来断定饲料总体质量。

1. 粉碎 粉碎粒度的大小取决于谷物的用途。通常饲料要制粒时，适当生产水平下把谷物粉碎加工成较细粒度可以生产出优质的颗粒饲料。当加工粉料时，一般加工成较粗的粒度，这种饲料可以用普通的传送设备输送并且适合特定动物的口味。不管使用的粒度怎样，为加工出高质量的饲料，设备必须得到合理的维护。锤片和筛板应每周进行检查以保证锋利的边缘能有效地进行粉碎。粉碎腔的负压室必须操作合理以保证充足的吸力。通常可以通过探听振动器的周期性来验证，如果有间歇，应向生产的管理人员汇报。

为确保合理的粉碎粒度，必须充分考虑粉碎机的有关操作参数。

（1）锤片粉碎机 锤片数量，锤片顶端的速度，锤片磨损程度，筛网孔直径，筛网表面积，筛网磨损程度，谷物的水分，物料流动（风力协助作用）。

（2）辊式粉碎机 碾辊的间隙调整，碾辊的波纹转速差。

（3）颗粒大小的测定 颗粒大小分析的第一步是要获得有代表性的样品。在使用一整套筛子时，推荐取 100g 样品，以防任一筛子积存 20g 以上。安装好一套筛子，以使最粗的在最上面，最细的在最下面。把样品放在最上面的筛网上，然后将整套筛子放在振荡器上振荡 10min。从振荡器上取下筛子，在把每一层筛子取下之前，用刷子轻轻敲打筛网两侧，称量筛网同筛上物重，扣除皮重。如果使用天平，应减掉筛上物和筛子与纯筛子的差别，最后取走并彻底清扫筛子。

注意事项：粉碎机操作人员应经常注意观察粉碎机的粉碎能力和粉碎机排出的物料粒度。粉碎机粉碎能力异常（粉碎机电流过小），可能是因为粉碎机筛网已被打漏，物料粒度则过大。如发现有整粒谷物或粒度过粗现象，应及时停机检查粉碎机筛网有无漏洞或筛网错位与其侧挡板间形成漏缝，若有问题应及时处理。经常检查粉碎机有无发热现象，如有发热现象，应及时排除可能发生的粉碎机堵料故障。观察粉碎机电流是否过载。此外，应定期检查粉碎机锤片是否已磨损，每班检查筛网有无漏洞、漏缝、错位等。

2. 蒸汽压扁挤压膨化 因为很容易从成品饲料中观察到挤压工作的优势，所以必须强调挤压工作的重要性。挤压的关键在于掌握足够的经验，在不危及产品质量的前提下获得最大的生产性能。开始挤压之前，蒸汽室中的谷物必须加热到100℃，温度达到后，打开喂料器及启动压辊。谷物流应沿着压辊的全长均匀进入辊间。压扁机的设置应能压碎小麦、大麦或玉米，使籽实的部分胚乳暴露出来。对燕麦籽实的压碎应尽可能地减少谷壳与胚乳的分离。挤压的质量应从压辊的两头和中间来检查。如果质量有差异，应引起生产管理人员的注意。由于仓中谷物质量有变异，所以每15～20min应检查一次挤压质量。

（二）计量原料

秤的规格应按预计的称量工作量来配置。斗式电子秤的计量精度大约是其量程的0.1%。这样一台误差为±2kg（量程为2t）的秤，用来计量大比例的原料其精度是足够的，但对添加水平较低的添加剂如预混料或微量元素，其精度显然不够。原料的精确计量对生产高质量的饲料非常重要，这要求对秤进行定期检验和正确维护，以确保其精确性和稳定性。计量的错误会导致严重的后果，一旦发生，应立即报告给饲料厂管理人员或营养师，以便他们能决定采用补救方法来处理这些误配的饲料混合物。货物盘存，特别是药物和微量原料可以每日进行，并通过与理论的添加量相比较来作为连续检验计量精确性的手段。这还有助于保证在正确水平下使用对动物有潜在毒害作用的药物。用于向饲料中添加液体的计量器也应该定期维护和进行精度检验。对计量器进行合适的维护，将避免因淤泥阻塞导致的液体添加量少于要求添加量的发生。检验计量器的准确性时，确保计量器的读数与实际添加量一致非常重要。

二、配料系统

配料的准确与否，对饲料质量关系重大，操作人员必须有很强的责任心，严格按配方执行。人工称量配料时，尤其是预混料的配料，要有正确的称量顺序，并进行必要的投料前复核称量。对称量工具必须打扫干净，要求每周由技术人员进行一次校准和保养。大型饲料厂的电子秤配料系统，应定期检查传感器悬挂的自由程度，以防止机械性卡住而影响称量精度，经常保持秤体的清洁，杜绝在秤体上放置任何物品或撞击电子秤体。预混料微量成分配料时，应使用灵敏度高的秤，要在接近秤的最大称量值的情况下称量微量成分。因此，要根据称量不同品种原料的实际用量来配备不同的秤，秤的灵敏度和准确度至少每周进行一次校对。在配料过程中，原料的使用和库存要每批每天有记录，有专人负责定期对生产和库存情况进行核查，手工配料时，应使用不锈钢料铲，做到专料专用，以免发生混料，造成交叉污染。

三、混合过程

混合操作是饲料加工的核心，也是质量控制中最容易出问题的地方。混合机合适的混合时间应以每台混合机为单位进行测定。首先，应考虑混合机制造商的推荐混合时间，然后对每台混合机进行测定，确保混合完全和不发生分级非常重要。饲料的混合质量与混合过程的操作密切相关。

（一）原料添加顺序

一般应先投量大的原料，量越少的原料越应在后面添加，如预混料中的维生素、微量元素和药物等。在添加油脂等液体原料时，要从混合机上部的喷嘴喷洒，尽可能以雾状喷入，以防止饲料结团或形成小球。在液体原料添加前，所有的干原料一定要混合均匀，并相应延长混合时间。更换品种时，应将混合机中的残料清扫干净。

（二）最佳混合时间

取决于混合机的类型和原料的性质。一般混合机生产厂家提供了合理的混合时间，混合时间不够，则混合不均匀；时间过长，会产生过度混合而造成分离。

（三）混合机类型

1. 卧式双螺带　来去双向，所有饲料都在被搅动。

2. 卧式双轴　来去双向，同时所有饲料都在转动，比卧式双螺带中，物料运动要复杂。

3. 卧式桨叶　物料被推动、转动，大部分饲料在运动，饲料并不是在整个混合机内部被混合。在高速混合过程中，物料几乎处于悬浮状态。

4. 立式　混合主要是围绕螺旋的方向进行，螺旋与混合机的方向平行，并非所有的饲料同时在运动或混合。

5. 圆筒式　翻滚，大部分饲料在运动。圆筒混合机混合时间短，一般 3～6min 一批；出料快，残留量小；混合均匀度高。

四、饲料制粒过程

（一）制粒设备的检查和维护

每班清理一次制粒机上的磁铁，清除铁杂。检查压模、压辊的磨损情况，冷却器是否有积料，定期检查破碎机辊筒纹齿和切刀磨损情况，检查疏水器工作状况，以保证进入调质器的蒸汽质量。每班检查分级筛筛面是否有破损、堵塞和黏结现象，以保证正常的分级效果。

（二）调质控制

制粒前的调质处理，对提高饲料的制粒性能及颗粒成型率影响极大。一般调质器的调质时间为 10～20s，延长调节时间，可提高调质效果；要控制蒸汽的压力及蒸汽中的冷凝水含量，调质后饲料的水分在 16%～18%，温度在 68～82℃。压模与压辊间隙将压辊调到当压模低速旋转时，压辊只要碰到环模的高点，这可使相互间的接触减到最小，减少磨损。

五、包装质量管理

检查包装秤的工作是否正常，其设定重量应与包装要求重量一致，准确计量，误差应控制在 1%～2%。核查被包装的饲料和包装袋及饲料标签是否正确无误，成品饲料必须进行检验。打包人员随时注意饲料的外观，发现异常及时处理，要保证缝包质量，不能漏缝和掉线。

六、储运中饲料质量管理

饲料在库房中应码放整齐，按"先进先出"的原则发放饲料；同一库房中存放多种饲料时，预留出一定的间隔，以免发生混料或发错料。保持库房的清洁，仓库要有良好的防湿，防鼠、虫条件，不能有漏雨现象。定期对饲料成品进行清理，发现变质或过期饲料及时请有关人员处理。预混料中的某些活性成分应避光、低温储存，由于品种较多，应严格分开。成品亦必须储存在干燥、避光、通风条件好的库房中，必要时应安装温控装置，做到低温保存。饲料在运输过程中要防止雨淋、日晒，装卸时应注意文明操作，以免造成包装物破损。保存混合饲料从混合机出来并运输到达养殖场或零售商店过程的一套详细记录，是质量保证方案中最基本的组成部分。没有一系列完整的记录，管理人员想从生产设备、散装发放区、打包区及散装运输中追踪问题的可能来源是非常困难的。

（一）保存记录内容

1. 产品的名称，若添加药物，应注明添加药品名称和剂量。

2. 用户的名称，若为存货应指明。

3. 加工的日期和时间以及加工的批次数（全部的数目）。

4. 饲料加工的数量和需求的数量。

5. 混合机操作人员的签名或署名。

6. 记录所有替代的原料。

7. 颗粒仓的数量。

8. 制粒机操作人员的签名或署名。

9. 散装运输仓的数量和打包仓的数量。

10. 称重票或发票的号码。

11. 卡车号及司机和装运人员的签名或署名。

12. 卡车装运饲料的重量和装运的仓号。

13. 袋装饲料的号码。

（二）装载和运输程序

质量保证方案中最后的环节是从加工厂装载和运送饲料到用户的料仓中。装载人员和卡车司机必须认真、彻底地意识到他们是质量保证方案中的重要组成部分。强调他们的作用，将使运输环节很少发生问题。因为卡车司机在销售中是直接和最终与客户接触的人员，所以应该强调他们的作用。由于饲料交叉污染所固有的危害，全力避免不同批次散装物料之间发生交叉污染非常必要。最需牢记的是，当一批含有药物或微量成分添加剂的饲料与另一种不同的日粮相混合时，就有可能产生毒害作用。要注意避免同一辆卡车内不同分隔间内饲料之间的交叉污染。可采取如下预防措施将交叉污染或送错饲料的危险性降低到最小。

1. 车辆应定期检查，发现问题及时进行调整或修理。所有的分隔间密闭良好和修理完好，以避免饲料漏到相邻的分隔间中。

2. 在装料之前，应检查车辆的清洁情况。清除从料仓、绞龙或气闸来的上批产品的残留，所有的料仓门应关严。

3. 发放仓的饲料量应列在重量单上。当饲料装车时，应用肉眼检查，确保装入的饲料与所要求的饲料相像，并且符合规定的物理特性。

4. 特定的饲料应进入特定的卡车分隔间中。卡车分隔间的数目应准确地记录在重量单上，每种饲料的认定标签应随饲料一起运输。

5. 如果正在装运饲料的特性或质量出现问题，装卸人员或卡车司机应立即停止装料操作，直到问题充分解决为止。

6. 在饲养场，司机应保证让特定的饲料装进重量单上指定的料仓中。饲料之间不应该发生交叉污染，并具有理想的物理特性。

7. 司机应记录饲养场用户明显误用饲料或可能影响饲料质量的不符合常规的事情，如料仓盖的损坏或料仓泄漏。

第九章
生态养殖场饲料卫生控制

　　饲料是动物的食物，而动物产品是人类的食物，所以饲料是人类的间接食品，与人民生活水平和身体健康息息相关。饲料中的各种营养物质为维持动物正常生命活动和最佳生产性能所必需。但是，饲料在生长（饲用植物）与生产、加工、贮存、运输等过程中可能出现某些有毒有害物质，它们对动物会带来多种危害和不良影响，轻者降低饲料的营养价值，影响动物的生长和生产性能；重者引起动物急性或慢性中毒，甚至死亡。而且饲料中的有毒物质有相当一部分可以通过食物链（Food Chain）对人体的健康产生有害的影响。饲料也是众多病原菌、病毒及毒素（如沙门氏菌、大肠杆菌、黄曲霉毒素等）的重要传播途径。环境中的有毒有害物质通过食物链进入畜禽体内被富集，再通过畜禽产品的形式进入人体，人往往是终端生物富集者。一部分农药、兽药、各种添加剂、激素、放射性元素等，通过饲料和饲养过程危害畜禽，并在畜产品中残留而危害人体，从而引起微生物产生耐药性或引起人过敏而带来公共卫生上的问题。因此，有必要通过立法、建立饲料质量控制体系及产品认证等措施，逐级控制和减少有毒有害物质对畜禽产品的污染以保证饲料安全，否则由畜禽产品引起的公害给人类带来的隐患将难以估量。

第一节　饲料源性有毒有害物质

　　饲料源性有毒有害物质是指来源于动物性饲料、植物性饲料、矿物质饲料和饲料添加剂中的有害物，包括饲料原料本身存在的抗营养因子，以及饲料原料在生产、加工、贮存、运输等过程中发生理化变化产生的有毒有害物质。不同来源的有毒有害物质对动物健康影响程度及影响机理不同，采取的控制措施也有所不同。

一、植物性饲料中的有毒有害物质

　　饲用植物是家畜的主要饲料来源。但在有些饲用植物中，存在一些对动物不仅无益反而有毒、有害的成分或物质。这类有毒物质是植物在长期进化和适应环境的过程中，通过遗传、变异和选择，在植物体中存留下来的、对自身生存繁殖所必需的一些物质，它们为植物所固有并通过亲代遗传下来。

　　饲用植物中已知的有毒化学成分或抗营养因子，大致可以分类为：生物碱、苷类、非蛋白氨基酸、毒肽与毒蛋白、酚类及其衍生物、有机酸、非淀粉多糖、硝酸盐及亚硝酸盐、胃肠胀气因子、抗维生素因子等。

　　1. 生物碱（Alkaloids）　是一类存在于生物体内的含氮有机化合物，有类似碱的性质，能和酸结合生成盐。生物碱广泛分布于植物界，至少已在 130 科的植物中发现有生物碱的存在。

（1）在植物体中的存在形式　在植物细胞中，除少数极弱碱性生物碱如秋水仙碱类以外，所有的生物碱都以与酸结合成盐的形式存在，常见的酸有柠檬酸、酒石酸、苹果酸、草酸、琥珀酸等有机酸。

（2）在植物体内的分布　生物碱在植物体组织各部分都可能存在，但往往集中在某一部分或某一器官。一般来说，生物碱多存在于植物生长最活跃的部分，如子房、新发育的细胞、根冠、木栓形成层以及受伤组织的邻近细胞中。其次分布于表皮组织，如叶表皮细胞、毛茸、根毛等，其他如维管束内的细胞及其周围组织中，也都有存在。

（3）毒性　生物碱是植物有毒成分中占很大比例的一类化学成分，它们对动物具有强烈的生物活性。许多生物碱是常用的药物，同时也是重要的毒物。生物碱种类繁多，具有多种毒性，特别是具有显著的神经系统毒性与细胞毒性，如紫云英属植物所含吲哚里西定类生物碱——苦马豆碱或八氢吲嗪三醇（Swainsonine）是一类特殊或强效的甘露糖酶抑制剂，能使家畜产生甘露糖病。

2. 苷类（Glycosides）　又称配糖体，它是糖或糖醛酸等与另一非糖物质通过糖的端基碳原子连接而成的化合物。其中非糖部分称为苷元或配基（Aglycone），其连接的键称为苷键。饲料中可能出现有毒有害物质的苷类有氰苷、硫葡萄糖苷和皂苷。

（1）氰苷　广泛存在于植物中，是指一类 α 羟腈的苷。在植物界约有 2000 多种生氰植物。生氰植物是指能在体内合成生氰化合物，经水解后释放氢氰酸的植物。

①合成及水解　生氰植物在体内合成氰苷的过程见图 9-1。

$$\text{氨基酸} \rightarrow \text{N-羟基氨基酸} \rightarrow \text{醛肟} \rightarrow \text{腈} \rightarrow \alpha \text{羟腈} \begin{array}{l} \nearrow \text{生氰糖苷} \\ \searrow \text{生氰酯} \end{array}$$

图 9-1　生氰植物在体内合成氰苷的过程

不同的氨基酸可以产生不同的氰苷，饲料中最常见的氰苷有亚麻苦苷（Linamarin），是由 L-缬氨酸形成的，百脉根苷（Lotaustralin）是由 L-异亮氨酸形成的，蜀黍苷则是由 L-酪氨酸形成的。氰苷的水解通常由酶催化进行，在含氰苷的植物中，都存在 β 葡萄糖苷酶（β-glucosidase）和醇腈酶（Oxynitrilase）。在完整的植物体内，氰苷与其水解的酶在空间上是隔离的，即二者存在于植物体同一器官的不同细胞中。因此，在生活期间的植物体内，氰苷不会受到水解酶的作用，不存在游离的氢氰酸。只有当植物体完整的细胞受到破坏或死亡后，使氰苷与其水解酶接触时，水解反应才会迅速地进行。

②氰苷的毒性　氰苷本身不表现毒性，但含有氰苷的植物被动物采食、咀嚼后，植物组织的结构遭到破坏，在有水分和适宜的温度条件下，氰苷经过与共存酶的作用，水解产生氢氰酸（HCN）而引起动物中毒。单胃动物由于胃液呈强酸性，影响氰苷共存酶的活性，所以氰苷的水解过程多在小肠进行，中毒症状出现较晚。反刍动物由于瘤胃微生物的活动，可在瘤胃中将氰苷水解产生氢氰酸，中毒症状出现较早。氢氰酸急性中毒发病较快，反刍动物在采食 15～30min 后即可发病，单胃动物多在采食后几小时呈现症状，主要症状为呼吸快速且困难，呼出苦杏仁味气体，随后全身衰弱无力，行走站立不稳或卧地不起，心律失常。中毒严重者最后全身阵发性痉挛，瞳孔散大，因呼吸麻痹而死亡。

③脱毒与利用　氰苷可溶于水，经酶或稀酸可水解为氢氰酸。氢氰酸的沸点低（26℃），加热易挥发，故一般采用水浸泡、加热蒸煮等办法脱毒。磨碎和发酵对去除氢氰酸也有作用。

应用含氰苷的饲料时，应限量饲喂，如木薯块根在配合饲料中的用量一般以 10％为宜，也可通过培育低毒品种控制饲料中氰苷的含量。

（2）硫葡萄糖苷

①种类与含量　硫葡萄糖苷（Glucosinolate）是一类葡萄糖衍生物的总称，广泛存在于十字花科、白花菜科等植物的叶、茎和种子中。

硫葡萄糖苷分子由非糖部分和葡萄糖部分通过硫苷键连接而成，其中 R 基团是硫葡萄糖苷的可变部分，随着 R 基团的不同，硫葡萄糖苷的种类和性质也不同。

油菜植株的各部分都含有硫葡萄糖苷，以种子中含量最高，集中在种子的子叶和胚轴中，其他部分较少。不同器官中含硫葡萄糖苷的顺序为种子＞茎＞叶＞根。

不同类型油菜种子中，硫葡萄糖苷的含量各不相同。徐义俊等（1982）对中国油菜品种进行了分析，大部分品种的硫葡萄糖苷含量在 3％～8％，甘蓝型油菜含量范围为1.10％～8.62％，白菜型油菜含量范围为 0.97％～6.25％，芥菜型油菜含量范围为2.73％～6.03％，同样类型中，春油菜硫葡萄糖苷含量都低于冬油菜。

②硫葡萄糖苷的降解　在含有硫葡萄糖苷的植物中，都含有与该糖苷共存的酶，称为硫葡萄糖苷酶（Glucosinolase）或称为芥子酶（Myrosinase）。油菜籽在榨油加工过程中或被动物摄入后，硫葡萄糖苷酶与硫葡萄糖苷接触而使其水解产生葡萄糖、硫酸氢根离子及苷。因降解条件不同，苷可降解为硫氰酸酯、异硫氰酸酯（Isothiocyanate，ITC）或脱去硫原子形成腈（Nitrile，CN），某些 R-基团含有羟基的 ITC 可自动环化为噁唑烷硫酮（Oxazolidine Thione，OZT）。

③硫葡萄糖苷降解产物的毒性　硫葡萄糖苷本身并不具有毒性，只是其水解产物有毒性。硫氰酸酯、异硫氰酸酯和噁唑烷硫酮可引起甲状腺形态学和功能的变化。例如，异硫氰酸酯和硫氰酸酯中的硫氰离子（SCN^-）与碘离子（I^-）的形状和大小相似的单价阴离子，在血液中含量多时，可与 I^- 竞争，而浓集到甲状腺中去，抑制了甲状腺滤泡浓集碘的能力，从而导致甲状腺肿大。噁唑烷硫酮的致甲状腺肿大作用与硫氰酸酯不同，它是通过抑制酪氨酸的碘化，使甲状腺生成受阻，同时干扰甲状腺球蛋白的水解，进而影响甲状腺素的释放。腈主要引起动物肝脏、肾脏肿大和出血。硫葡萄糖苷在较低的温度及酸性条件下酶解时会有大量的腈生成，大多数腈进入体内后通过代谢迅速析出氰离子（CN^-），因而对机体的毒性比 ITC 和 OZT 大得多。

④脱毒及利用　培育"双低"油菜品种是解决菜籽饼粕去毒和提高其营养价值的根本途径。"双低"油菜是指油菜籽中硫葡萄糖苷和芥酸含量均低的品种。加拿大在全国范围内实现油菜"双低"化，其饼粕中硫葡萄糖苷含量仅为一般油菜饼粕含量的 1/10 左右。在中国，"双低"油菜品种的选育工作也有了很大进展，已开始在全国推广。

通过改进制油工艺、饼粕脱毒、控制饲喂量都可控制硫葡萄糖苷降解产物对动物的毒性。国外研究了在预榨浸出制油以前，先灭活菜籽中芥子酶的新工艺。我国采用先蒸炒整粒油菜籽使芥子酶灭活，然后再去壳和预榨浸出制油的工艺比较合适。

菜籽饼粕的脱毒方法中以含水乙醇浸出法、化学添加剂处理法较好。

菜籽饼粕的安全限量与菜籽品种、加工方法、饲喂动物的种类和生长阶段有关。一般来说，蛋鸡、种鸡为5%，生长鸡、肉鸡为10%～15%，母猪、仔猪为5%，生长肥育猪为10%～15%。

（3）皂苷　皂苷由皂苷元（Sapogenins）和糖、糖醛酸或其他有机酸组成，广泛存在于植物的叶、茎、根、花和果实中。

①分类和理化性质　按照皂苷水解后生成的皂苷元的化学结构，可将皂苷分为甾体皂苷（Steroidal Saponins）和三萜皂苷（Triterpenoid Saponins）2大类。各种饲用植物如苜蓿、油茶籽饼、大豆中的皂苷均为三萜皂苷。皂苷多具苦味和辛辣味，影响适口性，皂苷一般溶于水，有很高的表面活性，其水溶液经强烈振摇产生持久性泡沫，且不因加热而消失。

②生物活性和毒害作用

A. 降胆固醇作用　皂苷能与胆固醇结合生成不溶于水的复合物，可以减少胆固醇在肠道的吸收，因而具有降低血浆中胆固醇含量的作用。反刍动物摄入皂苷后不会降低血浆及组织中的胆固醇含量，因皂苷在瘤胃中受微生物的作用而发生了变化。

B. 溶血作用　皂苷水溶液能使红细胞破裂，具溶血作用。一般认为溶血作用与皂苷和红细胞膜中胆固醇的相互作用有关。将皂苷水溶液注射入血液，低浓度时即产生溶血作用，但皂苷经口摄入时无溶血毒性。

C. 臌气作用　当反刍动物大量采食新鲜苜蓿时，由于皂苷具有降低水溶液表面张力的作用，可在瘤胃中和水形成大量的持久性泡沫夹杂在瘤胃内容物中。当泡沫不断增多，阻塞贲门时，嗳气受阻，导致瘤胃臌气。

D. 毒鱼作用　皂苷对鱼类、软体动物等冷血动物有很强的毒性，致死量每千克体重为100mg。

3. 非蛋白氨基酸、毒肽和毒蛋白

（1）非蛋白氨基酸　饲用植物中，有些氨基酸不是组成一般蛋白质的成分，称为非蛋白质氨基酸（Nonprotein Amino Acids）。在正常情况下，动物机体中不存在这些氨基酸，一旦被摄入机体后，由于这些"异常"氨基酸与正常的蛋白质氨基酸的化学结构类似，可成为后者的抗代谢物，从而引起多种类型的毒性作用。

（2）毒肽和毒蛋白　植物中天然存在一些肽类化合物，包括一些呈环状结构的多肽。它们具有特殊的生物活性或强烈的毒性。通常将这些具有一定毒性的肽类和蛋白质类化合物分别称为毒肽和毒蛋白。饲用植物中，影响较大的毒蛋白是植物红细胞凝集素（Haemagglutinin）、胰蛋白酶抑制剂（Trypsin-inhibitor，TI）和脲酶（Urase）。

①植物红细胞凝集素　它是一类可使红细胞发生凝集作用的蛋白质。这种凝集素在作物中普遍存在，尤其多存在于豆科作物种子中。不同豆科植物种子中的凝集素对红细胞的凝集活性不同，如以大豆的凝集活性按100%计，则豌豆为10%，蚕豆为2%，豇豆和羽扇豆几乎为零。大豆粉中约含有3%的凝集素。植物凝集素降低饲料中营养物质在消化道的吸收率，使动物的生长受到抑制或停滞，甚至还可呈现其他毒性。

凝集素不耐热，只要对饲料进行充分的热处理，使凝集素灭活或破坏，就不会危害动物。在常压下蒸汽处理1h，便可使凝集素完全破坏。凝集素在湿热处理时较干热处理时容易破坏。

②蛋白酶抑制剂　在自然界已发现数百种蛋白酶抑制剂，其中对动物营养影响最大的是胰蛋白酶抑制剂。胰蛋白酶抑制剂中又以 Kunitz 胰蛋白酶抑制剂和 Bowman-Birk 胰蛋白酶抑制剂最为重要。胰蛋白酶抑制剂主要存在于大豆、豌豆、菜豆和蚕豆等豆科籽实及其饼粕中。Kunitz 胰蛋白酶抑制剂主要含于大豆中，而 Bowman-Birk 胰蛋白酶抑制剂主要含于菜豆和豌豆中。大豆中 Kunitz 和 Bowman-Birk 胰蛋白酶抑制剂的平均含量分别为 1.4% 和 0.6%。胰蛋白酶抑制剂具有抗营养作用，主要表现为降低蛋白质利用率、抑制动物生长和引起胰腺肥大。蛋白酶抑制剂抑制动物生长的原因，一般认为是由于它能抑制肠道中蛋白水解酶对饲料蛋白质的分解作用，从而阻碍动物对饲料蛋白质的消化利用，导致生长减慢或停滞。蛋白酶抑制剂都是一些糖蛋白，对热不稳定，充分加热可使之失活，从而消除其抗营养作用。但过度加热会使一些营养物质如氨基酸、维生素受到破坏，故应适度加热。加热处理的方法可采用湿加热法和干加热法，一般认为湿加热法较为有效，可采用常压蒸气加热 30min。

③脲酶　生大豆中脲酶活性很高，本身对动物生产无影响，若和尿素等非蛋白氮同时使用饲喂反刍动物，会加速尿素等分解释放的氨，进而引起氨中毒。脲酶不耐热，脲酶和胰蛋白酶抑制因子在加热时能以相近的速率变性，且脲酶活性容易测定，故常用其活性来判断大豆蛋白加热强度及胰蛋白酶抑制因子被破坏的程度。

4. 酚类衍生物、酚类（Phenol）　是芳香族环上的氢原子被羟基或功能衍生物取代后生成的化合物。植物中酚类成分非常多，其中与饲料关系较为密切的有棉酚和单宁。

（1）棉酚（Gossypol）　是棉籽中色素腺体所含的一种黄色多酚色素，分子式为 $C_{30}H_{28}O_6$，含量约占棉饼干物质量的 0.03%，并以结合或游离 2 种状态存在。通常将棉酚和氨基酸或其他物质结合的棉酚称结合棉酚，把具有活性羟基和活性醛基的棉酚称游离棉酚。结合棉酚无毒，游离棉酚对动物可产生毒害作用。

①游离棉酚的毒性　棉酚主要由其活性醛基和活性羟基产生毒性和引起多种危害。棉酚被家畜摄入后，大部分在消化道中形成结合棉酚由粪中直接排出，只有小部分被吸收。游离棉酚的排泄比较缓慢，在体内有明显的蓄积作用，因而长期采食棉籽饼会引起慢性中毒，其毒害作用有如下几个方面：

A. 游离棉酚是细胞、血管和神经的毒物　棉酚进入消化道后，可刺激胃肠黏膜，引起胃肠炎。吸收入血后，增强血管壁的通透性，促使血浆和血细胞向周围组织渗透，使受害组织发生浆液性浸润、出血性炎症和体腔积液。游离棉酚易溶于脂质，能在神经细胞中积累而使神经系统的机能发生紊乱。

B. 降低棉籽饼中赖氨酸的利用率　在棉籽榨油过程中，由于受湿热的作用，游离棉酚的活性醛基可与棉籽饼粕中的赖氨酸的 ε 氨基结合，降低棉籽饼中赖氨酸的可利用率。

C. 影响雄性动物的生殖机能　游离棉酚能破坏睾丸的生精上皮，导致精子畸形、死亡、甚至无精子。因此，游离棉酚降低繁殖力，甚至造成公畜性不育。

D. 干扰动物体正常的生理机能　游离棉酚在体内可与许多功能蛋白质和一些重要的酶结合，使它们丧失正常的生理功能。

E. 影响鸡蛋品质　产蛋鸡饲喂棉籽饼粕时，产出的蛋经过一定时间的贮藏后，蛋黄中的铁离子与游离棉酚结合，形成黄绿色或红褐色的复合物。当饲粮中含游离棉酚为 50mg/kg 时，蛋黄就会变色。

②去毒措施　在解决棉籽及棉籽饼粕去毒问题时，为保存棉籽蛋白质的生物学价值或氨基酸的有效性，应从多方面着手，包括培育和推广无腺体棉花品种，改进棉籽的加工工艺，对含毒量高的棉籽饼在饲喂前进行脱毒处理等：

A. 培育无腺体棉花的品种　中国 20 世纪 70 年代曾引进国外无腺体棉籽品种，现已培育出适合中国自然条件的无腺体棉籽品种，这种无腺体棉籽饼粕中游离棉酚含量在 0.04% 以下。

B. 改进棉籽的加工工艺与技术　现行的传统加工工艺，由于强烈的湿热处理，棉籽中的游离棉酚与蛋白质等结合形成结合棉酚，使棉籽中蛋白质的消化率和赖氨酸的有效性降低。为了在制油工艺中排除游离棉酚并保持棉籽饼蛋白质的品质，采取先压后浸法，即先将料坯轻度蒸炒（蒸炒温度低，结合棉酚形成少，赖氨酸损失也少），用自动螺旋机榨出大部分棉籽油（大部分游离棉酚随棉籽油排出），然后再用有机溶剂将剩余棉籽油从油粕中浸提出来。这种制油工艺可达到既充分提净游离棉酚，又可保持棉籽饼粕营养价值的效果。

C. 棉籽饼粕的脱毒处理　对于棉酚含量超过 0.1% 的棉籽饼，尤其是土榨棉籽饼，应进行脱毒处理。一般采用的方法有：硫酸亚铁法、碱处理法、加热处理法和微生物发酵去毒法。其中硫酸亚铁去毒法是目前国内外普遍采用的方法，其原理是硫酸亚铁中的 Fe^{2+} 能与棉酚螯合，使棉酚中的活性醛基和羟基失去作用。亚铁离子与游离棉酚结合为等摩尔，但由于铁离子与游离棉酚的结合受到粉碎程度、混合均匀度等因素的影响，因此添加的 Fe^{2+} 与游离棉酚的比例一般高于 1：1，以保证 Fe^{2+} 与游离棉酚充分结合。但铁量不宜过高，一般认为饲粮中铁离子总量不得超过 500mg/kg。形成的棉酚-铁复合物在动物消化道内难以吸收，排出体外。

③合理利用　一般含游离棉酚 0.06%～0.08% 的机榨或预压浸出的棉籽饼粕，可不经去毒处理，直接与其他饲料配合使用，在生长肥育猪、肉鸡饲粮中可占 10%～20%，母猪及产蛋鸡饲粮中可占 5%～10%。游离棉酚含量超过 0.1% 的棉籽饼应去毒后用作饲料，但应小心使用。用棉籽饼作饲料时，饲粮蛋白质含量最好稍高于规定的饲养标准。由于棉籽饼粕中赖氨酸的含量和利用率均低于豆饼，故补充合成赖氨酸或适量的鱼粉、血粉均可获得较好的效果。

（2）单宁（Tannin）　又称鞣质，是广泛存在于各种植物组织中的一种多元酚类化合物。植物单宁的种类繁多，结构和属性差异很大。通常分为可水解单宁（Hydrolysable Tannins）和结晶单宁（Condensed Tannins）两大类。

可水解单宁由没食子酸、双倍酸（间二没食子酸）或六羟二酚酸等多酚体以碳水化合物（如葡萄糖）为中心酯化而成。结晶单宁是儿茶素或其他异黄酮的寡聚体。谷物饲料中高粱籽粒的单宁含量较高，含量因品种不同而变动范围很大，中国高粱（3039 个样品）的单宁平均含量为 0.982%，变幅为 0.03%～3.274%。高粱单宁主要存在于种皮中，且含量与种皮颜色呈正相关。羽扇豆（Lupin）、蚕豆（Faba Bean）和香豌豆（Chick Bean）等豆科籽实以及红豆草（Sainfoin）、百脉根（Lotus）、胡枝子和沙打旺等豆科牧草中均含较高的单宁。

①理化性质　单宁与蛋白质发生多种交联反应，与胶体蛋白质结合形成不溶性的复合物，使蛋白质从分散体系中沉降出来；与高铁盐发生颜色反应，呈现蓝色或绿色；与某些

生物碱作用生成沉淀；与维生素、果胶、淀粉及无机盐金属离子作用，生成复合体。

②抗营养作用　单宁的抗营养作用包括：

A. 生成不溶性物质。单宁与在口腔起润滑作用的糖蛋白结合，形成不溶物，产生苦涩味，影响动物的采食量。单胃动物较为敏感，饲料中结晶单宁的含量一般不能超 1%；反刍动物对饲料中的单宁含量有较高的耐受力，但单宁含量过高，反刍动物的采食量也呈下降趋势。

B. 抑制消化酶活性。可水解单宁和结晶单宁均能明显抑制单胃动物体内胰蛋白水解酶、β葡萄糖苷酶、α淀粉酶、β淀粉酶和脂肪酶活性，因而降低饲料中干物质、能量和蛋白质以及大多数氨基酸的消化率。

C. 增加内源氮损失。单宁与消化道黏膜蛋白结合，形成不溶性复合体排出体外，使内源氮排泄量增加。

D. 降低氨基酸利用率。无论可水解单宁还是结晶单宁，都可发生甲基化反应。甲基化增强了对甲基供体（蛋氨酸和胆碱）的需求，使蛋氨酸成为第一限制性氨基酸，降低其他氨基酸的利用效果。

③控制单宁危害的措施　除控制含单宁原料在饲粮中的用量外，对于高粱，用脱壳的方法可除去其中大部分单宁，也可通过配制高蛋白饲粮或在饲粮中添加胆碱和蛋氨酸等甲基供体来克服单宁产生的不利影响。在饲粮中添加能与单宁结合的化学物质如聚乙烯基吡咯烷酮（PVP）和聚乙二醇（PEG）等高分子聚合物，可以结合单宁，使单宁失去结合蛋白质的能力。用石灰水溶液浸泡处理，可使单宁与钙、铁等离子结合，降低单宁与蛋白质结合的能力。

5. 有机酸　有机酸广泛存在于植物的各个部位，但以游离形式存在的不多，而多数是与钾、钠、钙等阳离子或生物碱结合成盐而存在，也有结合成酯存在。在这一类物质中，抗营养作用较强的有草酸、植酸和环丙烯类脂肪酸。

（1）草酸（Oxalic Acid）　又名乙二酸，以游离态或盐类形式广泛存在于植物中。在植物组织中，草酸盐大部分以酸性钾盐、少部分以钙盐的形式存在，前者为水溶性，后者为不溶性。

①对动物的危害　草酸盐在消化道中能和二价、三价金属离子如钙、锌、镁、铜和铁等形成不溶性化合物，不易被消化道吸收，因而降低这些矿物质元素的利用率。大量草酸盐对胃肠黏膜有一定的刺激作用，可引起腹泻，甚至引起胃肠炎。

可溶性的草酸盐被大量吸收入血后，能与体液和组织内的钙结合成草酸盐的形式沉淀，导致低钙血症，从而严重扰乱体内钙的代谢。当长期摄食可溶性草酸盐，草酸盐从肾脏排出时，由于形成的草酸钙结晶在肾小管腔内沉淀，可导致肾小管阻塞性变性和坏死。长期摄食含钙量低、含草酸盐多的饲料时，尿中草酸盐排出量增多，从而使尿道结石的发病率增高。

②控制措施　为了预防草酸盐中毒，可在饲料中添加钙剂。此外，将青饲料用水浸泡，用热水浸烫或煮沸，可除去水溶性草酸盐。

（2）植酸（Phytic Acid）　是肌醇六磷酸的别名，化学名称为环己六醇磷酸酯，分子式为 $C_6H_{18}O_{24}P_6$，相对分子质量 660.08。

①植酸的性质与分布　植酸为淡黄色或淡褐色的黏稠液体，易溶于水、95% 的乙醇、

丙酮，几乎不溶于苯、氯仿和己烷。植酸本身毒性很低，小鼠口服 LD_{50} 每千克体重为 $4200\sim4942mg$。植酸广泛存在于植物体中，其中禾谷类籽粒和油料种子中含量丰富，它是植物籽实中肌醇和磷酸的基本贮存形式。植物体中的肌醇为 M-肌醇，植酸为 M-肌醇磷酸。植酸在植物体中一般都不以游离形式存在，几乎都以复盐（与若干金属离子）或单盐（与一个金属离子）的形式存在，称为植酸盐（Phytate），或称肌醇六磷酸盐，常以钙、镁的复盐形式存在。有时也以钾盐或钠盐的形式存在，在谷物籽粒中以植酸形式存在的磷含量约占总磷量的 $60\%\sim90\%$。

②抗营养作用　植酸不仅本身所含的磷可利用性差，而且它是一种重要的抗营养因子，能影响畜禽特别是猪鸡对矿物元素和蛋白质等营养物质的消化吸收。

③消除抗营养作用的途径　单胃动物体内缺少内源性植酸酶系统，因此难以利用饲料中的植酸磷。为提高植物性饲料中植酸磷的可利用性，并降低或消除植酸对钙、锌等元素利用率的不良影响，可采取如下措施：

A. 应用植酸酶。植酸酶按其来源和作用方式分为 2 类，一种是只存在于植物籽实中的植酸酶为 6-植酸酶，它首先催化无机磷酸盐从肌醇的 6 位脱落，然后依次释放出其他磷酸，最后水解整个植酸。另一种存在于植物体，霉菌和细菌中，且需要二价镁离子（Mg^{2+}）参与催化过程的 3-植酸酶，系统名为肌醇六磷酸 3-磷酸水解酶，3-植酸酶作用于植酸盐时，首先从肌醇的 3 位上催化释放无机磷酸盐，然后再依次释放出其他部位的磷酸盐，最终水解整个植酸。

B. 维生素 D_3 与植酸酶有协同作用，可在饲粮中添加高水平的维生素 D_3。

C. 注意饲粮中的钙、磷水平与植酸酶的关系。磷水平是影响植酸酶活性的关键，植酸酶在低磷饲粮水平下效果最好，而多余的无机磷反而会抑制植酸酶的活性，饲粮无机磷含量为 0.27% 和 0.36% 时使植酸酶活性分别降低 7.5% 和 6.7%。钙水平也影响植酸酶的活性，对几个钙和总磷比值进行试验的结果表明，当钙：总磷比值从 1.4 增加到 2.0 时，植酸酶活性分别降低 7.4% 和 14.9%，当钙：总磷比值为 $1\sim1.4：1$ 时，植酸酶效率最高。

D. 应用发酵、热处理、酸处理、水浸等方法降解植酸。

（3）环丙烯类脂肪酸　棉籽油及棉籽饼残油中含有环丙烯脂肪酸（Cyclopropane Fatty Acid，CPFA），以苹婆酸和锦葵酸等为代表，这类物质是含有环丙烯核结构的脂肪酸，与 1% 硫黄的二硫化碳溶液在正丁醇存在时，加热会发生红色反应。由于这类酸是不饱和酶（脱氢酶）的阻害物，结果使血液中饱和脂肪酸含量提高，进而影响体脂肪中脂肪酸的组成，使体脂和蛋黄硬化。此外，由于卵黄中 C18：0 的增加，不仅使种蛋受精率下降，而且使卵黄磷蛋白膜通透性提高，促使卵黄中铁离子向卵白移动，导致卵白呈桃红色，使鸡蛋品质下降。

6. 非淀粉多糖　谷物中的多糖从化学上分为贮存多糖和结构多糖 2 种类型，后者通常又称为非淀粉多糖（Nonstarchpolysaccharides，NSP）。NSP 是细胞壁的重要组成成分，包括纤维素、半纤维素和果胶多糖。纤维素构成细胞壁的骨架；半纤维素为细胞壁间质的组成成分，包括阿拉伯木聚糖、β 葡聚糖、甘露糖等；果胶多糖为细胞间黏结物，包括聚半乳糖醛酸等。

（1）谷物中非淀粉多糖含量　谷物中的 NSP 主要由阿拉伯木聚糖和 β 葡聚糖组成。

大麦和燕麦中 β 葡聚糖含量较高，小麦、黑麦中阿拉伯木聚糖含量较高。谷物中阿拉伯木聚糖和葡聚糖含量见表 9-1。

表 9-1 谷物籽实中阿拉伯木聚糖和水溶性葡聚糖含量（%）

谷物籽实	阿拉伯木聚糖	葡聚糖	参考文献
小麦	6.25～6.93	0.60～0.65	亨利，1986
大麦	6.58～6.93	3.85～4.51	亨利，1986
燕麦	5.71～5.77	3.78～3.98	亨利，1986
黑麦	8.06～9.86	2.26～2.63	亨利，1986
小黑麦	6.23～7.88	0.43～0.84	亨利，1986
大米	1.00～1.35	0.09～0.11	亨利，1986
高粱	2.09	—	Hashimoto，1986

（2）对家禽的抗营养作用　非淀粉多糖可使家禽饲粮代谢能值降低，饲料转化率下降，生长缓慢，排黏性粪便。原因是阿拉伯木聚糖和 β 葡聚糖一旦溶解，便能形成具有高度黏性的溶液。小肠内溶物黏度的增加可使消化酶及其底物的扩散速率下降，从而阻止它们在黏膜表面相互作用和养分的吸收。

（3）抗营养作用的消除　在小麦基础饲粮中添加酶制剂能改进饲养效果，因为 NSP 酶制剂能把黏性多糖降解成较小的聚合物，因而改变了多糖形成黏性溶液和抑制养分扩散的性质。

7. 硝酸盐及亚硝酸盐

（1）饲料中硝酸盐、亚硝酸盐的含量及影响因素　青绿饲料及树叶类饲料等都不同程度的含有硝酸盐，在新鲜的叶菜类饲料中 NO_3^- 的含量可达 2000mg/kg 以上。植物从土壤中吸收的硝酸盐在体内先被还原为亚硝酸盐（Nitrite），再由亚硝酸盐还原成氨，然后再合成有机含氮化合物。植物体内亚硝酸酶的含量比硝酸还原酶的含量要高得多，因此，亚硝酸盐含量很低，而硝酸盐含量很高。植物体内的硝酸盐含量不仅与植物的种类、品种、植株部位及生育阶段有关，而且还与土壤、肥料、水分、温度、光照等因素有关。

（2）植物体内硝酸盐积累的条件

①促进植物对硝酸盐吸收的因素　土壤肥沃或施用氮肥过多，为植物提供的硝态氮也相应增多；干旱时土壤中的硝化作用进行旺盛，这时土壤中的氮多以硝态氮的形式存在，一遇降雨植物吸收的硝态氮也就多。

②阻碍植物体内硝酸盐代谢的因素　如日照不足以及植物缺乏钼、铁等元素时，植物中硝酸盐经过代谢还原而合成蛋白质的过程受阻；天气骤变、干旱、施用某些除草剂、病虫害等都能抑制植物中同化作用的进行，降低硝酸盐还原酶的活性，导致硝酸盐积累。

（3）硝酸盐转化为亚硝酸盐的条件　自然界的很多细菌和真菌也含硝酸还原酶，能引起硝酸盐还原作用。这类细菌、真菌广泛存在于土壤、水等外界环境中，一般将它们称为硝酸盐还原菌。青绿饲料在采摘收获后，植物组织受伤，细胞碎裂，释放出硝酸还原酶，使硝酸盐还原为亚硝酸盐。当青绿饲料在长期堆放和小火焖煮时，侵入的硝酸盐还原菌迅速繁殖，从而使大量硝酸盐还原为亚硝酸盐。反刍动物采食新鲜青绿饲料后，其中硝酸盐经瘤胃微生物的作用，也可转化为亚硝酸盐。

（4）硝酸盐、亚硝酸盐的毒性与危害

①引起亚硝酸盐急性中毒　亚硝酸盐吸收入血后，亚硝酸离子与血红蛋白相互作用，使正常的血红蛋白氧化成高铁血红蛋白。在正常机体内，红细胞内具有一系列酶促和非酶促的高铁血红蛋白还原系统，故正常红细胞内高铁血红蛋白只占血红蛋白总量的 1％左右。但机体大量摄入亚硝酸盐时，红细胞形成高铁血红蛋白的速度超过还原的速度，高铁血红蛋白大量增加，出现高铁血红蛋白血症，从而使血红蛋白失去携氧功能，引起机体组织缺氧。当动物体内高铁血红蛋白占血红蛋白总量的 20％～40％时，出现缺氧症状，占 80％～90％时，引起动物死亡。

亚硝酸盐对动物的毒害程度，主要取决于被吸收的亚硝酸盐的数量和动物本身高铁血红蛋白还原酶系统的活性。羊能迅速地将高铁血红蛋白还原为血红蛋白，牛较慢，猪和马更慢。

②慢性中毒　母畜长期采食硝酸盐、亚硝酸盐含量较高的饲料后，可引起受胎率降低，并因胎儿高铁血红蛋白血症，导致死胎、流产或胎儿吸收；硝酸盐含量高时，可使胡萝卜素氧化，妨碍维生素 A 的形成，从而使肝脏中维生素 A 的贮量减少，引起维生素 A 缺乏症；硝酸盐和亚硝酸盐可在体内争合成甲状腺素的碘有致甲状腺肿的作用，参与致癌物 N-亚硝基化合物的合成。亚硝酸盐在一定条件下可与仲胺或酰胺形成 N-亚硝基化合物，这类化合物对动物是强致癌物。

（5）预防措施

①通过作物育种，选育低富集硝酸盐品种。

②在种植青绿饲料时，适量施用钼肥，减少植物体内硝酸盐的积累。临近收获或放牧时，控制氮肥的用量，减少硝酸盐的富集。

③注意青绿饲料的调制、饲喂及贮存方法。叶菜类青绿饲料应新鲜生喂或大火快煮，凉后即喂，不要小火焖煮久置。青绿饲料收获后应存放于干燥、阴凉通风处，不要堆压或长期放置。

④反刍动物采食硝酸盐含量高的青绿饲料时，喂给适量含有易消化糖类的饲料，以降低瘤胃 pH，抑制硝酸盐转化为亚硝酸盐的过程，并促进亚硝酸盐转化为氨，从而防止亚硝酸盐的积累。

8. 胃肠胀气因子（Flatulence Factor）　指大豆中含有的低碳糖－棉籽糖和水苏糖。人和动物肠道中缺乏分解二者的酶，当它们进入大肠后，被肠道微生物分解，产生大量的二氧化碳和氢气及少量的甲烷，从而引起肠道胀气，并导致腹痛、腹泻、肠鸣等。胃肠胀气因子耐热，但可溶于水和 80％的酒精。

9. 抗维生素因子　有些化合物在化学结构上与某种维生素类似，它们在动物代谢过程中可与该种维生素竞争并取而代之，从而干扰动物对该种维生素的利用，引起维生素缺乏症。如豆科植物中的脂氧合酶可以破坏维生素 A，生大豆中有抗维生素 D 因子，生菜豆中有抗维生素 E 因子，高粱中有抗烟酸因子，草木樨中有抗维生素 K 因子等。

二、动物性饲料中的有毒有害物质

动物性饲料中存在的有毒有害物质因原料种类、加工、贮藏条件不同而有很大差异，对动物健康影响较大的有以下几种。

1. 过氧化物 过氧化物是含有过氧基的化合物。油脂和某些脂肪含量高的动物性饲料如鱼粉、蚕蛹等很容易受到氧化而发生酸败。因此，当这类原料贮存不当时，不饱和脂肪酸受空气中氧的作用生成过氧化物，这些过氧化物及其分解产物严重影响动物性饲料的适口性和饲喂效果。

（1）过氧化物来源 饲料中的脂肪在贮藏过程中，在有氧气条件下会自发地发生氧化生成过氧化物，其过程一般可分为如下 3 期：

①引发期 指油脂受光照、温度、金属离子等作用，脂肪酸中与双键相邻的亚甲基碳原子上的碳氢键发生均裂，生成游离基和氢原子。

$$RH \longrightarrow R \cdot + H \cdot$$

②增殖期 游离基一旦形成，就迅速吸收空气中的氧，生成过氧化游离基。

$$R \cdot + O_2 \longrightarrow ROO \cdot$$

由于过氧化游离基极不稳定，可夺走另一个不饱和脂肪酸分子中与双键相邻的亚甲基上的一个氢原子，生成氢过氧化物。同时，被夺走氢原子后的不饱和脂肪酸，又形成新的游离基（R）。

$$RH + ROO \longrightarrow ROOH + R$$

新生成的游离基 R 又不断与 O_2 结合，形成新的过氧化游离基（ROO）。而此 ROO 又和 1 个脂肪酸发生反应生成氢过氧化物（ROOH）和又 1 个新的游离基（R·）。该反应不断进行下去，结果使 ROOH 不断增加，新的 R·不断产生。

③终止期 各种游离基相互撞击结合成二聚体、多聚体，使反应终止。

$$R \cdot + R \cdot \longrightarrow RR$$
$$R \cdot + ROO \longrightarrow ROOR$$
$$ROO + ROO \longrightarrow ROOR + O_2$$

氢过氧化物极不稳定。当增至一定程度时就开始分解，可分解成 1 个烷氧游离基和 1 个羟基游离基，烷氧游离基（RO·）则进一步反应生成醛类、酮类、酸类、醇类、环氧化物、碳氢化物、内酯等。

$$ROOH \longrightarrow RO \cdot + \cdot OH$$

（2）对动物危害 氧化酸败的结果既降低了脂肪的营养价值，也产生不适宜的气味，恶臭引起动物采食量下降，同时增加饲料中抗氧化物质的需要量，并且肠道受到刺激，引起胃肠道微生物区系发生变化，使动物胃肠道发炎或引起消化紊乱。

①影响饲料适口性 过氧化物进一步降解产物如醛、酮类化合物是难闻的有异臭味的物质，当饲料中含量达 1mg/kg 时，畜禽就能嗅出，因此造成饲料的适口性下降，而导致畜禽采食量降低。

②降低饲料营养价值 饲料中脂类氧化产生的过氧化物使饲料中的维生素 A、维生素 D、维生素 E 和维生素 K 遭到破坏，过氧化物使消化酶如胰蛋白酶、胃蛋白酶失活，同时与蛋白质分子中许多活性氨基酸残基起反应，尤其是含硫氨基酸，导致蛋白质聚合，蛋白质溶解度降低，利用率下降。

③干扰机体代谢 过氧化物可破坏机体酶系中的琥珀酸氧化酶、核糖核酸酶、细胞色素氧化酶等重要酶系，干扰细胞内的三羧循环、氧化磷酸化，使细胞内能量代谢发生障碍，产生细胞内窒息；影响正常的新陈代谢；

④影响动物免疫功能 过氧化物降解产物物能使免疫球蛋白生成下降，免疫机能降低，动物患病的概率增加，还可使体内抗氧化酶失活，降低机体抗氧化能力。

（3）预防措施

①慎重选择饲料原料 饲料原料对于饲料的氧化酸败具有重要的影响，尤其是饲料当中脂类物质的种类、含量以及脂类本身的不饱和程度。油脂的不饱和程度越高，精炼程度越低，则越容易发生氧化酸败。饲料原料经过制粒或氢化可有效降低饲料氧化酸败的可能性。

②合理确定微量元素和维生素的添加量 微量元素 Fe、Cu 和 Zn 等对于促进动物的生长，保证动物的健康具有积极的作用，但同时这些金属离子又是脂类自动氧化的良好催化剂和抗氧化剂的颉颃因子。在制作饲料配方时，既要考虑微量元素的营养作用，又要考虑其对饲料保存的影响，合理配比，找到微量元素最适添加剂量。在饲料中添加维生素 A、维生素 E 和维生素 C 能有效地保护脂肪免受氧化。维生素 E 可以通过中和过氧化反应链所形成的游离基和阻止自由基的生成使氧化链中断，从而防止脂质的过氧化和由此引起的一系列损害。维生素 C 是氧去除剂，并可使主要的抗氧化剂再生，而 β 胡萝卜素是单氧清除剂。

③合理添加适量抗氧化剂 抗氧化剂按其作用机理可分为链终止型抗氧化剂和预防型抗氧化剂两大类。添加抗氧化剂可有效阻止脂类氧化酸败，而添加剂量和种类是油脂稳定性的决定因素。抗氧化剂的最佳使用浓度为 0.02%，过高或过低都会导致油脂的不稳定性增加（醌类抗氧化剂除外）。在生产中常用的是山道喹（EMQ）、叔丁基对羟基茴香醚（BHA）和叔丁基羟基甲苯（BHT）。

2. 肌胃糜烂素（Gizzerosine） 鱼粉加工温度过高、时间过长或运输、贮藏过程中发生的自然氧化过程，都会使鱼粉中的组胺与赖氨酸结合，产生肌胃糜烂素。

（1）肌胃糜烂素毒性 肌胃糜烂素可使胃酸分泌亢进，胃内 pH 下降，从而严重损害胃黏膜。用这种鱼粉喂鸡，常因胃酸分泌过度而使鸡嗉囊肿大，肌胃糜烂、溃疡、穿孔，最后呕血死亡，此病又称为"黑色呕吐病"。

（2）预防措施 防止肌胃糜烂素的形成，最有效的办法是改进鱼粉干燥时的加热处理工艺。此外，在鱼粉加工干燥时，预先在原料中加入抗坏血酸或赖氨酸，也能抑制肌胃糜烂素的生成。

3. 组胺（Histamine） 某些青皮红肉的海产鱼类，如鲐、青鱼、秋刀鱼、鲣、鲹、沙丁鱼、竹荚鱼、金枪鱼等含有大量游离的组氨酸，这些游离的组氨酸在组氨酸脱羧酶的催化下，可发生脱羧反应，形成组胺。有很多微生物含有组氨酸脱羧酶，当鱼类被含有较强的组氨酸脱羧酶活性的细菌污染后，鱼肉中的组氨酸经脱羧后生成组胺和类组胺物质——秋刀鱼素。当家畜采食易产生组氨的鱼类或其产品，尤其是采食不新鲜或腐败的鱼肉及其下脚料或病鱼尸体后，可引起组胺中毒。

（1）组胺毒性 组胺作为一种化学传导活性物质，在机体内影响许多细胞反应，如过敏、发炎反应，胃酸分泌等，也影响脑部神经传导。组胺与体温调节、食欲、记忆形成等功能相关。在机体外围，组胺引起痒、打喷嚏、流鼻水等现象。此外，组胺会引起毛细血管扩张和支气管收缩，产生局部水肿，影响到肠道平滑肌收缩及增加心跳等多项生理反应。

①对动物危害　组胺使家禽肌胃糜烂，溃疡及穿孔、嗉囊肿大、腹膜炎；使仔猪微动脉血管扩张，改变微血管渗透压，皮肤潮红、发生咬尾等异常行为；使鱼虾增加胃酸分泌、胃糜烂、降低摄食、肝肿大。

②对人危害　组胺中毒与人的过敏体质有关。中毒特点为发病快、症状轻、恢复快，少有死亡。组胺中毒的潜伏期一般为 $0.5\sim1h$，短者只有 5min，长者可达 4h。临床表现为皮肤潮红、结膜充血，似醉酒样；患者还有头晕、头痛、心跳加快、胸闷和呼吸急促、血压下降等症状，有时还会出现荨麻疹，个别患者会出现哮喘，患者一般体温不高，中毒者多于 $1\sim2d$ 内恢复。

（2）预防措施　为防止组胺形成，鱼从捕获至供作饲用的整个过程应予冷藏。如发生中毒，首先应催吐、导泻，以排出体内毒物。抗组胺药能使中毒症状迅速消失，可口服苯海拉明、扑尔敏，或静脉注射 10%葡萄糖酸钙，同时口服维生素 C。

4. 抗维生素 B_1 因子　抗维生素 B_1 因子即硫胺素酶（Thiaminase），它能把维生素 B_1 分解成嘧啶和噻唑或噻唑部分被其他碱基置换。该酶在贝壳类（蛤蜊、虾、蟹）、淡水鱼（鲤、泥鳅）内脏中含量较高，如果以生的状态饲喂动物或加热不充分，它们能破坏硫胺素，使动物产生硫胺素缺乏症，表现为生长明显下降、多发性神经炎等。

5. 抗生物素因子　该因子本质是一种糖蛋白，故又命名为抗生物素蛋白（Avidin），多存在于生的鸡蛋清中。它可与生物素形成不可逆结合，其结合物不能被消化和吸收，因而造成生物素的缺乏。

抗生物素蛋白对热不稳定，一般生蛋清煮沸 $3\sim5min$，其抗性便消失。

6. 蛋白酶抑制剂　生鸡蛋清中含有少量类卵黏蛋白（Ovomucoid），能抑制蛋白酶的活性。不同品种的禽类，类卵黏蛋白对蛋白酶类的抑制作用不同。例如鸡、鹅的类卵黏蛋白只抑制胰蛋白酶，而火鸡、鸭的类卵黏蛋白还可抑制糜蛋白酶。

生鸡蛋清经加热凝固后，即失去抗胰蛋白酶的活性。

7. 肉骨粉与疯牛病　疯牛病全称为"牛海绵状脑病"，是发生在牛的一种中枢神经系统进行性病变，症状与羊瘙痒病类似。病因为一种奇特的致病因子，称之为"疯牛病因子"，该因子既不是细菌，也不是病毒，而是一种异常蛋白质。在患瘙痒病的羊制成的肉骨粉中有此类蛋白，常规的疾病防制措施对疯牛病无效。疯牛病在英国发生率最高，1999年占总发病数的99%。到2000年7月，在英国有超过34000个牧场的176000多头牛感染了此病，最高发病时间是1993年，每月至少有1000头牛发病，以后其他欧洲国家也发现了本土的疯牛病。目前，全世界发生疯牛病的国家已增加到近20个，疯牛病的传播主要是由于肉骨粉的大范围出口造成的。

疯牛病属于"可传播性海绵状脑病"，可传播给人类而成为"克雅氏病"（Creutzfeldt-jakob Disease，CJD）。该病的自然发病率为百万分之一，患者年龄段为 $50\sim70$ 岁。患者表现为脑组织受损、痴呆、引起并发症而死亡。1995年以后，英国发现了"新变异型克雅氏病"（Variant Creutzfeld-jakob Disease，VCJD），患者表现出忧郁、不能行走、痴呆，最后死亡。

三、矿物质饲料中的有毒物

矿物质饲料中的有毒物主要是指矿物质饲料含有某些有毒的杂质如铅、砷、氟等，这些元素对动物都有不同程度的毒害作用。

1. 食盐 如食盐用量过多时会引起动物中毒,其主要原因是:添加的食盐混合不均匀;鸡采食 V 形食槽底部沉积的食盐结晶而引起;应用含盐量高的劣质鱼粉致使饲粮中的含盐量超过正常水平;饲喂大量酱油渣、腌肉、腌菜后的废水等。

各种动物对食盐的敏感顺序为猪、禽、马、牛及绵羊。在生产实践中较常见于猪和鸡,特别是仔猪和雏鸡。

引起食盐中毒的剂量,按每千克体重计算,猪为 $1\sim2g$,家禽为 $2g$,马和牛为 $2.2g$,绵羊为 $6g$。食盐对各种家畜的致死量(按成年个体计)为:鸡 $4\sim5g$,猪和绵羊 $100\sim250g$,马 $900\sim1400g$,牛 $1400\sim2700g$。

预防食盐中毒的措施:在饲粮中按规定量添加食盐,并与其他饲料混合均匀。饲喂富含食盐的鱼粉和酱油渣时也应将食盐含量计算在内,避免饲粮中食盐过多,并供给充足的饮水。

2. 饲料用磷酸盐类 在使用磷酸盐类矿物质饲料时,要注意其中含有的氟、铅、砷等杂质的危害。磷矿石的主要成分是磷酸钙,可补充动物所需的钙和磷。但如果用含氟量高的磷矿石长期饲喂畜禽,可引起慢性氟中毒。因此,对含氟量高的磷矿石应脱毒后再作饲料用。

3. 饲料用碳酸钙类 石粉、蛋壳粉、贝壳粉都以碳酸钙为主要成分。在使用这类矿物质饲料时应注意石粉中铅、砷等重金属元素的含量;贝壳粉是否因贝肉未除尽,加之贮存不当,堆积日久而出现发霉、腐臭等情况;蛋壳粉是否经过高温灭菌,以消除传染病源。

4. 骨粉 骨粉因产地及原料的不同,可不同程度地含有氟、铅、砷等有毒金属元素。不经脱脂、脱胶和热压灭菌而直接粉碎制成的生骨粉,因含有较多的脂肪和蛋白,易腐败变质。尤其是品质低劣、有异臭、呈灰泥色的骨粉,常带有大量病菌,用于饲料易引发疾病传播,应避免使用。

四、饲料添加剂中有毒有害物质

1. 维生素添加剂 用作饲料添加剂的维生素种类很多,在生产中可能引起动物中毒的维生素主要是维生素 A 与维生素 D,因为这 2 种维生素能在动物体内贮存,当摄入量显著多于动物的需要量时,可引起中毒。另外,当维生素制剂品质不良时,可能含有铅、砷等有毒杂质。

如果长期摄入大于代谢需要的维生素 A 或一次给予超大剂量(代谢需要量的 $50\sim500$倍),均有可能引起家畜中毒。猪每头每日摄入维生素 D 25 万 IU,持续 30d,即会出现中毒症状。雏鸡每千克饲粮中如含维生素 D 400 万 IU 即可引起中毒。因此,在使用维生素添加剂时要按需要量给予,不可过多。

2. 微量元素添加剂 应用微量元素添加剂所导致的饲料安全问题,一是添加剂产品中有毒金属杂质的含量较高,达不到饲料级产品的卫生标准要求,从而引起中毒;二是微量元素添加剂用量过多,也会危害动物健康和使其生产性能下降,严重者还会引起中毒甚至死亡。

(1)添加高铜 国内外的研究与生产实践表明,在猪饲粮中添加高剂量铜($200\sim$

250mg/kg），可明显提高生产性能，但高铜添加剂会导致以下弊端：

①引起动物中毒　一般认为，猪饲粮中铜的最高安全限量为250mg/kg，超过这一限量就会导致铜中毒。

②引起动物某些营养素缺乏　高铜抑制铁和锌的吸收，从而引起铁、锌缺乏症。

③影响动物性食品安全　长期饲喂高铜饲粮，可明显提高动物肝脏中铜的残留量，人食用这种猪肝可造成铜在体内蓄积，从而危害健康。

④污染环境　饲粮中的铜经机体代谢后有90%以上随粪排出体外，提高土壤中铜的浓度，使土壤受到铜的污染。

（2）添加高锌　在猪饲料中添加高锌（2000～3000mg/kg，氧化锌形式）可用来预防仔猪腹泻和促进生长。但过量锌对铁、铜元素吸收不利，也会导致环境污染。

（3）添加高硒　硒是动物体必需的微量元素之一，但饲料中硒过多可引起急性与慢性中毒。

（4）添加有机砷制剂　目前我国允许作为饲料药物添加剂的有机砷制剂，有对氨基苯胂酸（阿散酸）和硝基羟基苯胂酸（洛克沙胂），它们在猪禽饲粮中的安全添加量分别为50～100mg/kg和30～50mg/kg。近年来有些饲料厂家片面强调有机砷制剂的促生长作用及防病效果，加上有机砷制剂可使动物产品皮肤红润的误导，致使有机砷的应用越来越广泛，且添加量日趋提高，由此带来的环境砷污染应引起重视。因为砷是一种环境污染物，对人类健康有多方面的危害，故许多国家对砷制剂的应用作了严格限制或禁用，我国也应从保护人类生存环境的角度考虑，尽早规定禁止在饲料中添加有机砷制剂。

3. 药物添加剂　随着集约化畜牧业的发展，在饲料中越来越普遍地添加抗菌药和抗寄生虫药。这些药物或其代谢产物可能残留于动物的器官、组织中，通过食物链而危害人类健康。

（1）非法使用违禁药物　农业部、卫生部、国家药品监督管理局已经联合发布了《禁止在饲料和动物饮水中使用的药物品种目录》，2002年3月，农业部发布了《食品动物禁用的兽药及其化合物清单》。但是，还有一些饲料企业和畜禽养殖场非法在饲料中添加违禁药物，由此已引发数起食品安全事件。

（2）不规范使用饲料药物添加剂　农业部2001年7月发布了《饲料药物添加剂使用规范》。该《使用规范》规定了57种饲料药物添加剂的适用动物、用法与用量、停药期及注意事项等。规范科学用药是控制畜产品中药物残留的前提，然而，有些饲料企业和畜禽养殖场不严格执行规定，超量添加或不落实停药期和某些药物在产蛋期禁用的规定，导致畜产品中药物残留超标，其中抗生素残留与耐药性传递问题是人们最关注的问题。

自20世纪中叶发现抗生素对动物的促生长作用以来，抗生素添加剂得到了广泛应用，对畜牧业的发展做出了巨大贡献。在改善动物生产性能方面，抗生素的效果是其他任何饲料添加剂无法比拟的。然而，大量、长期在饲料中使用抗生素也确实产生了令人担忧的耐药性和残留问题，抗生素添加剂的长期使用和滥用导致细菌产生耐药性。虽然耐药性因子的传递频率只有10^{-6}，但由于细菌数量大、繁殖快，耐药性的扩散蔓延仍较普遍，而且一种细菌可以产生多种耐药性。1957年，在日本首先发现细菌抗药性病例，目前各种病原菌均有不同程度的耐药性。细菌耐药性给人类健康带来了巨大危害，在20世纪70年代以前，人类几乎可以治愈所有的病菌感染性疾病，但到20世纪80～90年代，耐药性问题导致了严重后果。1972年，墨西哥有一万多人感染了抗氯霉素的伤寒杆菌，导致1400人死亡，1992年美国有13300人死于抗生素耐药性细菌感染。

抗生素在畜产品中残留是饲用抗生素应用中存在的另一问题。抗生素被动物吸收后，可以分布全身，但肝、肾、脾等组织分布较多，也可通过泌乳和产蛋过程而残留在乳、蛋中，从而广泛地在畜产品中残留，不仅影响畜产品的质量和风味，也被认为是动物细菌耐药性向人类传递的重要途径，而且一些抗生素的代谢产物可严重损伤人体器官，干扰正常代谢。

抗生素的大量使用对畜禽健康也构成直接威胁。由于耐药性的产生和药物治疗效果的下降，如大肠杆菌病、葡萄球菌病、沙门氏菌病等过去并不严重或较少发生的细菌病，现已成为畜禽常见的传染病。另一方面，长期使用抗生素降低畜禽机体免疫力，破坏消化道微生物平衡，导致动物内源性感染和二重感染。

4. 激素及类激素生长促进剂 性激素类和 β 兴奋剂等在促进动物生产性能提高方面的作用是显而易见的，但使用过程中带来的副作用对人类健康造成的危害也十分严重，我国政府采取各种措施，禁止其在畜牧业生产中应用。

第二节 非饲料源性有毒有害物质

非饲料源性有毒有害物质，既不是饲料原料本身存在的，也不是人为有意添加的有毒有害物质，它是指在饲料生产链条中，会对饲料产生污染的外界有毒有害物质，包括霉菌毒素、农药、病原菌、有毒金属元素、多环芳烃等。

一、霉菌毒素对饲料的污染

1. 霉菌与霉菌毒素 霉菌（Mold）是真菌的一部分，农作物自田间生长到收获贮藏的各个时期都可能感染霉菌，按其生态群可分为田间霉菌和贮藏霉菌2类。田间霉菌的感染最易发生在种粒已经形成、体积增长到最大的时候。种子收获贮藏后，在种子水分含量低和正常保管条件下，此类霉菌会逐渐减少或消失。贮藏霉菌一般是在种子收获贮藏后感染的，也可在田间生长时和收获后在晒场上感染。

霉菌毒素是指霉菌在基质（饲料）上生长繁殖过程中产生的有毒代谢产物，包括某些霉菌使基质（饲料）的成分转变而形成的有毒物质。霉菌种类很多，但能产生霉菌毒素的只限于少数的产毒霉菌，而产毒菌种中也只有少数菌株能产生具有危险性的霉菌毒素。

2. 主要的产毒霉菌与霉菌毒素 与饲料卫生关系最为密切的霉菌大部分属于曲霉菌属（*Aspergillus*）、镰刀菌属（*Fusarium*）和青霉菌属（*Penicillium*）。

（1）曲霉菌属 黄曲霉、杂色曲霉、赭曲霉、烟曲霉、寄生曲霉、构巢曲霉等。

（2）镰刀菌属 禾谷镰刀菌、三线镰刀菌、拟枝孢镰刀菌、梨孢镰刀菌、茄病镰刀菌、木贼镰刀菌、雪腐镰刀菌等。

（3）青霉菌属 扩展青霉、展青霉、红色青霉、黄绿青霉、岛青霉、圆弧青霉等。

在饲料卫生上比较重要的霉菌毒素有：黄曲霉毒素、杂色曲霉毒素、赭曲霉毒素、玉米赤霉烯酮、丁烯酸内酯、展青霉素、红色青霉素、黄绿青霉素、岛青霉毒素等。

黄曲霉毒素属剧毒物质，它不是单一的一种物质，而是一类结构极其相似的化合物，其基本结构都具有二呋喃环和香豆素（氧杂萘邻酮），目前已明确结构的约有 17 种。饲料在自然条件下污染的黄曲霉毒素主要有 4 种，即黄曲霉毒素 B_1、黄曲霉毒素 B_2、黄曲霉毒素 G_1 及黄曲霉毒素 G_2，其中以黄曲霉毒素 B_1（Aflatoxin B_1）最多，黄曲霉毒素 G_1 次之，黄曲霉毒素 B_2 与黄曲霉毒素 G_2 很少，它们经常同时存在。在紫外线照射下（当激发光波长为 365nm 时），B 族毒素发出蓝紫色荧光，G 族毒素发出黄绿色荧光，它们的命名分别取自"blue"和"green"之首字母。大多数黄曲霉产生黄曲霉毒素 B_1 的数量比其他毒素多，黄曲霉毒素 B_1 的毒性与致癌性又最大，因此在检验饲料中黄曲霉毒素的含量和对其进行评价时，一般以黄曲霉毒素 B_1 作为主要指标。

3. 霉菌繁殖与产毒的条件　影响霉菌繁殖与产毒的因素主要是基质（饲料）的种类与基质中的水分，以及贮藏环境中的相对湿度、温度、空气流通、供氧情况等。

不同饲料中生长的霉菌菌相虽非严格固定，但有一定的趋势。例如，一般粮谷以曲霉和青霉为最常见；黄曲霉极其毒素在玉米和花生饼中检出率最高；小麦和各种秸秆以镰刀菌及其毒素污染为主；青霉及其毒素主要在大米中出现。

饲料中水分含量和贮藏环境中的相对湿度是影响霉菌繁殖与产毒的关键条件。以谷实类饲料为例，饲料水分含量在 $17\%\sim18\%$ 时是霉菌繁殖与产毒的最适宜条件。但霉菌种类不同，其最适宜水分含量也有差异，如赭曲霉在 16% 以上，黄曲霉与多种青霉为 17%，其他菌种为 20% 以上。饲料中水分含量通常随着贮藏环境湿度的高低而增减，在一定的环境湿度条件下，饲料中水分与环境湿度可逐渐达到平衡，此时的水分称为平衡水分（Equilibrium Moisture），其数值随着环境湿度的变动而变化。曲霉、青霉和镰刀菌属在环境相对湿度为 $80\%\sim90\%$ 时易于繁殖。

贮存环境的温度对霉菌的繁殖有重要影响，$25\sim30℃$ 适于大多数霉菌繁殖，在 $0℃$ 以下或 $30℃$ 以上，产毒能力减弱或消失。但也有些例外，如梨孢镰刀菌、尖孢镰刀菌、拟枝孢镰刀菌和雪腐镰刀菌等的适宜产毒温度为 $0℃$ 或 $-2\sim5℃$，而毛霉、根霉、烟曲霉的适宜温度可达 $40℃$。

霉菌繁殖一般均需有氧条件，但毛霉、灰绿曲霉可耐受高浓度 CO_2 而厌氧。

4. 霉菌与霉菌毒素污染饲料的危害　饲料被霉菌与霉菌毒素污染后，其危害性有两方面：引起饲料变质和畜禽中毒。

（1）引起饲料变质　一些非产毒的霉菌污染饲料后，尽管没有产生毒素，但由于大量繁殖而引起的饲料霉变也是极为有害的。饲料霉变首先可使感官性质恶化，如具有刺激气味、酸臭味道、颜色异常、黏稠污秽感等，严重影响适口性。其次是在微生物酶、饲料酶和其他因素作用下，饲料组成成分发生分解，营养价值严重降低。例如，有的霉菌可使被污染的谷物中 B 族维生素、维生素 E 或某种氨基酸的含量显著下降，因而长期饲喂这种饲料可引起某些营养缺乏症。

（2）引起畜禽发生霉菌毒素中毒　饲料中的霉菌毒素可引起畜禽发生急性或慢性中毒，有的霉菌毒素还具有致癌、致突变和致畸的作用。

5. 饲料的防霉与去霉措施

（1）防霉措施　防霉是预防饲料被霉菌及其毒素污染的最根本措施，包括以下几个方面：

①控制湿度　即控制饲料中水分和贮存环境的相对湿度。对谷物饲料的防霉措施，关

键在于收获后迅速使其含水量在短时间内降到安全水分范围内。一般谷物含水量在13%以下，玉米在12.5%以下，花生仁在8%以下，霉菌即不宜繁殖，故这种含水量称为安全水分。各种饲料的安全水分不尽相同。此外，安全水分也与贮存温度有关，二者呈负相关。

②低温贮藏　将环境温度控制在12℃以下时，能有效地控制霉菌繁殖和产毒，这是比较理想的贮存温度。

③防止虫咬、鼠害　利用机械及化学防治等方法处理粮仓贮藏害虫，并注意防鼠，因为虫害或鼠咬损伤粮粒使霉菌易于繁殖而引起霉变。

④用惰性气体保存　大多数霉菌是需氧的，无氧便不能繁殖。因此粮谷在充有氮气或二氧化碳等惰性气体的密闭容器内，可保持数月不发生霉变。

⑤应用防霉剂　经过加工的饲料原料与配合饲料极易发霉，故在加工时可用防霉剂控制霉变。常用防霉剂为有机酸极其盐类，其中以丙酸极其盐类应用最广。

（2）去毒措施　饲料被霉菌毒素污染后，应设法将毒素破坏或去除。可用方法有：

①剔除霉粒　毒素主要集中在霉坏、破损、变色及虫蛀的粮粒中，如将这些粮粒挑选出去，可使毒素含量大为降低。除手工挑除外，也可采用机械或电子的挑选技术，以除去霉坏的籽粒。

②碾轧加工法　霉菌污染粮粒的部位主要在种子皮层和胚部，因此通过碾轧加工，除糠去胚，可减少大部分毒素。

③水洗法　用清水反复浸泡漂洗，可除去水溶性毒素。有的霉菌毒素虽难溶于水，但因毒素多存在于表皮层，反复加水搓洗，也可除去大部分毒素。

④吸附法　白陶土、活性炭等吸附剂能吸附霉菌毒素。国外在饲料中添加白陶土、沸石等，用于吸附霉菌毒素，减少胃肠道对霉菌毒素的吸收。

⑤化学去毒法　碱和几种氧化剂可以化学降解黄曲霉毒素，故目前常使用氨和过氧化氢来对饲料进行去毒处理。

⑥微生物去毒法　筛选某些微生物，利用其生物转化作用，使霉菌毒素破坏或转变为低毒物质。

二、农药对饲料的污染

农药是用于防治危害农作物及农副产品的病虫害、杂草与其他有害生物的药物的统称。农药的应用，对农业、畜牧业以及公共卫生等方面起到了积极的作用，但是不适当地长期和大量使用农药，可使环境和饲料受到污染，以致破坏生态平衡，对动物健康与生产造成危害。从饲料卫生角度考虑，主要的问题是农药使用后，或多或少地在农作物（饲料）上残留，被动物长期采食后，在动物体内积累和在畜禽产品中残留。对饲料容易产生污染的农药主要有杀虫剂、杀菌剂和除草剂。

1. 杀虫剂　一般杀虫剂（Insecticide）中毒多系误用，如误食拌有农药的谷粒或将中毒动物的尸体加工成蛋白质饲料引发的动物中毒或误食用于杀灭体外寄生虫的外用杀虫剂等。但当动物长期采食被杀虫剂污染的饲料和牧草或饮用被污染的水时，也可引起动物中毒，并进一步对消费者产生潜在危害。

（1）有机氯杀虫剂　有机氯杀虫剂（Organochlorine Insecticide）化学性质稳定，在环境中分解破坏缓慢，可在动植物体内长期蓄积。许多国家已停止使用，我国已于1983年停止生产，1984年停止使用有机氯杀虫剂。

（2）有机磷杀虫剂　有机磷杀虫剂（Organophosphorous Insecticide）的化学性质较不稳定，在外界环境和动、植物组织中能迅速氧化分解，故残留时间较短。但多数有机磷杀虫剂对哺乳动物的急性毒性较强，因此，污染饲料后较易引起急性中毒。

①对动物的毒性　有机磷杀虫剂很容易与体内胆碱酯酶结合，形成不易水解的磷酰化胆碱酯酶，使胆碱酯酶活性受到抑制，降低或丧失其分解乙酰胆碱的能力，导致乙酰胆碱在体内大量蓄积，出现与副交感神经机能亢进相似的一系列中毒症状。

有机磷杀虫剂是一种神经性有毒物，哺乳动物中毒后，表现瞳孔缩小、流涎、出汗、呼吸困难等副交感神经兴奋症状，严重者可发生昏迷、抽搐，最后因呼吸衰竭而死亡。某些有机磷杀虫剂，如马拉硫磷、苯硫磷、皮硫磷等有迟发性神经毒性（Delayed Neurotoxicity），即在急性中毒过程结束后8～15d，又可出现神经中毒症状，主要表现为后肢肌肉无力和共济运动失调，进一步发展为后肢麻痹。

②防治措施　为防止有机磷杀虫剂污染饲料，首先应加强农药厂"三废"的处理和综合利用；对环境进行定期检测；合理使用杀虫剂，以减轻对环境的污染。

有机磷杀虫剂中毒后，可应用胆碱酯酶复活剂恢复胆碱酯酶的活性。肟类化合物如解磷定（PAM）、氯磷定、双复磷等胆碱酯酶复活剂能从磷酰化胆碱酯酶的活性中心夺取磷酰基团，从而解除有机磷对胆碱酯酶的抑制作用，恢复其活性。硫酸阿托品是有机磷杀虫剂的生理解毒剂，因为它与乙酰胆碱竞争受体，从而阻断乙酰胆碱的作用，故可解除中毒时的症状。

（3）氨基甲酸酯类杀虫剂　氨基甲酸酯类杀虫剂（Carbamate Insecticides）是继有机氯、有机磷杀虫剂之后应用较广泛的一类农药，具有选择性强、药效高、作用快、应用范围广、毒性低等特点，其主要品种有西维因、呋喃丹、混灭威、速灭威、丁苯威、害扑威、残杀威等。

这类杀虫剂的化学性质不稳定，暴露于大气中易受阳光照射发生氧化而分解；在水中易水解；在土壤和生物体中可因多种因素的作用而很快降解。因而原药及其生物活性在自然环境中保留的时间并不长，在土壤中的半衰期只有1～5周，其代谢产物的毒性一般较母体化合物小。

氨基甲酸酯类杀虫剂的毒性作用与有机磷杀虫剂相似，即抑制胆碱酯酶活性，造成乙酰胆碱在体内积聚，出现与副交感神经机能亢进相似的一系列中毒症状。这类农药属可逆性胆碱酯酶抑制剂，与有机磷杀虫剂相比，其临床症状较轻，消失亦较快。

乙基氨基甲酸酯对鼠类具有致肺、肝脏、胃和皮肤肿瘤的作用。少数氨基甲酸酯杀虫剂对动物具有致癌性，某些二甲二硫代氨基甲酸酯如福美双、福美铁代森锌等对试验动物呈现胚胎毒性，影响繁殖功能，有的还有致畸作用。

硫酸阿托品可用于解毒，但胆碱酯酶复活剂的解毒效果不佳。

（4）拟除虫菊酯类杀虫剂　除虫菊的花中含有杀虫有效成分称为除虫菊素，天然除虫菊用作杀虫剂具有高效、低毒、不污染环境等特点。由于它在光照下很快氧化，因而不能在田间使用，仅限于防治室内害虫。20世纪80年代以来，人工合成了对光稳定性强的拟除虫菊素化学结构的合成除虫菊酯，称之为拟除虫菊酯。它们除保持天然除虫菊素的优点外，在杀虫毒力及对日光的稳定性方面都优于天然除虫菊，主要品种有溴氰菊酯（敌杀死）、氯氰菊酯、氰戊菊酯、胺菊酯氟氰菊酯、苄呋菊酯等。

拟除虫菊酯类杀虫剂主要是神经毒，属中等毒及低毒类，其中溴氰菊酯对人、畜的毒性较高，对大鼠经口服 LD_{50} 为 $70\sim140mg/kg$。当动物摄入量超过阈剂量时会引起急性中毒，动物表现过度兴奋、恶心、呕吐、腹痛、腹泻、四肢震颤，严重者全身抽搐、运动失调、外周血管破裂、血尿、血便，最后呼吸麻痹而死亡。

一旦发生急性中毒，可用 2%碳酸氢钠洗胃。对神经高度兴奋患畜，可静脉或肌内注射苯巴比妥钠等镇静药，也可应用抗惊厥药。

拟除虫菊酯类杀虫剂施药量小，因而在饲用作物上产生的残留量低，一般不会对动物造成危害。

2. 杀菌剂 杀菌剂是一类对真菌和细菌有毒的物质，具有杀死病菌孢子、菌丝体或抑制其生长、发育的作用。用于防治农作物病害的杀菌剂种类很多，不同种类与品种的杀菌剂，其在作物上的残留特性和对动物的毒性差别甚大。总而言之，一般杀菌剂对人、畜的急性毒性低得多，但在慢性毒性方面，由于杀菌剂要求有较长的残效期，残毒问题就更为严重。常用杀菌剂的种类有：

（1）有机硫杀菌剂 有机硫杀菌剂的主要品种都属于二硫代氨基甲酸酯及其衍生物，具有高效、低毒、药害少杀菌谱广等优点。分为福美系（福美锌、福美铁、福美镍、福美双等）和代森系（代森锌、代森锰、代森铵等）两大类。

有机硫杀菌剂对人、畜毒性低。但家畜偶然大量采食施用过有机硫杀菌剂不久的作物，也可引起中毒。毒物主要侵害神经系统，先兴奋，后转为抑制，重者可发生呼吸衰竭。此外，对肝、肾等组织也有一定的损害。

（2）有机汞杀菌剂 有机汞杀菌剂属高毒类，有机汞化合物进入机体后，主要蓄积在肾、肝、脑等组织，排泄缓慢，每天仅排泄出贮存总量的 1%左右。有机汞可通过胎盘进入胎儿体内，引起先天性汞中毒，它也可通过乳汁危害幼畜。有机汞易溶于脂质和类质中，因此可通过生物膜进入细胞，与蛋白质或其他活性物质中的巯基结合，抑制含巯基的酶，导致许多功能障碍和广泛病变。

（3）有机砷杀菌剂 有机砷杀菌剂（Organoarsenic Bactericides）有 2 种类型：①二硫代氨基甲酸盐类如福美甲胂、福美砷；②烷基砷酸盐类，如田安、稻脚青、稻宁等。

有机砷多属中等毒或低毒类。有机砷化合物被动物吸收后，需经转化为无机的三价砷及其衍生物而起作用。由于砷在人、畜体内有积累毒性，且砷在土壤中积累时可破坏土壤的理化性质，故此类农药已逐渐被禁用或限制使用。

（4）有机磷杀菌剂 有机磷杀菌剂属中等毒或低毒类，常用品种有稻瘟净、定菌磷异稻瘟净等，它们在植物体内容易降解成无毒物质。

（5）内吸性杀菌剂 内吸性杀菌剂（Innersystemic Bactericides）能渗透到植物体内或种子胚内，并可转运至未施药部位。

内吸性杀菌剂一般对恒温动物的毒性低。多菌灵在哺乳动物胃内能发生亚硝化反应，形成亚硝基化合物。托布津的代谢产物除具有杀菌作用的多菌灵外，尚有乙烯双硫代氨基甲酸酯，后者又能代谢为乙烯硫脲，对甲状腺有致癌作用。

3. 除草剂 除草剂（Herbicide）是一类用于防治杂草及有害植物的药剂，按化学成分除草剂可分为无机除草剂和有机除草剂。无机除草剂常用的是砷化物和氯酸盐，目前已逐渐被淘汰。在农业生产上，应用最多的是有机合成除草剂。

除草剂无论是茎叶喷洒或土壤处理，均有部分被作物吸收，并在作物体内降解与积累。因此，可造成对饲料的污染。但由于除草剂使用于作物早期，且量少，使用次数少，故饲用作物中除草剂的残留量一般较少。多数除草剂对人、畜的急性毒性均较低，亚慢性毒性也小，除草剂中毒的发生大多是人们错误地应用除草剂而造成的。关于除草剂本身的毒性极其代谢物与所含杂质的毒性，特别是致突变性、致癌性及致畸性，有待进一步研究。

三、病原菌对饲料的污染

动物有些疾病可由食入被病原菌污染的饲料而传染，其中沙门氏菌和大肠杆菌是比较重要的病原菌。

1. 沙门氏菌 沙门氏菌属（*Salmonella*）细菌是一群形态和生化特性相似的革兰氏阴性、兼性厌氧菌。沙门氏菌是重要的肠道致病菌，可引起哺乳类、禽类、爬虫类和鱼类的败血型和急、慢性肠炎型沙门氏菌病。

沙门氏菌在人和动物间广泛传播。发病或带菌的各种动物通过粪便不断地排菌，是饲料污染的重要来源。带菌的工作人员，如饲料生产者和饲养员等也是饲料污染的来源之一，发病的动物极其被污染的饲料，则是动物沙门氏菌病最主要的传染源。

为防止沙门氏菌污染饲料，饲料厂在购买动物性饲料如肉粉、骨粉和鱼粉时，应先进行常规细菌检测，以杜绝沙门氏菌污染配合饲料。

2. 大肠杆菌 大肠埃希氏菌简称大肠杆菌，属埃希氏菌属革兰氏阴性短杆菌。大肠杆菌是人和温血动物肠道后段正常菌丛成员之一，因而它的检出标志着饲料、食品或水源曾被动物或人的粪便污染，所以大肠杆菌被普遍作为饲料、食品或水源卫生细菌学检测常用的指示菌。

大肠杆菌通常无害，而且能合成 B 族维生素和维生素 K，大肠杆菌产生的细菌素称大肠菌素（Colicin），对少数病原菌有抑制作用。但有些血清型的大肠杆菌在一定条件下可引发人和畜共患大肠杆菌病（Colibacillosis），这些血清型的大肠杆菌统称为致病性大肠杆菌。

由大肠杆菌引起的肠炎型大肠杆菌病，是危害养猪业的主要传染病之一。由大肠杆菌引起的禽大肠杆菌性败血症、腹膜炎、输卵管炎等疾病，给养禽业造成严重的经济损失。

由于大肠杆菌主要来自人和温血动物的粪便，因此防止饲料免受大肠杆菌污染的主要措施是避免饲料受到粪便的污染。

四、有毒金属元素对饲料的污染

有些金属元素在常量甚至微量摄入，即可对人或动物产生明显的毒性作用，称为有毒金属元素或金属毒物（Metal Toxicant），危害性较大的金属元素有汞、隔、铅、铬、钼等。砷和硒是处于金属元素和非金属元素之间的兼有金属和非金属的某些性质，称之为类金属。但由于它们的毒性及一些性质与有毒金属元素相似，故也将其列入金属毒物范围。有毒金属元素的划分是相对的，过去曾认为有毒的金属元素如铬、硒、钼，已被确认为是动物机体必需的元素，而动物所必需的一些金属元素如铜、铁、锰、锌、钴等在摄入过多时，也会产生毒性作用。

1. 有毒金属元素污染饲料的途径

（1）某些地区的土壤或岩石中有毒金属元素含量较高，通过植物根系进入饲用植物。

（2）工业"三废"和农用化学物质污染环境并转移到饲料。

（3）饲料加工机械、管道、容器等污染了某些有毒金属元素而进入饲料。

（4）质量不良的添加剂，可能含有毒金属元素超标而污染饲料。

2. 影响有毒金属元素对动物毒性作用的因素

（1）金属元素的存在形式　以不同形式存在的金属元素，在动物体消化道内的吸收率不同，呈现的毒性也各异，如易溶于水的氯化镉、硝酸镉容易被生物体吸收，对生物体的毒性大，而难溶于水的硫化镉、碳酸镉的毒性就小。

（2）饲粮营养成分　有些营养成分可降低某些金属元素的毒性，如蛋氨酸中的硫可与硒在一定程度上发生互换，故可抑制硒的毒性。维生素 C 可使六价铬还原成三价镉，从而降低其毒性。

（3）金属元素之间的相互作用　这种作用有时表现相互协同，有时表现为相互颉颃。例如，砷可降低硒的毒性，但与铅则有协同作用；铜可降低钼、镉的毒性增强汞的毒性；饲粮中铁和镉缺乏时，可使铅的毒性增加。

3. 几种有毒金属元素对饲料的污染及其危害

（1）铅　自然界的铅（Pb）大多数以硫化物的形式分布于方铅矿中。由于铅及含铅制剂在工农业中的广泛应用，特别是含铅汽油的燃烧及其废气的排放，使与人和动物相关的生态环境中铅含量发生了很大变化。

①铅污染饲料的途径　植物根系可从土壤中吸收和富集铅。大多数植物体内的铅含量为 0.2～3.0mg/kg，在天然富铅土壤上生长的植物，含铅量更高。含铅农药、含铅汽油、含铅工业"三废"都可直接或间接污染饲料。镀锡不纯或用含铅量高的焊锡焊接，或表面有含铅涂料的饲料加工设备，受酸性饲料原料的侵蚀，能溶出铅污染饲料。涂有彩釉的陶器在盛放酸性饲料时，由于陶釉中的铅在烧制过程中不能完全和硅酸结合成不溶性硅酸盐，就会有大量铅溶入饲料。某些饲料原料，尤其是矿物性原料中常存在含铅杂质，也可造成饲料污染。

②饲料铅对动物的危害　铅主要损害神经系统、造血器官和肾脏，中毒动物出现明显的小红细胞低血红素贫血、肾脏受损和中枢与外周神经系统麻痹等症状。由饲料引起的铅中毒，多为慢性过程，主要表现为消化紊乱和神经症状，如厌食、便秘，有时便秘与腹泻交替出现，四肢疼痛，共济失调，消瘦、贫血等。

③防治措施　为了预防铅污染，应减少工业生产和汽车废气中铅的污染，特别是要进行汽车燃料的改革，以无铅燃料代替加含铅汽油。对直接接触饲料容器中镀锡和焊锡的含铅量应加以限制，镀锡含铅量应低于 0.04%，焊锡含铅量应低于 35%。

发现动物铅中毒时，立即断绝毒物来源，用1%硫酸钠或硫酸镁洗胃，促使形成不溶性的硫酸铅，并加速排出。

应用二巯基丁二酸、依地酸钙钠等金属络合剂，将金属铅结合成不解离但能溶解的络合物，经尿和胆汁排出。

（2）砷 砷（As）在自然界分布很广，一般以三价砷（As^{3+}）或五价砷（As^{5+}）化合物的形式存在，其中三氧化二砷（As_2O_3）是最常见的天然化合物，俗称砒霜。

①砷污染饲料的途径 植物在其生长过程中可从外界环境吸收砷，有机态砷被植物吸收后，可在植物体内逐渐降解为无机态砷。植物对砷的吸收量取决于土壤含砷量，在砷污染的土壤中生长的植物能吸收累积大量砷。某些地区由于地下水含砷量高，用其加工饲料或饮用时均会增加动物对砷的摄入。某些海洋贝类含砷量可高达 100mg/kg，用这种产品作饲料时，应注意砷的含量。使用含砷量超过卫生标准的饲料添加剂时，也可增加饲料中的含砷量。

②对动物的危害 大多数砷化物都有很强的毒性，各种砷化物的毒性受砷的化合价、化合物种类和溶解性的影响，三价砷的毒性大于五价砷，无机砷的毒性较有机砷高。不同动物对砷的敏感性不同，单胃动物比反刍动物敏感。

砷的急性中毒多因误食而引起，表现为精神抑郁、食欲废绝、呕吐、腹泻，病理剖检后可见胃肠炎和肾小球肾炎等；通过饲料长期摄入少量砷时，主要引起慢性中毒，表现为皮肤过度角质化、腹泻和步态蹒跚等。

③防治措施 为了预防砷污染，应对含砷的废物进行回收处理，在旱田土壤中大量施用堆肥，可降低可溶性砷的浓度。在土壤中施加各种铁、铝、钙、镁的化合物可使砷生成不溶性物质而加以固定，从而减少植物从土壤中吸收砷。合理使用含砷农药，以减少含砷农药在作物体内的残留。

对于动物有机砷中毒，无特效治疗药物，一般停喂含砷饲料，并充分供给饮水，病畜可自动恢复正常。对无机砷中毒的动物，可用含二巯基的络合物，如二巯基丙醇、半胱氨酸和谷胱甘肽等，肌内注射治疗。

（3）汞 汞（Hg）可以单质汞和汞化合物 2 种形态存在。汞化合物包括无机汞和有机汞。自然界中汞主要以硫化物的形式存在。

①汞污染饲料的途径 植物体中汞的自然含量为 $1\sim100\mu g/kg$，其中籽实、叶、茎和根中汞的含量依次增加，该水平的汞一般对动物不造成危害。但若用含汞废水灌溉农田或作物施用含汞农药，则可使饲料中含汞量显著升高。此外，微生物和高等动物可将汞烷基化，并转化成毒性很强的甲基汞或二甲基汞，从而引起畜禽中毒。

②对动物的危害 汞离子进入机体后易与蛋白质或其他活性物质中的巯基结合，形成稳定的硫醇盐，因而使一系列具有重要功能的含巯基活性中心的酶失去活性，从而使机体内一系列代谢过程发生障碍，这是汞产生毒效应的基础。

急性汞中毒表现为严重的胃肠紊乱、腹痛、流涎、呕吐、震颤和心律不齐。慢性汞中毒表现为中枢神经、消化、泌尿、呼吸和肌肉系统功能失调及皮肤癌变，无机汞还可影响动物的免疫机能。一般情况下，由汞污染饲料引起的急性无机汞中毒很少见，无机汞的慢性中毒常由于长期少量的摄入而引起。在当前环境与饲料污染中值得重视的是有机汞，特别是甲基汞引起的慢性中毒。

③防治措施 为了预防汞污染，对含汞的废物应加强管理和治理，严格控制排放标准。对于已污染的农田，适当多施有机肥料，以降低汞的活性。

汞中毒的解毒可用巯基络合剂，如二巯基丙磺酸钠、二巯基丁二酸钠等，它们的结构中均具有巯基，能夺取体内与含巯基酶相结合的汞等金属毒物，从而使被汞作用而失去活性的含巯基酶得以恢复其活性。同时，这类药物又能直接同游离的汞结合形成络合物，以保护体内含巯基酶不受汞的毒害。

（4）镉　在自然界中镉（Cd）与锌结合形成伴生成矿，锌矿含镉 0.1%～0.5%，有时高达 2%～5%。镉是电镀和制造合金的重要原料，含镉化合物曾用作农药和兽药。

①镉污染饲料的途径　含镉工业"三废"可直接污染土壤，若排入水体，可使水中镉含量增高。植物如果生长在被镉污染的土壤中，植物体内积聚的镉与土壤中的镉呈显著的正相关。此外，采用表面镀镉的饲料加工设备、器皿等，因酸性饲料可将镉溶出，也可造成饲料的镉污染。

②对动物的危害　镉与含巯基酶蛋白结合，使有关生化反应发生障碍，如合成核酸的酶系统活性显著降低，镉与红细胞膜蛋白结合可引起溶血，与钙、锌、铜和铁等必需元素颉颃，引起骨质脱钙、骨骼变形和红细胞传染性贫血等。

急性镉中毒主要表现为贫血、黄胆和共济失调。慢性中毒时呈现严重贫血、体重下降、生长停滞、门齿呈灰白色等，也会引起阻塞性肺水肿、慢性肾小球肾炎，使肾小管的重吸收能力降低，使尿中蛋白、氨基酸和葡萄糖浓度升高等症状。

③防治措施　为了预防镉污染，对含镉的"三废"应进行回收处理，并严格执行排放标准。对受镉污染的土壤，可采取土壤改良措施。中毒后，可用乙二胺四醋酸二钠钙、二巯基丙黄酸钠和巯基丁二酸钠等药物解毒。

（5）铬　铬（Cr）有二价、三价和六价 3 种。二价铬离子能被空气迅速氧化成三价离子，因此，铬的化合物以三价和六价为主。三价铬有三氧化二铬、三氯化铬等，六价铬主要有铬酸钾、重铬酸钾等，三价铬与六价铬在一定条件下可以互相转化。

①铬污染饲料的途径　植物在其生长发育过程中，可从外界环境中吸收铬。铬在生物体中以三价形态存在，这是因为有机物对六价铬具有还原作用，六价铬与有机物接触时易还原为三价铬。

铬对饲料的污染主要是由于用含铬废水灌溉农田时使灌区土壤积累多量铬，从而使作物的含铬量显著增加。此外，酸性饲料如果接触含铬的器械、导管或容器时，也可增加饲料中的含铬量。

②饲料中铬对动物的危害　铬吸收后可影响体内氧化、还原、水解过程，并可使蛋白质变性，使核酸、核蛋白沉淀，干扰酶系统。六价铬可透过红细胞膜进入红细胞，在六价铬还原成三价铬的过程中，谷胱甘肽还原酶活性受抑制，可使血红蛋白变为高铁血红蛋白，引起缺氧现象。

由于饲料中天然含铬量一般不高，故家畜长期摄入过量铬引起慢性中毒的病历很少。但当饲料中混入铬酸盐时，可引起急性中毒，主要表现为呕吐、流涎、呼吸和心跳加速等，并可引起肝、肾损害。

③预防措施　为了预防铬污染，要控制含铬"三废"的排放，并对农田灌溉用水中的六价铬进行检测，防止超过卫生标准。长期用含铬废水污灌的地区，大部分铬积存在表土耕作层中，且污水多呈酸性，使铬的活性增强，因此，可施入石灰、硅酸钙、磷肥等调节土壤呈微碱性，使铬形成 $Cr(OH)_3$ 状态而固定在土壤中，以减少作物对铬的吸收。

（6）硒　硒（Se）是动物体必需的微量元素之一，但饲料中硒过多可引起急性与慢性中毒。

①硒对饲料污染的途径　植物体内都含有硒，一般作物的含硒量为 0.05～0.20mg/kg，在富硒地区生长的作物与牧草含硒量也相应增高。硒以硒酸盐、亚硒酸盐或有机态硒被植物吸收，在碱性土壤中硒呈水溶性化合物，易被植物吸收，相反，在酸性土壤中，硒和铁等元素结合形成不易被植物吸收的化合物。在硒及其化合物的冶炼和使用过程中，硒的烟尘、含硒废水可污染周围的环境和牧草、饲料，使动物受到危害，为防治缺硒症而使用亚硒酸盐时，如果用量过大，也可引起硒中毒。

②对动物的危害　家畜摄入过量的硒，由于摄入硒的量、硒化合物的类型以及摄入的持续时间等的不同，在临床上可分为急性、亚急性和慢性中毒 3 种类型。

急性中毒是由单纯食入过量富硒植物和使用亚硒酸钠过量而引起，表现为腹痛、腹泻、呼吸困难、运动失调、精神沉郁等，可在数小时至数天内死亡。亚急性中毒表现为感觉迟钝、视力减退并进而失明、步态蹒跚、共济失调、轻瘫、虚脱等，最后可因呼吸衰竭而死亡。慢性中毒表现为食欲降低、迟钝、消瘦、贫血、被毛粗乱及脱毛，蹄壳变形或脱落，关节僵硬变形、跛行。

③防治措施　富硒地区在饲粮中补加无机硫酸盐可减少饲粮中硒的吸收和降低硒的毒性。在饲粮中添加砷盐，可促使硒在肝中解毒而降低其毒性。

（7）钼　钼（Mo）的主要化合物包括三氧化钼、二硫化钼、钼酸铵等。

①钼污染饲料的途径　在钼分布地区，由于土壤中含钼量高，从而使饲用植物中含钼量也相应增高；冶炼厂及其他工厂排放的含钼"三废"直接污染土壤，进而污染饲料。

②对动物的危害　饲料中钼过多时，不但阻碍肠道内铜的吸收，而且干扰组织内铜的利用，因而引起铜缺乏，出现一系列缺铜症状。

③防治措施　防止污染及改良土壤是预防钼中毒的根本措施。钼中毒时，可内服硫酸铜，也可将其加入饲料或饮水中，铜的用量依饲料中钼含量的多少而定。饲草含钼量低于 5mg/kg 的地区，在食盐中加 1% 的硫酸铜，含钼更高时加入 2% 硫酸铜。

（8）锗　锗（Ge）广泛存在于植物中，可食用的植物中锗的含量一般在 1mg/kg 以下，但某些植物，如蘑菇、大麦、大蒜含有较高的锗。

长期服用锗化合物会造成锗蓄积，使动物器官受到损伤，表现在肝脏脂肪样变，严重时导致急性肾衰竭，甚至死亡。

五、其他化合物对饲料的污染

1. 多环芳烃　多环芳烃（Polycyclic Aromatic Hydrocarbons，PAHs）是指含有 2 个以上苯环的碳氢化合物的统称。已知污染环境的 PAHs 有许多种，其中污染最广、致癌性最强的是 3，4-苯并芘（3,4-benzo[a]pyrene，BaP）。

（1）PAHs 污染饲料的途径　饲料中 PAHs 的来源主要有下列几种途径：

①工业生产（特别是冶炼、石油化工等）、交通运输及日常生活使用的燃料都可产生一定量的 PAHs，并使周围的空气、土壤、水受到污染，进而引起饲草饲料的污染。

②饲料加工贮藏过程中的污染。

③制油时的污染　采用有机溶剂从油料种子中制油时，如果溶剂质量不符合要求，常含有多量 PAHs，可使饼粕受到污染。

④以石油工业产品（如乙烷烃等）作基质培养生产的单细胞蛋白质饲料——石油酵母

中存有少量 3，4-苯并芘。

⑤某些细菌、藻类及高等植物体内可合成微量 PAHs。

（2）PAHs 对动物的危害　PAHs 可使动物和人患皮肤癌、肺癌、胃癌。

（3）预防措施　加强环境污染的管理和检测工作，减少对饲用作物的污染，在饲料加工过程中要避免机油污染饲料。

2. 多氯联苯　多氯联苯（Polychorinated Biphenyls，PCBs）是由一些氯转换联苯分子中的氢原子而组成的化合物。

（1）来源　PCBs 的污染是全球性的。据统计，PCBs 年产量的 20% 是在使用中消耗的，而 80% 则被释入环境。生产和使用 PCBs 工厂排放的废水、废渣和废气大量排放到环境并污染水、土壤和大气，通过食物链的富集作用，造成农作物、畜禽和鱼鳖等动植物体内 PCBs 含量的升高。

（2）危害　低剂量的 PCBs 能抑制家禽生长，2～3d 内出现短暂的肠道停滞，继而心包积水、肺水肿，引起气喘、精神萎靡、羽毛耸立软弱无力。严重中毒的动物，其体重减轻、共济失调、腹泻、进行性脱水、中枢神经系统抑制、全身虚弱，最后死亡。

（3）预防措施　不在被 PCBs 污染的牧场或排放 PCBs 的工厂周围放牧动物。在饲料生产与加工时，应注意防止 PCBs 的污染，尤其是在利用鱼粉及其他水产品作饲料时更应注意。

3. 二噁英　二噁英（Dioxin），又名 PCDD、PCDF，化学名为 2，3，7，8-四氯二苯氧芑（2，3，8-Tetrachlorodibenzo-p-Dioxin），分子式 $C_{12}H_4Cl_4O_2$。二噁英及其类似物是指能够与芳香烃受体结合，并且能够导致产生各种生物化学变化的一大类物质的总称。

（1）化学结构及性质　二噁英由 2 个或 1 个氧原子连接 2 个被氯取代的苯环组成的三环芳香族化合物。

二噁英化学性质稳定，与酸碱不起反应、不易分解、不易燃烧、不溶于水，进入机体后几乎不被排泄而沉积于肝脏和脂肪组织中。

（2）二噁英来源　二噁英来源于有机物的不完全燃烧，其中城市固体废物的焚烧和钢铁冶炼是二噁英的主要来源，也可在生产氯化酚及苯氧基除草剂的过程中产生。据联合国环境计划署公布的报告显示，在欧美 15 个主要发达国家中，日本、美国二噁英的年排放量分别为 4000g 和 2744g，瑞典最少，每年仅排放为 22g。

1999 年 1 月以来，一家名叫维克斯特的原料厂将收集来的含二噁英的动物油和废弃机油出售给比利时、德国、法国、荷兰的 13 家饲料厂，仅在比利时，有 746 家养猪场、440 家养鸡场和 390 家养牛场使用了被污染的饲料。据检测，在比利时这批受污染的畜禽制品中，二噁英的含量达世界卫生组织（WHO）规定标准的 1500 倍，鱼、肉、蛋、奶及其制品均易受到二噁英的污染。

（3）二噁英对动物危害　二噁英毒性强，进入动物和人体后，可改变 DNA 的正常结构，破坏基因的功能，导致畸形和癌变，扰乱内分泌功能，损伤免疫组织，降低繁殖力，影响智力发育。二噁英致癌毒性比黄曲霉毒素高 10 倍。其中，2，3，7，8 位上均被氯原子取代的二噁英毒性最强，比氰化钾高 1000 多倍。大鼠口服每千克体重 LD_{50} 为雄性 0.022mg，雌性 0.045mg。经口服或皮下注射试验证明对小鼠的 LD_{50} 每天每千克体重为 0.001mg 的剂量可致畸，包括腭裂及肾脏异常。

动物中毒时可患衰弱综合征（Wasting Syndrome）、胃溃疡、血管损伤（Vascular Lesion）、氯痤疮（Chloracne），对肝细胞有毒性，可导致肝性吡咯紫质症（Hepatoerythropoietic Porphyria），致畸胎、子宫内膜组织异位（Endometriosis）和缓慢死亡。接触二噁英的工人会发生氯痤疮、吡咯紫质尿症（Porphyrinuria）及吡咯紫质皮炎（Porphyria Cutanea Tarda）。

二噁英使肉鸡生长受阻、呼吸困难、无力、运动失调、水肿、死亡率很高、产蛋鸡的产蛋率急剧降低、蛋壳坚硬、孵化后小鸡难以破壳、剖检可见皮下水肿、心包积液、腹水；牛体重降低、消瘦、食欲正常，但饲料转化率极低，产奶量下降、皮肤及鳞状上皮角化。

（4）预防措施

①控制环境二噁英的污染　这是预防二噁英类化合物污染食品及对人体危害的根本措施。如减少含二噁英农药和其他化合物使用，严格控制有关的农药和工业化合物中杂质（尤其是各种二噁英）的含量；控制垃圾燃烧（尤其是不完全燃烧）和汽车尾气对环境的污染等。

②发展实用的二噁英检测方法，在此基础上加强环境和食品中二噁英含量的监测，并制订食品中的允许限量标准。

③其他措施　深入研究二噁英的生成条件及其影响因素、体内代谢、毒性作用等，在此基础上提出切实可行的综合措施。

4. 氟化物　氟（F）在自然界中以化合物形式广泛存在于土壤、水、动植物体内。

（1）饲料中氟的来源　饲料中的氟来自以下几方面：①地质环境。在高氟地区生长的饲用植物，含氟量较高。②工业污染。在磷肥制造、电解铝、炼钢以及含氟农药、制冷剂、氟塑料、水泥、陶瓷、砖瓦等生产过程中，均可排出大量氟化物，对环境与饲料造成污染。③矿物质饲料中含氟杂质。骨粉和用含氟量多的磷灰石为原料制成的饲用磷酸盐中，常含有多量的氟。

（2）预防氟中毒的措施　由于含氟工业"三废"的排放，污染空气、水和饲草饲料，使动物通过水、饲料及空气等途径摄入氟的总量有逐渐增加的趋势。因此，应采取综合措施，减少氟的摄入，预防过量氟对家畜的危害。

①控制饲料或饲粮中氟的含量水平　在自然高氟地区，可采取划区轮牧；利用低氟水源灌溉草场，以降低牧草含氟量。在工业污染区，做好含氟"三废"的回收处理，减少对牧草饲料的直接污染；从非污染区运入必需的饲草饲料；轻度污染的草场可作短期放牧或与非污染区的草场实行轮牧。在饲粮配合时，注意使其总含氟量处于安全水平范围内。

②控制饮水中含氟量　在自然高氟地区，应寻找低氟水源（含氟量低于 2mg/L），打低氟深井或利用河水及降水。在工业氟污染区，应加强含氟"三废"的净化回收处理，严格执行废水排放标准（氟的无机化合物的最高容许排放浓度，按 F 计，为 10mg/L），防止水源污染。在污水灌溉区，应严格执行农田灌溉用水水质标准（按 F 计，不超过 3.0mg/L），防止氟污染水源与土壤。

5. 三聚氰胺　三聚氰胺（Melamine），是一种三嗪类含氮杂环有机化合物，重要的氮杂环有机化工原料，简称三胺，俗称密胺、蛋白精，又叫 2，4，6-三氨基-1，3，5-三嗪、1，3，5-三嗪-2，4，6-三胺、2，4，6-三氨基脲、三聚氰酰胺、氰脲三酰胺。相对分子质量 126.1。

（1）理化性质　三聚氰胺性状为纯白色单斜棱晶体，无味，常压熔点 354℃，快速加热升华，升华温度 300℃。微溶于冷水，溶于热水，极微溶于热乙醇，不溶于醚、苯和四氯化碳，可溶于甲醇、甲醛、乙酸、热乙二醇、甘油、吡啶等。

（2）来源　三聚氰胺是植物、山羊、鸡和鼠的杀虫剂环丙氨嗪的代谢物，一些化肥也使用了三聚氰胺，因而植物性饲料原料中可能从土壤中吸收少量，一般不会对动物造成危害。对饲料安全构成威胁的是为提高饲料粗蛋白含量，人为在饲料中添加的化工产品。因三聚氰胺含氮量为 66%，在凯氏定氮检测中，换算成粗蛋白质含量达 416%。由于粗蛋白质是饲料中一项非常重要的营养指标，正是三聚氰胺"高蛋白质"的假象，而被不法分子利用，混入饲料原料中，提高饲料中粗蛋白质含量。但三聚氰胺本身不是一种饲料添加剂，更不能被畜禽利用合成机体蛋白质，无任何营养价值。近几年在饲料、畜禽产品中多次检出三聚氰胺，并发生多起三聚氰胺中毒事件。

（3）毒性危害　目前三聚氰胺被认为毒性轻微，大鼠口服的半数致死量大于每千克体重 3g，但动物长期摄入三聚氰胺会表现体重下降、采食量降低、造成生殖、泌尿系统的损害，膀胱、肾部结石等，尤其是对幼年畜禽危害更大。其机理是三聚氰胺进入动物体后，发生取代反应（水解），生成三聚氰酸，三聚氰酸和三聚氰胺形成大的网状结构，形成结石。

（4）预防措施　预防饲料中三聚氰胺危害动物健康的主要目标是严厉打击饲料中人为添加三聚氰胺，同时正确引导饲料消费，决不迎合个别用户对饲料产品的不合理要求。

严格按照《饲料标签》《饲料卫生标准》等有关标准和规定，组织饲料产品的生产经营，绝不生产无许可证、无产品批准文号、无产品标签的"三无"饲料产品，落实生产记录、原料进厂检验和产品出厂检验等制度，加大对蛋白饲料原料的检测力度。

第三节　饲料安全与法规

饲料安全是保证畜禽产品安全的重要环节，为保证饲料安全应了解影响饲料安全的因素，并采取相应的技术措施，同时还要建立一套行之有效的饲料法规及执行机构。

一、饲料安全

饲料安全是指饲料中不应含有对饲养动物的健康与生产性能造成实际危害的有毒、有害物质，并且这类有毒、有害物质不会在畜产品中残留、蓄积和转移而危害人体健康或对人类的生存环境构成威胁。饲料安全工程是解决饲料安全问题的重要战略性措施。

饲料的不安全问题一方面会影响畜产品品质，即人类食品的安全性，进一步危害人类健康；另一方面畜禽采食有安全性问题的饲料后会对周围环境产生不利影响，进一步阻碍畜牧业的可持续发展，最终仍将影响人类自身的健康。

1. 影响饲料安全的因素

（1）非法使用违禁药物　农业部于 1998 年公布了《关于严禁非法使用兽药的通知》，随后又发布了一些更具体的禁用药品种的通知，强调严禁在饲料及饲料产品中添加未经农业部批准使用的兽药品种。然而，一些饲料加工厂或畜禽养殖场受利益驱动仍然非法使用一些违禁药物，如催眠镇静剂、激素或激素类物质，导致该类药物在畜禽产品中残留超标，严重影响人体健康。

（2）不按规定正确使用饲料药物添加剂　1997年我国农业部公布了《允许用做饲料药物添加剂的兽药品种及使用规定》，明确规定了对饲料药物添加剂的适用动物，最低用量、最高用量及停药期、注意事项和配伍禁忌等。但是，一些厂商不严格执行该规定，往往超量添加或者不遵守停药期和某些药物在产蛋期禁用的要求，导致该类药物的残留超标，进而影响人体健康。

（3）过量添加微量元素　高铜或高锌对畜禽的生长有一定的促进作用，但过量使用将造成该元素在畜禽肝脏中的大量沉积，进而影响人类健康。同时，这些元素大量随粪便排泄到环境中，也会对环境造成一定污染，最终影响在该环境中生长的植物以及人类的健康。

（4）饲料生产过程中化学物质对饲料的污染　饲料在种植、收割、加工、生产、运输、储存过程中，很容易受到环境中某些化学物质的污染。如植物饲料在生长过程中，可富集土壤中重金属元素，并残留一定量的农药；动物性饲料原料在加工过程可能会受到二噁英等化学物质的污染，这类物质可通过畜禽产品进入人体，当积蓄到一定浓度时会造成多种人体病变。

（5）微生物对饲料的污染　①饲料霉变。饲料霉变不仅会降低饲料的营养价值，同时霉菌的代谢产物，如黄曲霉毒素 B_1、赤霉毒素等对人和动物都有很强的致病性。②沙门氏菌、大肠杆菌、朊病毒等致病微生物的污染。这类致病性较强的病原微生物可通过饲料使畜禽致病并严重威胁到人类的健康。

（6）转基因饲料的安全性　随着转基因作物的迅速发展与应用，转基因作物及其副产品将越来越多地用作饲料，这些转基因作物对动物健康和畜产品的安全性影响已成为人们关注的问题。

当前，由于已有大量的转基因饲料为动物所饲用，它的安全性评价成为转基因食品安全性评价的重要环节。转基因产品对人和动物可能产生的影响是：产生过敏反应；抗生素标记基因有可能使动物与人的肠道病原微生物产生耐药性；抗昆虫农作物体内的蛋白酶活性抑制剂和残留的抗昆虫内毒素，可能对人和动物健康有害；随着基因改造的抗除草剂农作物的推广，可能导致除草剂用量增加，从而导致除草剂在环境中残留过大，最后污染饲料和食品。对转基因饲料的安全评价主要包括营养物质对畜禽的影响、毒性和致敏性等。由于转基因饲料安全性是一个比较复杂的问题，虽然迄今为止尚未发现转基因饲料对畜禽生产性能、健康状况、肉、蛋、奶组分产生危害性的影响，同时在肌肉组织也未检验出转基因蛋白和转基因 DNA，但对该类饲料的长期安全性问题仍不明确，因此对它的商业化研究开发应采取谨慎的态度，不要急于下结论。关键是对转基因饲料的安全性评价必须严格把关，我国应研究和确立符合我国国情并与国际接轨的转基因饲料安全性评价标准和相关的检测方法，对转基因饲料的商业化推广应用制订有效的管理措施和相关的法规、法律。

（7）低利用率的配合饲料对环境的污染　使用营养不均衡、配比不合理、利用效率低的饲料不仅降低动物的生产性能，而且未被消化的剩余部分随着畜禽粪尿排到周围环境中，使各种不易被分解的物质在土壤中富集，造成环境不同程度的污染，如氮、磷对水体、土壤的污染等，最终将影响人类生存的环境。

2. 饲料安全保证措施　我国饲料产品质量和食品安全问题，已引起政府的高度重视和全国人民的广泛关注。启动饲料安全工程，建立和完善饲料行业的安全质量保障体系已刻不容缓。

（1）制订法规，加强管理　针对饲料安全中存在的突出问题，各国都制订了相应的法规。欧盟已明令禁止使用肉骨粉和动物油脂作为饲料原料，禁止使用 β 兴奋剂和其他激素类生长促进剂，大部分饲用抗生素也被禁止使用，目前只保留了莫能霉素（钠盐）、盐霉素（钠）、黄霉素和卑霉素（阿维拉霉素）4 种继续作为饲料添加剂的抗生素；瑞典已全面禁止使用任何抗生素作为饲料添加剂；俄罗斯等东欧国家禁止使用医用抗生素作为饲料添加剂；日本、美国等国家对抗生素在饲料中的使用也作了严格的限制。国际社会对新型饲料原料及添加剂加强了安全性评估，也加强了对饲料、食品及疫病的监控和检测管理，同时制订了畜产品的卫生标准。

我国政府针对欧洲暴发疯牛病和二噁英中毒事件，及时发布了禁止从欧洲进口肉骨粉和动物油脂的禁令。2001 年国家正式启动了"饲料安全工程"，饲料安全工程的建设目标是建立饲料安全保障体系，依法加大对饲料和饲料添加剂生产、经营和使用环节的监督管理。饲料安全工程的实施有利于养殖业持续发展、促进农民增收和维护社会稳定，保障人民身体健康和保护生态环境，有利于提高饲料产品质量，增强养殖业出口创汇能力。此外，饲料安全工程的实施还有利于尽快改善我国饲料监测手段，提高检测能力、评价能力和信息处理能力，同时也有利于《饲料与饲料添加剂管理条例》的贯彻执行。根据我国饲料安全问题的特点，颁发了一系列法规和管理办法，如《饲料和饲料添加剂管理条例》《饲料药物添加剂使用规范》《兽药管理条例》《食品卫生法》《动植物检疫法》《饲料中盐酸克仑特罗的测定》等。

（2）建立质量控制体系及认证　质量控制体系是企业组织落实有物质保障和具体工作内容的有机整体，是提高饲料质量，保证安全的关键，包括 5 个方面。

①监督管理体系　中国饲料质量监督管理主要由农业部、国家行政工商管理总局、国家食品药品监督管理局、国家质量监督检验检疫总局等国务院组成部门和直属机构进行共同管理。

②标准与法规体系　至今为止我国出台的有关饲料法规主要有《中华人民共和国畜牧法》《中华人民共和国产品质量法》《中华人民共和国农产品质量安全法》《饲料和饲料添加剂管理条例》《兽药管理条例》《饲料生产企业审查办法》《饲料添加剂和添加剂预混合饲料生产许可证管理办法》《饲料添加剂和添加剂预混合饲料产品批准文号管理办法》《动物源性饲料产品安全卫生管理办法》《饲料药物添加剂使用规范》《禁止在饲料和饮水中使用的药品品种目录》《饲料卫生标准》和《饲料标签》，这些都是中国强制执行的国家标准。此外，还有各种饲料原料和产品的国家、部颁布的标准，企业可采用这些标准，也可根据实际制订企业标准。

③检测体系　饲料检测体系由政府监督管理机构、企业自检体系和民间检测机构组成。通过检测，可掌握饲料质量信息，在各个环节对饲料质量进行有效的管理和监控。

④企业生产质量管理体系　企业只有建立、健全和实施饲料生产质量管理体系，才能生产满足规定和潜在要求的产品和提供满意服务。

⑤质量认证体系　认证是指由可以充分信任的第三方证实某一鉴定的产品或体系符合特定标准或规范性文件的活动，是国际上通行的管理产品质量的有效办法。饲料质量认证包括产品认证，如无公害饲料认证；质量体系认证，如 ISO900 质量管理体系认证、GMP 认证和 HACCP 认证。

（3）技术措施　最终解决饲料和畜产品安全问题必须依赖于新技术新产品的研究和应用。由于肉骨粉、油脂、抗生素、高铜、砷制剂等饲料原料和添加剂对动物生产性能和饲料利用效率具有显著的促进作用，停止这些物质的使用对动物生产性能乃至整个农业和社会生活都将产生不利影响。取消或限制具有安全隐患的饲料原料和生长促进剂后，如何提高或保证动物的生产水平和效益是当前国际动物科学和动物营养与饲料科学的重要研究内容。与饲料安全有关的主要研究、开发和应用领域包括：

①制订饲料原料及添加剂的安全标准，加强安全性检测，确保原料安全。

②使用饲料原料及饲料添加剂时严格按规定范围、剂量、配伍及停药期。

③以无公害畜产品的生产要求和产品质量标准为目标，研究饲料原料及饲料添加剂的应用新技术及饲粮配制新技术。

④研究营养与免疫的关系，通过完善营养供应方案提高动物免疫机能、增强抵抗力、减少疾病，最终达到降低用药、提高生产性能的目的。

⑤应用常规技术和生物技术改善动物生产潜力和抗病力、降低或消除细菌的抗药性，培育高产抗病动物新品种（品系）和抗耐药性细菌新菌株。

⑥开发和应用新型安全饲料添加剂（如酶制剂、益生素、有机酸、免疫促长剂和其他代谢调节剂等）和新的饲粮配制技术（如营养诱导调节技术等）。

（4）饲料生产企业严格按照饲料卫生标准采购原料、组织生产和监测产品。饲料卫生标准见附录。

3. 饲料质量控制体系认证类别　饲料质量控制体系认证类别主要包括 ISO9000 认证、GMP 认证和 HACCP 认证。

（1）ISO9000 质量认证体系　ISO9000 系列标准是国际标准化组织所制订的关于质量管理和质量保证的一系列国际标准，包括 ISO9000、ISO9001、ISO9003、ISO9004。

应用 ISO9000 和 GMP 的基础原理是，将产品产出各个环节的生产过程、过程控制以及各级管理人员的岗位职责以文字的形式描述出来，形成程序文件。各部门员工按照程序文件的要求尽职尽责完成本职工作，就能保证产出好质量和安全的产品。但要保证一个质量保证体系持续成功有效地运行，则应依据质量保证体系的要求不断提高管理水平，有效控制程序文件，定期进行内部审核和有关部门的认证。

（2）HACCP 质量认证体系　HACCP 英文全称是 Hazard Analysis and Critical Control Point，即危害分析与关键控制点，其目的是控制化学药物、毒素和微生物对饲料或畜产品的污染。HACCP 管理是保证饲料和食品安全面对生产全过程实行的预防性控制体系，即通过对畜产品、饲料加工的每一步骤进行危害因素分析，确定关键控制点，确立符合每个关键控制点的临界值，控制可能出现的危害。同时，建立临界限的检测程序、纠正方案、有效档案记录和保存体系，以保证最终产品中各种药物残留和卫生指标均在控制线以下，从而确保饲料产品的安全。该管理体系已被世界许多国家采纳，其中一些国家还将其作为强制性管理模式加以推行。中国是世界第二饲料生产大国，确保饲料安全不仅对中国的食品安全战略至关重要，而且也对世界食品安全有重要影响。近年来一些国家相继发生的疯牛病、二噁英、口蹄疫等涉及饲料安全的问题，已造成巨大的经济损失，并引发了严重的政治事件，饲料和食品安全已经成为继人口、资源和环境之后的第四大问题。从最近几年我国饲料安全管理的实践看，做好饲料安全管理工作应当有新思路。HACCP 管理是国际公认的一种先进管理模式和有效管理手段，值得在我国饲料行业管理中推行。

（3）GMP 质量体系认证　GMP 管理即"良好生产质量管理规范"，是一种注重生产过程中产品质量和安全卫生的自主性管理制度，是通过对生产过程中的各个环节、各个方面提出一系列措施、方法、具体的技术要求和质量监控措施而形成的质量控制体系。GMP 包括 4 方面管理要素的质量保证制度，即选用规定要求的原料、用合乎标准的厂房设备、由胜任的人员、按照既定的方法来生产产品的质量保证制度，其内容包括硬件和软件两部。硬件是饲料企业的环境、厂房、设备、卫生设施等方面的要求，软件是指饲料生产工艺、生产行为、人员要求以及管理制度等。

实施饲料 GMP 的宗旨是针对质量管理控制的一种"事前"严防和"事后"监督检验的措施，一般要求饲料添加剂和预混料生产企业在注册时就要达到 GMP 验收标准。因此，它是一个建厂注册的基本要求，达不到要求不得生产或限期达到要求后才能生产。

二、饲料法规

饲料法规是国家制订的用以管理饲料质量及其生产销售的有关法令或带有强制性的管理条例。制订和实施饲料法规的基本目的是通过行使法律的强制手段来确保饲料和饲料添加剂的饲用品质安全，使饲料的生产、加工、使用、销售、贮存、运输、进口、出口等环节都置于法律的监督之下，确保饲料品质，以维护饲料生产者和使用者的正当权益，有利于养殖业的发展。同时，禁用某些危及人类健康和安全的饲料以保障人类食用畜产品的安全。

1. 制订饲料法规的必要性　随着饲料的商品化与配合饲料工业的兴起，随着饲料的生产、加工、贮存、销售、运输、进出口等日益发展以及添加剂的广泛应用，饲料质量问题越来越受到社会各方面的关注，因为它不仅直接影响到畜牧业的生产水平与经济效益，而且通过畜产品影响人类的健康和安全。因此，饲料法规的制订与实施是伴随着饲料商品化和饲料企业的兴起而产生的。因为饲料企业的兴起，标志着高效能的商品化饲料生产已经社会化，对这种高效能商品化饲料的品质和规格，无论是使用者还是生产者都要求有权威性的法律加以保护和监督。其次，饲料企业的兴起，标志着饲料已突破自产自用的范畴而带有广泛的社会性质。从人畜健康、安全保证出发，也要求强化管理。另一方面，饲料生产的工业化，也为饲料法规的实施提供了有利条件。

近年来，我国饲料工业正在迅速发展，在国民经济中已占有重要位置，是世界第二生产大国，但当前商品饲料的生产、销售与使用等环节，还存在许多问题，管理比较混乱，商品饲料及原料中假冒、伪劣现象严重。虽然国家质量监督局会同有关部门制订并发布了许多质量及检测方法标准，但由于缺少强制性、权威性的法律保证，仍没达到预期效果。因此，无论商品配合饲料的加工企业还是养殖业都已迫切感到制订和实施饲料法规的必要性。

2. 饲料法规的内容　饲料法规包括质量标准的内容和规定了对违法行为的惩处及监

测机关和评定检验人员的资格，它是由政府权力机关发布实施的。自 1986 年以来，国家质量监督局在有关部门及专家配合下，已制订和发布了饲料工业原料的质量标准 42 项，预混合饲料标准 3 项，配合饲料标准 16 项，饲料添加剂标准 36 项。

1999 年 5 月 29 日，朱镕基总理签发第 266 号国务院令，发布施行《饲料和饲料添加剂管理条例》，这是我国饲料行业的一件大事，标志着我国饲料和饲料添加剂管理从此步入依法管理的轨道。根据这项条例，农业部于 1999 年 12 月又相继公布了《饲料添加剂和添加剂预混合饲料批准文号管理办法》等，在兼顾其他饲料产品管理的基础上，重点突出了饲料添加剂及其预混合饲料的管理，这与《中华人民共和国产品质量法》、《中华人民共和国兽药管理条例》相衔接，形成了具有中国特色的饲料管理体系。

饲料卫生标准是从保证饲料的饲用安全性、维护家畜健康与生产性能出发，对饲料中的各种有毒有害物质以法律形式规定的限量要求；它是由国家有关行政部门制订或批准颁发、全国都必须遵照执行、对饲料卫生质量的强制性要求。饲料卫生标准对饲料质量的卫生要求即体现在各项卫生指标上。饲料卫生指标一般包括以下 3 类：①感官指标。是指人们感觉器官所辨认的饲料性质，如饲料的色、香味、组织构型等。对感官指标的要求通常是色泽一致，无异嗅、异味，无结块和无霉变等。②毒理学指标。是根据毒理学原理和检测结果规定的饲料中有毒有害物质的限量标准。只要包括饲料中的天然有毒物质或在某种情况下有饲料正常成分形成的有毒物质、霉菌毒素、各种残留农药、有毒金属元素及其他化学性污染物等，对这些有毒有害成分规定一定的允许含量。③生物性指标。是指各种生物性污染物如霉菌和细菌的数量。

此外，我国还颁发了无公害食品的卫生标准，首次详细规定了无公害肉、蛋、奶等动物性食品中挥发性氨基氮、主要重金属、农药、抗生素及微生物的最大允许含量及检测方法，制订了《绿色食品　动物卫生准则》（NY/T 473—2001）、《绿色食品　兽药使用准则》（NY/T 472—2013）、《绿色食品　饲料及饲料添加剂准则》（NY/T 471—2010）。绿色食品是特指无污染的安全、优质、营养食品。绿色食品工程是我国发展生态农业的战略措施之一，对于保护农业生态环境、推动环境保护工作、提高全民族环保意识、提高我国食品质量、保障人民群众身心健康、增强我国食品对外出口创汇能力等均有十分重要的战略意义。绿色食品工程实施以来，已引起国内外的关注，收到了较好的社会效益。

饲料法规并不会从开始制订就十全十美。从国外经验看，它也是在实施过程中不断补充、修订才逐渐完善的；我国正处于全面改革阶段，如何建立一套行之有效的饲料法规及执行机构，目前尚无成功经验；外国的经验可以借鉴，但必须结合我国的生产实际，全部照搬并不一定合适。

第四节　生态养殖场"绿色"无公害饲料的生产

发展绿色饲料产品与发展效益型畜牧业是推进畜牧业产业结构战略性调整的重要途径之一。无公害饲料与"绿色"饲料有着密切的关系。何谓"绿色"？是指对人畜健康无害、对环境无污染、对生态平衡无不利影响的生产体系及其产品的一种属性或特点。"绿色"不一定全是有机的，但"绿色"一定是无公害的和安全的。对无公害或绿色饲料的认识是随着科技的发展不断完善的，是相对的，而不是绝对的。目前，对绿色饲料应设定较高的

"门槛"，制订相应的限制性技术指标和技术参数。

一、无公害饲料与绿色饲料的有关概念

1. 无公害饲料　无公害饲料是指无农药残留、无有机或无机化学毒害品、无抗生素残留、无致病微生物、霉菌毒素不超过标准的饲料。因此，无公害饲料就是围绕解决畜产品公害和减轻畜禽粪便对环境污染等问题，从饲料原料的选购、配方设计、加工饲喂等过程，进行严格的质量控制和实施动物营养系统调控，以改变、控制可能发生的畜产品公害和环境污染而产生的低成本、高效益、低污染的饲料产品。

2. 有机生产　1995 年美国国家有机生产标准委员会（National Organic Standards Board，NOSB）将有机生产定义为：有机生产是一种能够促进生物多样性、生物循环和土壤生物活性的生态管理系统。它是基于最少使用非农场物质投入和能够恢复、维持和提高生态和谐的管理实践。

3. 有机产品（Organic Product）　有机产品是指由有机生产系统生产的产品。当一种产品标有"有机"标记时，意味着这种产品的生长过程未使用化学添加剂和杀虫剂，是以支持地球和它的生态系统的方式生产的。

4. 有机饲料（Organic Feed）　由有机生产系统生产的植物性、矿物性和动物性饲料原料和配合饲料。生产有机饲料就不能使用非有机原料和非有机添加剂。

5. 绿色饲料（Green Feed）　遵循可持续发展原则，按照特定的产品标准，由绿色生产体系生产的无污染、无公害、安全、优质的营养型饲料。

根据绿色食品概念，绿色饲料也可以定义为生产绿色畜禽产品所需要的相应饲料产品。鉴于目前的生产条件要达到 AA 级或有机畜产品的标准难度很大，绿色饲料即指生产 A 级绿色畜产品所需要的饲料。饲料有单一饲料如玉米、大豆等，有工业生产加工的饲料如浓缩料、配合饲料、添加剂饲料。绿色饲料如果是前者，则其生产地、生产技术和产品标准应该与绿色食品相同，应该按绿色食品的要求生产；如果是后者，应该按中华人民共和国农业行业标准《绿色食品　畜禽饲料及饲料添加剂使用准则》（NY/T 471—2010）进行生产。

6. 绿色饲料添加剂（Green Feed Additive）　由绿色生产系统生产的各种饲料添加剂，主要指酶制剂、益生素、中草药、酸化剂、天然有机提取物等。

界定饲料添加剂是否"绿色"，最起码的先决条件是必须符合国家有关规定，绝对不能使用国家明令禁止的药物品种。绿色饲料添加剂还应具备以下几个要素：一是在动物生产过程中无药物残留，不产生毒副作用，对动物生长不构成危害，其动物产品对人类健康无害；二是动物的排泄物对环境没有污染；三是结合动物的育种技术，使用绿色饲料添加剂的动物产品被具有第三方公正地位的机构检验并经有关主管部门认定和被消费者广泛公认的，还具有原始的风味和独特的适口性。

"绿色"的概念也是相对的，不是一成不变的，它将随着科学技术的进步和社会的发展必然会提出更高的标准，不能绝对化。虽然天然物质或天然物质提取物一定是绿色的，但超剂量的添加和滥用天然物质或提取物对动物仍然是有害的，也不能认为化学合成物质一定是非绿色的。例如，几乎所有的维生素都是化学合成物质，不能认定它就是非绿色的。

二、"绿色"无公害饲料生产的关键技术

1. 确保饲料原料质量 配制配合饲料所选的原料必须符合《饲料卫生标准》、各种饲料质量标准、饲料添加剂标准和《饲料标签》的有关规定。

2. 科学配方 无公害饲料应具备无臭味、消化吸收性能好、动物增重快和疾病少以及排泄物中的磷、砷、铜排泄量少等条件。因此，在进行配方设计时，应考虑的因素有：

（1）合理利用消化率低和纤维含量高的原料。

（2）基于最新动物营养研究成果的动物营养需求参数，按有效养分的需要量进行配方设计，以减少粪中有机物的排出量。

（3）选择必要的同类或异类替代物，剔除一些不安全因素，科学合理的使用饲料添加剂，使之达到绿色无公害的功能，如益生素与低聚寡糖类的协同作用替代抗生素等。

（4）不使用会对环境造成污染的非药物添加剂，如砷制剂、铬制剂等；不滥用可能对环境造成污染的矿物添加剂，如采用高铜、高锌方案等。

（5）用先进生产工艺将动物营养研究的成果与饲料加工工艺有机结合起来，将明显提高配合饲料的饲喂效果，如利用远红外技术可以使加工原料的检验速度和可追踪性大为提高。使用可靠的定量、半定量诊断装置可以对原料中的毒素、杀虫剂及其他污染物进行检测，从而为终产品质量的安全提供进一步的保障。

三、"绿色"无公害饲料生产的相关保证措施

1. 种植业 在饲料种植业过程中要严格控制农田灌溉水质量指标、土壤环境质量指标、大气环境质量指标等。同时，种植地的环境质量应符合《绿色食品 产地环境质量》（NY/T 391—2013）。

2. 环境控制 绿色饲料生产过程中应严格按绿色生产资料使用准则和生产操作规程要求，限量使用限定的化学合成生产资料，并积极采用生物学技术和物理方法，保证产品质量符合绿色食品产品标准要求。绿色饲料除应符合一般的卫生标准外，还应具备无污染、安全、优质的特征，在生产、加工及包装储运过程必须符合严格的质量和卫生标准。

总之，要提高畜产品质量，减少环境和畜产品的污染，必须通过食品链建立生态工程处理系统，利用由无污染原料给畜禽配合一个平衡饲粮，使蛋白质水平、各种氨基酸需要量与动物维持和生产需要完全符合，从而减少动物粪尿中有毒物质排出，减少环境的污染，以保护人类的健康。

四、"绿色"无公害饲料的认证

目前针对绿色饲料的认证是参照绿色食品认证程序进行的，通过认证的产品可使用绿色产品标志。绿色食品认证程序如下。

1. 认证申请

（1）申请人向中国绿色食品发展中心（以下简称"中心"）及其所在省（自治区、直辖市）绿色食品办公室、绿色食品发展中心（以下简称"省绿办"）领取《绿色食品标志使用申请书》《企业及生产情况调查表》及有关资料，或从中心网站（网址：www. greenfood. org. cn）下载。

（2）申请人填写并向所在省绿办递交《绿色食品标志使用申请书》、《企业及生产情况调查表》及以下材料：①保证执行绿色食品标准和规范的声明；②生产操作规程（种植规程、养殖规程、加工规程）；③公司对"基地＋农户"的质量控制体系（包括合同、基地图、基地和农户清单、管理制度）；④产品执行标准；⑤产品注册商标文本（复印件）；⑥企业营业执照（复印件）；⑦企业质量管理手册；⑧要求提供的其他材料（通过体系认证的，附证书复印件）。

2. 受理及文审

（1）省绿办收到上述申请材料后，进行登记、编号，5 个工作日内完成对申请认证材料的审查工作，并向申请人发出《文审意见通知单》，同时抄送中心认证处。

（2）申请认证材料不齐全的，要求申请人收到《文审意见通知单》后 10 个工作日提交补充材料。

（3）申请认证材料不合格的，通知申请人本生产周期不再受理其申请。

（4）申请认证材料合格的，现场检查、产品抽样。

3. 现场检查、产品抽样

（1）省绿办应在《文审意见通知单》中明确现场检查计划，并在计划得到申请人确认后委派 2 名或 2 名以上检查员进行现场检查。

（2）检查员根据《绿色食品检查员工作手册》（试行）和《绿色食品产地环境质量现状调查技术规范》（试行）中规定的有关项目进行逐项检查。每位检查员单独填写现场检查表和检查意见。现场检查和环境质量现状调查工作在 5 个工作日内完成，完成后 5 个工作日内向省绿办递交现场检查评估报告和环境质量现状调查报告及有关调查资料。

（3）现场检查合格，可以安排产品抽样。凡申请人提供了近一年内绿色食品定点产品监测机构出具的产品质量检测报告，并经检查员确认，符合绿色食品产品检测项目和质量要求的，免产品抽样检测。

（4）现场检查合格，需要抽样检测的产品安排产品抽样：①当时可以抽到适抽产品的，检查员依据《绿色食品产品抽样技术规范》进行产品抽样，并填写《绿色食品产品抽样单》，同时将抽样单抄送中心认证处。特殊产品（如动物性产品等）另行规定；②当时无适抽产品的，检查员与申请人当场确定抽样计划，同时将抽样计划抄送中心认证处；③申请人将样品、产品执行标准、《绿色食品产品抽样单》和检测费寄送绿色食品定点产品监测机构。

（5）现场检查不合格，不安排产品抽样。

4. 环境监测

（1）绿色食品产地环境质量现状调查由检查员在现场检查时同步完成。

（2）经调查确认，产地环境质量符合《绿色食品产地环境质量现状调查技术规范》规定的免测条件，免做环境监测。

（3）根据《绿色食品产地环境质量现状调查技术规范》的有关规定，经调查确认，必要进行环境监测的，省绿办自收到调查报告 2 个工作日内以书面形式通知绿色食品定点环境监测机构进行环境监测，同时将通知单抄送中心认证处。

（4）定点环境监测机构收到通知单后，40 个工作日内出具环境监测报告，连同填写的《绿色食品环境监测情况表》，直接报送中心认证处，同时抄送省绿办。

5. 产品检测　绿色食品定点产品监测机构自收到样品、产品执行标准、《绿色食品产品抽样单》、检测费后，20 个工作日内完成检测工作，出具产品检测报告，连同填写的《绿色食品产品检测情况表》，报送中心认证处，同时抄送省绿办。

6. 认证审核

（1）省绿办收到检查员现场检查评估报告和环境质量现状调查报告后，3 个工作日内签署审查意见，并将认证申请材料、检查员现场检查评估报告、环境质量现状调查报告及《省绿办绿色食品认证情况表》等材料报送中心认证处。

（2）中心认证处收到省绿办报送材料、环境监测报告、产品检测报告及申请人直接寄送的《申请绿色食品认证基本情况调查表》后，进行登记、编号，在确认收到最后一份材料后 2 个工作日内下发受理通知书，书面通知申请人，并抄送省绿办。

（3）中心认证处组织审查人员及有关专家对上述材料进行审核，20 个工作日内做出审核结论。

（4）审核结论为"有疑问，需现场检查"的，中心认证处在 2 个工作日内完成现场检查计划，书面通知申请人，并抄送省绿办。得到申请人确认后，5 个工作日内派检查员再次进行现场检查。

（5）审核结论为"材料不完整或需要补充说明"的，中心认证处向申请人发送《绿色食品认证审核通知单》，同时抄送省绿办。申请人需在 20 个工作日内将补充材料报送中心认证处，并抄送省绿办。

（6）审核结论为"合格"或"不合格"的，中心认证处将认证材料、认证审核意见报送绿色食品评审委员会。

7. 认证评审

（1）绿色食品评审委员会自收到认证材料、认证处审核意见后 10 个工作日内进行全面评审，并做出认证终审结论。

（2）认证终审结论分为两种情况：①认证合格；②认证不合格。

（3）结论为"认证合格"就颁证。

（4）结论为"认证不合格"，评审委员会秘书处在做出终审结论 2 个工作日内，将《认证结论通知单》发送申请人，并抄送省绿办，本生产周期不再受理其申请。

8. 颁证

（1）中心在 5 个工作日内将办证的有关文件寄送"认证合格"申请人，并抄送省绿办。申请人在 60 个工作日内与中心签订《绿色食品标志商标使用许可合同》。

（2）中心主任签发证书。

第四篇

生态养殖场的经营与管理

第十章
生态养猪场的经营与管理

生态养猪在我国有悠久的发展历史，传统的养猪模式猪—肥—粮，即养猪，积肥，还田就是一种生态养猪模式，它是在相互承受的范围内建立起一种养猪和环境生态平衡的良性循环。随着养猪业的发展，规模不断扩大，集约化程度不断提高，养猪生产水平得到了很大的提高，同时也带来了环境污染等一系列的问题，其实质是养猪业脱离农业生态链而造成的，专业化的发展使得养猪变成单一饲料——猪肉的生产模式，片面追求饲料转化率、猪的生长速度和眼前经济效益，不顾周围环境，不考虑农业生产，粪污大量排放，结果造成生态环境破坏，猪肉产品难以保证。生态养猪就是利用生态系统物质循环与能量流动原理，将猪作为农业生态系统的必要组成元素，有机的组织养猪生产系统环节，实现其效益最大化和养猪业的可持续发展，其内涵是资源的合理配置和合理利用、环境保护和生物多样性保护。

第一节 生态养猪场的特点与优势

一、生态养猪场的特点与优势

1. 减少污染，保护生态环境 随着工厂化养猪的产业化和规模化程度的扩大，对环境的破坏和污染已经成为制约其发展的关键因素。由于种养分离和城市化进展的加快，养殖业粪污对河流、地下水、土壤、空气造成的污染严重威胁着人们的生存环境，近年来虽然投入了大量的人力、物力和财力及科技手段对粪污进行无害化处理，但效果欠佳，尤其是粪污处理的高成本和低效益化，使得众多中小型猪场难以承担。生态养猪通过相应的技术让饲料再循环，粪污再利用，减少了环境污染，保持生态系统平衡，同时降低了粪污处理的成本投入，实现养猪的经济效益、生态效益和社会效益的有机结合。

2. 种养结合，提高生产水平 要从根本上解决养猪业对环境的影响，粪污还田是最终的去路，当前养猪之所以造成环境的对环境造成压力就是只排放而缺乏有效的后续处理，或者不具备粪污后续处理的能力，最终只能以牺牲环境为代价。例如，一个投资500万元的猪场，处理污水一项就要追加200万～350万元的投资；一个年饲养600头母猪、出栏万头肉猪的规模化猪场，日排出污水量为100～150t，年排出污水量为3.65万～5.48万t，对周围环境造成极大的污染。生态养殖业就是通过一定的途径让粪尿污水还田，为种植作物提供肥料和养分。农田施用一定量的有机肥在防止土壤板结、提高土壤肥力有一定的促进作用。同样粮食丰产与稳定又能为养猪业提供丰富的饲料资源，进一步促进养猪业的发展。所以种养结合是一种相互依存相互促进的良性循环模式，能够提高农业生产系统的综合生产力，种养结合模式也是目前生态养猪的典型模式，意义重大。

3. 因地制宜，充分利用资源　作为一个人口大国，我国在人均土地资源和饲料粮食等资源占有量上都比较少，人畜争地争粮等现象日益突出。生态养猪就是利用生态系统原理组织养猪生产的各个环节，使得养猪系统达到最优，进而充分发挥养猪生产的潜力，最大限度地利用自然生产减少人工投入。在猪场的选址、饲料上因地制宜，充分利用土地、水资源和各种农作物资源进而实现养猪业发展的良性循环。比如，发酵床养猪就是利用农村自然资源稻壳、稻草、锯末等农业副产品作为垫料，采用微生物发酵，实现粪污的零排放，而发酵产生的热能可以缓解冬季取暖，发酵床的垫料是农田很好的有机肥料。

4. 绿色养殖，提高产品质量　集约化养猪技术作为养猪史上的一个里程碑，的确为人类创造了效益，实现了饲料报酬高，生长速度快，瘦肉率高，饲养周期短等育种目标。然而这种养猪模式同时带来了一系列的负面效应，环境破坏、生态失衡，同时猪肉的品质在下降，表现在滥用抗生素造成药物残留，片面追求瘦肉率风味下降等方面，瘦肉精事件就是一个典型的例子。生态养猪就是在保护环境的前提下，尽可能利用自然资源，少用化学添加剂及抗生素，生产出无污染、无残留、无毒害作用的绿色产品。如近年来在市场上热门的农家土猪肉，其实就是一种生态绿色产品。土猪生长在自然环境中，饲喂饲料以农副产品为主，没有集约化的高密度饲养，自然就减少了疾病的发生，减少了药物残留，加上地方猪种生存环境的需求，脂肪沉积也与外来种猪不同，肉的风味就有极大的优越性。生态养猪不仅能修复生态平衡，也是生产优质猪肉的一种方式，是今后养猪的一个很好选择。

5. 变废为宝，实现可持续发展　随着资源的减少和环境恶化的加剧，如何发展可持续养殖业是一大课题，尤其是对于养猪业来说规模较大，粪污处理已经是最大的难题。据预算，一头母猪每天产粪 5kg，产尿 15kg；一头肉猪每天产粪 1.5kg，产尿 4kg，这样一个万头猪场年排泄量为 3800t，排尿量 10000t，5 万～12 万 t 水来冲洗猪场粪便，不仅造成大量的清洁水浪费，而且产生大量的粪污水。有效实行猪—沼—鱼—果—粮的立体生态养猪模式，沼气发电—沼液喂鱼—沼渣还田—发展种植等多维一体的农业生产循环，则可以变废为宝，减少了环境污染，这样从根本上解决了养猪发展和环境保护之间的矛盾，同时又可以为社会提供健康安全的猪肉，生态养殖是实现养猪业可持续发展的一条有效途径。

二、我国生态养猪的发展趋势

我国传统养殖以家庭庭院式为主，到了 20 世纪 80 年代相继进入工厂化时代，养猪的规模和数量不断扩大，但是受市场化价格调节的影响，高损耗的小型养猪场不断遭到淘汰，依靠规模降低养猪成本，提高养猪效益成为主导，生长快、瘦肉率高成为追求的目标。随着经济的发展，人们对高品质、高安全性的猪肉需求越来越强烈，同时养猪带来的环境压力也越来越迫切，于是包括在一些发达国家和地区绿色生态养猪技术逐渐形成。我国所面临的生态危机不单单是环境污染，而是与人口激增、环境与资源破坏，能源短缺和食物供应不足共同的复合生态性问题，迫切需要以有限的资源生产出高产、低耗、优质的猪肉产品，那么在将来的养猪生产中无公害生态养殖是必然趋势。

1. 科学设计猪场，减少环境污染　在猪场的选址和建场设计中要遵循养殖规划要求，有相应的消纳粪污配套设施，考虑当地的生态环境状况。选址上，尽量选择远离市区、土地充足、地势高燥、背风向阳、水源良好、治污方便的地方建场。猪场建设，要根据养殖规模和养殖方式而定，猪栏的结构模式要考虑提高土地利用率。养殖区充分考虑周围环境对土地的消纳能力，形成种养结合的养殖模式。尤其在考虑运输方便的基础上，还要照顾猪场臭气对居民区的影响，猪场污水对地下水的影响，一定要远离居民区和河流水库。

2. 发展立体养殖，提高养殖效益　实现养猪、农业、生态的可持续发展，必须改变过去单一的养猪经营模式，运用生态养猪技术，综合利用废弃物，是养猪业的必走之路。养猪—养鱼模式，将养猪产生的粪污用来养鱼，达到净化环境的效果；养猪—沼气—种植模式，利用粪污入池产生沼气，沼渣还田种植；还有发酵床养模式，山地放养模式，猪—蚯蚓—鸡模式，猪—蝇蛆—鸡模式等。这样建立多层次的良性循环，构建立体养殖结构，可以有效开发资源，降低生产成本，变废为宝，减少环境污染。

3. 开发绿色饲料，提高利用率　绿色产品，节能环保是目前养猪业必须面临的两个课题。生态养猪业就要求在养猪生产过程中使用绿色饲料，避免使用抗生素。不仅能够给人们提供健康的产品，也是实现环保节能减排的有效途径。目前造成环境污染的两大因素是氮和磷的超量排放。研究证实，植物性饲料中 2/3 的磷不能被动物利用，蛋白质利用率仅有 30%～50%，科学的日粮配制技术不仅可以节约成本，还可以减少对环境的污染。开发低氮日粮，即降低蛋白质浓度，补充限制性氨基酸数量，研究证实，蛋白质每降低 1 个百分点，氮排放可以降低 10%。选用合理的加工工艺，如膨化技术和颗粒加工技术，这样可以破坏或抑制饲料中的抗营养因子，提高养分利用和转化率，减少粪尿排放。在饲料中添加益生素、酶制剂、酸化剂和氨化剂、寡糖等可以极大减少粪尿中氮、磷和臭味的排放。

4. 普及良种，科学饲养管理　生态化养猪概念更多考虑环境的影响，其实生态化养猪也是一个良种普及的过程，不同于工厂化、集约化养猪对生产性能的片面追求，良种猪的选种选育，适合生态化养猪的饲养方式同样是考虑的核心内容。地方猪种经过长期的环境和饲养方式的适应，大多都具有很强的抗病性和优质的风味，但是在生长速度和瘦肉率上不及外来品种。所以，适当的杂交优势选育是必要的，但是一定要有意识的保留地方良种基因，定期进行后裔性能检测。在引种的过程中，要避免带来新的传染病，要采取严格的检疫隔离措施。在日粮配制上，按照日粮标准进行配制的同时，还要考虑生态养猪的特点，合理搭配农副产品。例如，养猪—种菜，养猪—种草的养猪模式，要合理控制叶菜青草的搭配比例。生态养猪的饲养管理方式与集约化饲养也有所不同。总之，要因地制宜，选择适当的管理方式山地放养、茶园养猪、圈养等不同的模式；要考虑季节，区域的差异性。生态养猪没有统一的模式，应根据当地的气候、土壤、交通、资源等条件，选择适合当地的养猪模式。

三、我国生态养猪的主要发展模式

生态养猪业涉及养猪学、环境卫生学、生物学、农作物栽培学、农机工程学、动物营养学和土壤学等学科，并将逐步形成生态养猪业良性循环系统工程。相比成熟的规模化养猪，生态养猪目前仍处于探索阶段，生态养猪的利弊均存。受区域和资源因素影响，并没有标准化的饲养模式。总结各地的实践经验，归纳出以下几种典型模式：

1. 养猪—养鱼生态农业模式　这是利用养猪废弃物和猪尿换取鲜鱼的模式。饲养一头 90kg 的商品猪约产猪粪尿及污水 2500kg，每 40kg 猪粪尿可养出 1kg 鲜鱼，如果亩产 500kg 鲜鱼，则全年饲养 8 头商品猪即可，此模式的鱼产量主要来自滤食性鱼类。要挖掘池塘生产潜力，可增收其他吞食性鱼类，增加青精饲料，达到精养高产的目的。

2. 养—种生态农业模式　养种结合立体开发，可以将养猪业与种植业有机地结合在一起，形成食物链式利用，提高物质良性循环和转化速度。当猪粪尿渗透进入土壤时，借着生物作用使废污中某些有机物被微生物分解，经过土壤的物理作用过滤除去细菌，而化学作用可使某些物质被氧化加以去除。养种结合型的模式很多，如养猪—水稻；养猪—旱田粮食作物、牧草、蔬菜、经济作物等；养猪—果树、树林。

3. 养—种—养生态农业模式　该模式以猪粪尿为主开展利用，用猪粪尿肥田，增产粮食和饲料作物，再利用饲料开发养殖业，是一种猪粮结合、相互依赖、相互促进的模式。

（1）养猪—种桑—养蚕—养鱼　利用猪粪尿种桑，种桑与养蚕密切配合，桑叶养蚕，蚕茧缫丝，蚕沙、蚕蛹和蚕蛹水养鱼。

（2）养猪—种草—养鱼　据研究每 100kg 猪粪尿直接养鱼，可产滤食性和杂食性鱼 2.5kg；如果用来种草，可产草 100kg，用草来养鱼可产草鱼 4kg 以上，还有滤食性和杂食性鱼。另外，一些青草类也可以作为饲料用来饲喂猪，又开拓了饲料来源，开展养猪—种草—养鱼是一种高效生态养猪模式。

（3）养猪—种食用菌　利用菌糠加工饲料，然后利用猪粪养食用菌与利用稻草、棉籽壳栽培食用菌方法相似，室内室外均可培养。每 50kg 原料可生产平菇 45～55kg。食用菌收获后的培养料与菌丝体营养丰富，有浓厚的蘑菇香味，适口性良好，可以加工饲料。猪粪中的有害物质和寄生虫经发酵、曝晒，接种食用菌后均被消解和杀死，是良好饲料。

4. 禽—猪—沼气—鱼生态农业模式　将鸡、鸭粪发酵掺入配合饲料喂猪，在猪栏旁建一个沼气池，利用猪粪制取沼气，沼液流人鱼池养鱼，沼渣还可作果树、蔬菜和水杉树的肥料，形成一个布局合理、结构严密的生态农业图 10-1。

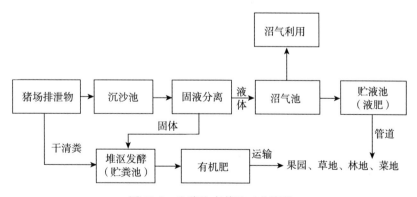

图 10-1　生猪生态养殖工艺流程

5. 发酵床养猪模式　发酵床养猪的原理是，选择自然环境中的有益微生物，对其进行培养、扩繁、筛选后做原种保存，然后按一定比例配入发酵床原料，如锯末、玉米秸秆、米糠、稻壳、稻草、玉米芯、活性剂、食盐等进行混合、发酵成有机垫料。猪从小到大都生活在有机垫料上面，利用猪的翻拱特性，猪的排泄物和垫料得以充分混合，通过微生物的分散发酵，猪粪得以迅速的降解和消化（彩图2）。

第二节 生态养猪场的设计与规划

生态养猪场设计与规划的好坏，对养猪效益及后续扩群扩建有着直接的影响。在场区的设计上既要考虑养猪的一般工艺流程、养猪的规模，还要考虑生态养猪场的特点。生态养猪场应有相应的配套设施和辅助设施，既要有生态养猪的小气候，还要有生态养猪的大气候，才能保证整个生态链的正常运转。以下分别从生产工艺、场区布局与规划、猪舍设计与规划和辅助设施的设计与规划等介绍生态养猪场的建设。

一、养猪生产工艺流程和指标

养猪生产设计的一般参数：猪年产2.2窝，提供20头以上仔猪，母猪利用年限3年，年淘汰率30%，达到90kg体重的日粮160d（23周）左右，屠宰率75%，瘦肉率65%。生态养猪场生产工艺基本以此为参考，共分为4个工艺流程，然后根据工艺流程确定生产指标和猪群结构与规模，及猪舍猪栏工艺参数。

1. 生产工艺流程 现代养猪的工艺流程有2段式、3段式、4段式等，根据猪的生理周期和饲养特点，中小型规模场以周为单位，4段式养猪工艺为主，见下图：

配种妊娠→分娩→保育→生长→育肥
16周　4周　5周　5周　11周

（1）配种妊娠阶段　配种期5～7d（1周），妊娠114d（16.5周），空怀母猪一般在1周左右完成配种，观察4周，转入妊娠舍，没有妊娠的继续配种。

（2）产仔哺乳阶段　母猪分娩前1周进入产房，仔猪哺乳期3～4周，断奶后原栏饲养1周，然后转入保育舍，母猪进入配种舍配种。

（3）断奶培育阶段　仔猪转入培育舍后，饲养5周左右，体重达到16～25kg，对环境有了一定的适应能力，再转入育肥舍育肥。

（4）育肥阶段　按照育肥猪的饲养管理要求，保育猪在此饲养大约15周即可上市，性能测定优秀的猪作为后备猪进行培育。

2. 生产技术指标

（1）每头母猪年产仔窝数　母猪的年产窝数受哺乳期和配种期长短的影响，哺乳期4～5周，配种期1周，妊娠期16.5周，一个繁殖周期21.5～22.5周，一年52周，则年产窝数2.3～2.4窝。

（2）每周产仔母猪头数　按照年产2.3窝计算，知道总的母猪头数就可以计算出年/周产仔窝数，每周产仔＝母猪头数×2.3（窝）/52（周）。一个600头基础母猪的猪场，每周产仔26.5窝，按分娩率85%计算，每周有31头母猪配种，4周哺乳，产房存栏母猪106头/年，考虑到消毒间隔，600头基础母猪的产房产床数为137个左右。

（3）每周母猪配种数　按分娩率85%计算，每周配种数＝每周产仔窝数/85%，600头基础母猪，每周参加配种31.2头。

（4）每周断奶仔猪头数和转群数　每周 26.5 头分娩，窝产 10 头，每周产仔 265 头，4 周哺乳，一个哺乳期内有仔猪 1060 头，哺乳期死亡率 5%，保育期死亡率 2%，保育 5 周计算，育肥 16 周，则每周断奶数 265×95% = 251.75 头，保育仔猪 251.75×5 = 1258.75，每周新增育肥猪 251.75×98% = 246.7 头，常年存栏育肥猪，246.7×16 = 3947 头。

3. 猪群结构与比例　合理安排猪群结构与比例能充分利用圈舍，进而使生产效益最大化。首先要根据自身条件设计自己的猪群规模，一般根据饲养母猪数和出栏商品猪数来确定猪群规模。小型：母猪数 300 头以下，商品猪 5000 头；中型：母猪 300～600 头，商品猪 5000～10000 头；大型：母猪 1000 头以上，商品猪 1.5 万以上。合理的猪群结构是以中青年猪为主，老中青结合的猪群结构模式。成年公猪占母猪群 1%；后备公猪占成年公猪 30%～50%，选留比 10：2；生产母猪群占总存栏 10%；后备母猪占生产母猪的 25%～30%，选留比 2：1；哺乳仔猪占猪群 15%～17%。

二、生态养殖场场地规划与建筑布局

1. 场址的选择　生态养猪场的选址关系到猪的生长、防疫、饲养、工人劳动效率以及周围环境的保护等，要综合考虑多种因素影响。既要考虑地形、地势、水源、土壤、当地气候等自然条件，同时应考虑饲料及能源供应、交通运输、产品销售、与周围工厂、居民点及其他畜牧场的距离、当地农业生产、猪场粪污处理等社会条件。生态养猪场要考虑农林牧相结合，便于猪的粪便就地消纳，要求遵循以下原则：

（1）地势干燥，面积开阔　猪场地形要开阔，地势要干燥，背风向阳，远离村镇和屠宰场及其他化工厂，防止交叉污染，距离其他畜场在 3km 以上。猪场的建筑面积依据饲养规模而定，一般出栏一头商品猪占地面积 2.5～4m²。

（2）交通便利，便于运输　猪场每天需要消耗大量的饲料，同时有大量的商品猪需要运出，需要有便利的交通，但是考虑到防疫的需要，远离村庄和交通主干线。

（3）水电充足　猪场的需水量比较大，如饮水（估测猪的日饮水量：成年猪 10～20L，母猪 30～45L，青年猪 8～10L）、冲洗、消毒以及生态养猪场种植养殖用水等，必须保证充足优质的水源。另外养殖场机械、产房、猪舍都需要用电，除了稳定的网络发电，还需要自备发电机，防止断电。

（4）农牧结合　为了便于消纳粪尿，生态养猪场要求有配套的鱼塘、果树、蔬菜、苗圃、耕地或沼气池进行自然消化，因此在建厂选址时要充分考虑这些辅助设施配套。

2. 场地规划和建筑布局　生态养猪场按猪、沼、果、鱼、林方式布局来规划设计，本着养猪为主，与生态相结合的原则，实行农牧结合，发展立体农业，做到场地宽阔，交通便利，花、木、果、林、鱼塘、耕地和猪群生产相匹配，能够和周围的自然环境融合在一起。根据自然条件、养殖基础和发展潜力，将生态养殖场划分为：养殖区、种植区和水产区三个主要部分。

（1）养殖区　养殖区是整个生态养殖场的核心区域，主要有生产区、生活区和配套区组成，整个猪场要严格设置净道和污道。生产区是养猪场的核心区域，又分为繁殖区、保育区、育肥区，区与区之间有隔离带，繁殖区设在猪场的上风方向，配种妊娠舍、分娩舍、保育舍、生长育肥舍、装猪台，依次排列，消毒室、隔离区和病死区设在下风口。在设计时，使猪舍方向与当地夏季主导风向成30°～60°角，使每排猪舍在夏季得到最佳的通风条件。配套区包括猪场生产管理必需的附属建筑物，如饲料加工车间、仓库、修理车间、变电所、锅炉房、水泵房等。病猪隔离区设在远离生产区的下风向，地势较低的地方，以免影响正常生产猪群。生活区包括门卫室、办公楼、食堂、宿舍等，单独设立，在生产区的上风向或与风向平行的一侧。猪场周围建还要围墙，设防疫沟，以避免闲杂人员等进入场区。水塔是清洁饮水正常供应的保证，位置选择与水源条件相适应，且安排在猪场最高处。粪污处理区的干粪实行堆积发酵法，猪场建立贮粪房，每天清扫的猪粪放入粪房内，经过一段时间堆积发酵后作农田肥料，经其干燥后再加工利用。也可建立多级污水净化池和生物处理池或建立大型沼气池来综合处理利用粪便，对尿液和污水，经过处理后排放到水产区和种植区消除恶臭气味，解决粪水对环境的污染。场内道路设计要分道，净道、污道互不交叉，出入口分开。场内主道宽度至少4m，两侧通道保持3m。

（2）种植区　种植区的设计特色是绿色天然无污染，粪污还田的模式，养分来源主要为养殖区的粪尿、垫料等。在种植区域内，可以规划建设果树、蔬菜和花卉苗木等生产带，本规划区可划分为果园种植区、露天蔬菜区和花卉、瓜果大棚生产区。果园种植区按照生产示范和推广的要求，种植具有地方特色的稀有水果或引进国内外名优果树品种进行试验示范，建成的果园争取做到每个季节有收获；蔬菜区种植具有特色的优质蔬菜；花卉、瓜果大棚生产区种植名优花卉和瓜果，可以分3个栽培区：观赏温室区、高档盆花生产区和瓜果生产区。根据各区作物品种栽培的特点，建设不同档次的栽培设施，实现工厂化设施农业的示范栽培。

（3）水产区　水产区域，主要是保护和合理开发渔业资源，提高宜渔资源利用水平，积极发展流水池塘养鱼和稻田养鱼模式，发展与猪场生态环境相适应的低耗生态型、节水型特色渔业，加强自然保护区建设，保护水生生物多样性和水域生态完整性。比如果基鱼塘是基塘模式的一种，即塘坎上种果，塘内养鱼为主的一种综合经营的生态农业模式。塘坎与水面的比例1∶4左右，塘坎高0.7～1m，宽1.2～3m（3m左右则可种两行果树），水深1.8m以上，1亩果基鱼塘可蓄水700～900m³；塘坎进行浆砌，以防垮坎和渗漏，并建立完善的排灌系统，每口塘面积以3～5亩为好。基上种水果（柑橘类、桃、李、枇杷等），视塘坎宽窄可种1～2行，3面或4面林果都行，适当密植，一般3m左右。水产区的养分来源可以是沼渣、沼泥，鱼塘的塘泥又是很好的还田肥料。

三、猪舍的规划与设计

猪舍的设计与建筑，要综合考虑多种因素，比如养猪的生产工艺流程、当地的环境条件、经济条件等因地制宜，发挥养猪效益的最大化。像南方地区猪舍以防潮隔热和防暑降温为核心，北方则以防寒保温和防潮防湿为重点。

1. 猪舍类型

（1）**按屋顶形式分**　有单坡式、双坡式等。单坡式跨度小，结构简单，造价低，光照和通风好，适合小规模猪场；双坡跨度大，双列猪舍和多列猪舍常用该形式，其保温效果好，但投资较多。

（2）**按墙的结构和有无窗户分**　有开放式、半开放式和封闭式。开放式是三面有墙一面无墙，通风透光好，不保温，造价低；半开放式是三面有墙一面半截墙，保温稍优于开放式；封闭式是四面有墙，又可分为窗和无窗两种。

（3）按猪栏排列分 有单列式、双列式和多列式。单列式猪舍具有结构简单、投资少、通风透光好、维修方便等特点，适用于农村中小型养猪场和专业户与个体户；双列式猪舍多为规模较大、现在化水平较高的大中型养猪场所采用，其结构较为复杂，投资也多，但便于管理，能有效地控制环境条件与提高劳动效率。

2. 猪舍设计特点 猪舍建筑要考虑夏季通风降温，冬季防寒保暖，并能够有效利用建筑面积，在猪舍类型上大多选用单列式和双列式，位置坐北朝南偏东15°左右，分娩舍和保育舍采用全封闭型多，配种舍、妊娠舍和生长育肥舍以半开放型和开放型居多，下面从中小型猪场为例分别介绍猪舍的结构和不同类型猪舍的建筑特点。

（1）猪舍结构 完整的猪舍，包括墙壁、屋顶、地面、门、窗、粪尿沟、猪栏等构成部分。

①墙壁 要求坚固、耐用、保温性好。经济实惠的墙壁为砖砌墙，要求水泥勾缝，离地0.8~1.0m水泥涂抹，超过1.2m的围墙用空斗砖砌，也可以半墙半帘，降低成本。

②屋顶 有水泥平板式和钢架支撑式两种，前者常见于传统式养猪场，代价低，但通风保温性能差；后者为彩钢房顶，并夹有玻璃纤维保温棉，冬季保温效果良好，夏季通风更灵活，大型猪场常用。

③地面 地板的要求坚固、耐用、渗水良好。比较理想的地板是水泥勾缝平砖式。其次为夯实的三合土地板，三合土要混合均匀，湿度适中，切实夯实。

④粪尿沟 开放式猪舍要求设在前墙外面，全封闭、半封闭猪舍可设在距南墙40cm处，并加盖漏缝地板。粪尿沟的宽度应根据舍内面积设计，至少有30cm宽。漏缝地板的缝隙宽度要求不得大于1.5cm。

⑤门窗 开放式猪舍运动场前墙应设有门，高0.8~1.0m，宽0.6m，要求特别结实，尤其是种猪舍；半封闭猪舍则在运动场的隔墙上开门，高0.8m，宽0.6m；全封闭猪舍仅在饲喂通道侧设门，门高0.8~1.0m，宽0.6m。通道的门高1.8m，宽1.0m；无论哪种猪舍都应设后窗，开放式、半封闭式猪舍的后窗长与高皆为40cm，上框距墙顶40cm；半封闭式中隔墙窗户及全封闭猪舍的前窗要尽量大，下框距地应为1.1m；全封闭猪舍的后墙窗户可大小，若条件允许，可装双层玻璃。

⑥隔栏 除通栏猪舍外，在一般密闭猪舍内均须建隔栏。隔栏材料基本上是两种，砖砌墙水泥抹面及钢栅栏。纵隔栏应为固定栅栏，横隔栏可为活动栅栏，以便清理和猪的进出。

（2）猪舍规划设计 根据生产工艺的阶段类型，分别介绍公猪舍、配种母猪舍、分娩哺乳舍、保育舍和生长育肥舍的设计特点和工艺参数。

①公猪舍 公猪舍的设计要考虑公猪肢蹄的健康和适宜的环境温度的要求，以便保证生产出优质的精液（图10-2、图10-3）。公猪舍一般为单列半开放式，单圈饲养，面积为7~9m²，内设走廊，外有小运动场，以增加种公猪的运动量。由于高温会严重影响猪的精液品质，屋顶加装绝缘材料，室内安装喷淋设备和通风设备等；防止猪的肢蹄损伤，地面不能过于光滑和粗糙，猪栏以高度为1.2~1.4m为宜。公猪栏的位置设在待配母猪栏的对面或者中间，便于诱导发情，公猪舍内设置采精间，旁边建立化验室。

图 10-2　公猪舍（1）　　　　　图 10-3　公猪舍（2）

②配种母猪舍和妊娠母猪舍　群养最常见，一般每栏饲养空怀母猪 4～5 头、妊娠母猪 2～4 头，妊娠母猪也有单栏饲养的。圈栏的结构有实体式、栏栅式、综合式三种，猪圈布置多为单走道双列式（图 10-4、图 10-5）。猪圈面积一般为 7～9m²，地面坡降不要大于 1/45，地表不要太光滑，以防母猪跌倒。也有用单圈饲养，一圈一头，限位栏规格 2m×0.55m×0.9m。

图 10-4　妊娠母猪单体栏　　　　图 10-5　妊娠母猪舍

③分娩哺乳舍　要求干燥、通风、舒适，舍内设有分娩栏，布置多为两列或三列式。舍内温度要求 15～20℃，风速为 0.2m/s，分娩栏位结构也因条件而异。分娩哺乳舍有地面分娩栏和高架产床 2 种，为了防止仔猪被压，都设有防压架或者限位栏（图 10-6、图 10-7），中间部分为母猪限位架，两侧是仔猪采食、活动和饮水的地方，同时配有保温箱，限位架的后部有门，便于母猪进出。若高床饲养，要求产床距离地面 50cm，产床的规格 2m×1.85m×0.9m。

④保育舍　指仔猪断奶后并群进行 5 周左右的饲养，是由哺乳转向饲料的一个重要过渡期，以防寒、保暖、减少病菌感染为主设计，根据栏面积来确定饲养头数（图 10-8、图 10-9），每栏不超过 25 头为宜，地面设有保温箱，专用的料槽和饮水器。

⑤育肥舍　以群养为主，每头猪占地面积不小于 1m²，地面便于粪污清理和防滑，多以水泥地面，有一定的倾斜度，一侧有专门的粪尿沟，同时根据饲养密度合理配制饲槽和饮水器数量（图 10-10、彩图 3 与表 10-1）。

图 10-6 母猪分娩哺乳栏

图 10-7 母猪分娩产床

图 10-8 保育舍

图 10-9 保育床

图 10-10 育肥舍

表 10-1 各类猪栏规格及占用面积

猪群类别	种公猪	空怀、妊娠母猪	分娩、哺乳母猪	后备母猪	保育猪	生长猪	育肥猪
所需猪栏面积/（m²/头）	5.5～7.5	1.8～2.5	3.7～4.2	1.0～1.5	0.3～0.4	0.5～0.7	0.7～1.0

3. 栏位计划与配制 合理规划和配制不同猪舍内的栏位数是提高综合生产效率的途径，原则是既不造成空置，又不能造成栏位不够，这样才能保证生产工艺的正常运转，除了要考虑饲养周期外，还要考虑消毒时间和准备时间。以饲养 600 头母猪的万头猪场为例，每头猪年产 2.2 窝，每年可产仔 1320 窝，每周产仔 1320 窝/52 周＝25 窝/周，即每

周有 25 头猪配种猪产仔，25 窝猪断奶进保育舍，25 窝猪出栏。

（1）公猪栏　公、母猪的比例一般为 1∶20，那么 600 头基础母猪所需的公猪数是 30 头，就需要有 30 个公猪栏，公猪的年更新率为 50%，即 15 头猪需要更新淘汰，还需要设置 4～5 个后备公猪栏。

（2）母猪栏　准确的设计母猪的栏位数，必须清楚母猪在每个舍内的占栏时间。母猪在配种舍内的时间为断奶到配种的天数再加上一个发情周期的观察，共计 $7+21=28d$（4 周）；妊娠舍时间 $114-21-7=86d$（12 周）；分娩舍时间 $28+7=35d$（5 周）。另外还需有 1 周的空闲期进行卫生打扫和消毒，那么配种舍栏位数（4+1）×25＝150 栏，妊娠舍栏位（12+1）×25＝425 栏，分娩舍栏位数（5+1）×25＝150 栏。

（3）保育栏　保育栏可容纳 2 窝仔猪，饲养时间为 5 周左右，那么保育栏数量减半，（5+1）×25/2＝72 栏。

（4）生长育肥栏　猪的生长育肥饲养周期为 15 周，调出公猪后，基本 15～20 头（2 窝）一栏，所需的栏位数（15+1）×25/2＝200 栏。

四、沼气池设计规划与其必要性

1. 沼气发酵的原理　沼气发酵是利用厌氧微生物（主要是甲烷细菌）在密闭的沼气池里大量繁殖，它们将人、禽畜粪尿和秸秆中的有机物分解，并且产生沼气的一种技术。产生的沼气是一种可以燃烧的气体，同时，释放出的能量形成高温，可以杀死各种病菌和虫卵，沼气池中的残渣和残液可以作肥料利用。

2. 沼气池的设计原则

①沼气工程的建设应该符合当地总体发展规划，与当地客观实际紧密结合。畜禽养殖场应是长期固定、且可持续发展的。正确处理好集中与分散、开发与利用、近期与远期的关系。

②沼气工程的建设要在保证质量和处理效果前提下，应从简化操作程序、降低劳动强度、降低投资和运行费用出发，积极采用新技术、新工艺、新材料、新设备。

③沼气工程的建设应以减量化、无害化、资源化为目标，同时考虑养殖场改进生产工艺，实行清洁生产，从源头上减少粪污排放量。科学合理地控制建设规模与投资，以取得最优的经济、社会、生态效益。

④沼气工程的发酵原料应是养殖场的粪便污水，应有充足和稳定的来源，严禁混入其他有毒、有害污水或污泥。

⑤沼气工程的规划、设计应科学合理地利用沼气、沼肥。以充分体现沼气工程在能源、环保、生态等多方面的积极作用。

⑥沼气工程的规划设计、施工建设必须由相应资质的单位或企业承担。项目单位积极配合，当地农村能源管理部门加强监督与管理。

3. 沼气池的选址　沼气工程的选址应与养殖场整个生产系统统筹规划、合理布局，重点考虑以下几方面：

①经济性　较好的工程地质条件，方便的交通运输和供水供电条件，标高较低处。

②卫生性　满足防疫要求，在畜禽养殖场和附近居民区主导风向的下风侧（有机肥厂上风向）。

③安全性 由于沼气是易燃易爆气体，沼气生产和贮存等装置应与明火、高压电线等保持足够的安全距离。

4. 沼气池的规划 根据不同的养殖规模、资源量、污水排放标准、投资规模和环境容量等因素综合考虑，并经过多方案比较，因地制宜地确定工艺方案。目前，我国畜禽养殖场沼气工程的工艺方案基本分为"能源生态型"和"能源环保型"。

（1）"能源生态型"沼气工程

工艺适用条件：养殖场规模在年出栏 10000 头猪单位以下，要求周围有足够的农田消纳厌氧发酵后的沼液、沼渣；养殖业与种植业的规模要配套。

工艺描述：养殖场污水通过排水沟自流到调节池，调节池前设置格栅，以清除污水中较大的杂物。人工清出的粪便运到调节池内，与污水搅拌后流入计量池，计量池内设泵，定时定量地将料液送进厌氧消化罐。冬季为保持厌氧消化罐内的温度在 30℃ 左右，在计量池内设蒸汽加热系统，蒸汽由锅炉房引入。计量池和厌氧消化罐内设有温度传感器，调整进入调节池的蒸汽量。也可使用其他加热方式。产生的沼气经脱硫、脱水、脱杂净化后进贮气柜，作为生产或生活用能。沼渣根据情况定期排出并可干化，作为有机肥使用。沼液进入后处理系统，作为农田或鱼塘的有机肥使用。

（2）"能源环保型"沼气工程

工艺适用条件：养殖场规模在年出栏 10000～100000 头猪单位，周边不具备自然消纳沼液的条件且排水标准要求高的地区。

工艺描述：养殖场污水经管道自流入集水池，在集水池前设置格栅，去除污水中较大的杂物。集水池内设提升泵，将污水抽至固液分离筛（彩图 4），分离的粪渣人工清走作有机肥原料，分离的污水自流入沉淀池。沉淀池的上清液自流入调节池，调节池内设提升泵，将调节后的污水定时提升至厌氧消化罐的布料装置并在池内均匀布水。厌氧消化罐的出水自流入后处理系统。后处理以好氧处理为主要技术手段，处理的出水可达标排放或畜禽养殖场回用或放入贮液池（图 10-11）。干清的畜禽粪便可生产有机复混肥出售或直接做农田基肥使用。

图 10-11 贮液池

5. 沼气池项目建设的必要性

（1）增加优质可再生能源供应，缓解国家能源压力 我国能源工业面临着经济增长和环境污染的双重压力，开发利用可再生新能源具有重大意义。沼气是各种有机物质在隔绝空气（还原条件）、适宜的温度湿度条件下，经过微生物作用产生的一种可燃烧气体。作为一种高能优质的能源，沼气越来越受到人们的欢迎。沼气的主要成分是甲烷，占所产生的各种气体的 60%～80%。甲烷是一种理想的气体燃料，它无色无味，与适量的空气混合后即可燃烧。1m³ 沼气完全燃烧后，能产生相当于 0.7kg 无烟煤提供的热量。

（2）有利于改善养殖场周边环境 随着畜牧业的迅速发展，畜禽饲养量不断增加，畜禽场每天排放的粪便等废弃物日益增多，不仅造成严重的环境污染，而且容易引起畜禽致病，制约了畜禽场自身的发展。沼气工程的建设，为处理畜禽场的粪便提供了有效的途径。

选择养畜较为集中的养殖场建设沼气工程，既能解决燃料、肥料问题，又能科学地处理粪便，沉淀和消灭大部分寄生虫卵。有利于搞好粪便管理，减少蚊蝇滋生的场所。

（3）有利于实现生态养殖，促进节能减排和区域循环经济发展　随着养殖量不断增加，养殖场每天排放的粪便等废弃物日益增多，不仅造成严重的环境污染，而且容易引起畜禽致病，直接影响养殖的防疫卫生，降低生产力水平，从而制约养殖场的扩大再生产和安全生产。建设沼气工程，在不完全的农业循环中加入了沼气应用这一环节，就可以使之变成一个闭合的完全农业循环。沼气工程在完全的农业循环体系中，可以加速农业各部门之间的综合发展，比较充分地利用农业生产收获的能量和物质，可以调节能源、饲料、肥料三者之间的关系，净化环境，减少污染，保护水资源，提高土壤肥力，减少化肥的施用，从而达到节能减排，保护农业生态平衡，促进农牧业的发展。

（4）有利于发展无公害农产品，有效保证食品安全　当前，我国化肥和农药施用量已超过世界平均水平，化肥、农药的过量施用导致农产品品质下降，危害人民身体健康，严重影响我国农产品的市场竞争力。一个 $8m^3$ 的沼气池，年产沼液沼渣 $10\sim15t$ ，可满足 $2\sim3$ 亩无公害瓜菜的用肥需要，可减少20%以上的农药和化肥施用量。沼液喷洒作物叶面，灭菌杀虫，秧苗肥壮，粮食增产 $15\%\sim20\%$ ，蔬菜增产 $30\%\sim40\%$ 。

案例：北京市东郊农场苇沟猪场沼气池项目

北京市东郊农场苇沟猪场，于1990年开始首先建起了一个 $30m^3$ 的猪粪预热罐，一个 $200m^3$ 的沼气中温发酵罐，每年可产沼气11.68万 m^3 ，折合标准煤85.9t，占全场耗煤量的60.1%，并采取三级加热，可保证常年供气。在厌氧消化系统配套上，又相继建成了 $100m^3$ 的浮罩式贮气罐，以及沼气的脱硫脱水装置。为了缓解电力供应紧张矛盾，开展沼气发电，安装了24kW的双燃料沼气发电机。沼气保证了工作人员与猪群四季饮水、吃饭和取暖需要。同时，开展了沼液、沼渣养鱼；利用沼渣养蚯蚓、喂鸡，沼液、沼渣作为肥料培育中药材和花卉，使全场在这个项目上，每年获纯收入8万元以上。

五、其他辅助设施的设计与规划

1. 温控系统　冬季保温、夏季降温是猪舍建筑要考虑的重要因素。首先，要选择保温性能好的建筑材料，窗户关闭要严密，产仔舍及仔猪培育舍一定要"吊顶"，常见的热水、蒸汽、电能（图10-12~图10-14）等多种采暖设备中，以鼓热风设备较好；在保温的同时，注意通风换气，保持舍内干燥环境。夏季降温方式很多，有湿帘、喷雾抽风、猪头部滴注等方式。实践中采用屋顶喷水雾、舍内吊扇加速气体交流的方式投资较少、简单实用，能使舍内温度下降 $3\sim6℃$ ，舍内湿度不大。

2. 供水设备　猪场用水应符合养殖场用水标准，可采用自动饮水的供水系统，根据不同猪群安装不同大小、高度的饮水器。为减少浪费，舍外设减压饮水池，以免饮水喷射；饮水器位置与猪嘴筒成一条直线；饮水器下方设漏缝地板，余水不滞留地面；或饮水器下方设一横向浅沟，将余水引流出栏；市面上鸭嘴式、碗式饮水器较普遍，选碗式较好。

图 10-12 仔猪保温灯

图 10-13 仔猪保温箱

图 10-14 仔猪电热保温板

3. 漏缝地板 要求耐腐蚀、不变形、表面平、不滑、导热性小、坚固耐用、漏粪效果好且易冲洗消毒，适合各种年龄猪的行走站立、不卡猪蹄（如图 10-15 与图 10-16 所示）。分娩母猪、培育猪采用金属编织网（钢筋编织网、焊接网）；公猪、母猪、育成猪、育肥猪采用铸铁地板、陶瓷地板、水泥混凝土板块等。具体的缝隙宽度见表 10-2。

图 10-15 半漏缝人工干清粪（原阳某养殖场）

图 10-16 全漏缝机械干清粪（潢川某养殖场）

表 10-2 缝隙宽度

类　型	漏缝间隙宽度/mm
公猪栏	25
母猪栏	24
分娩栏	10
培育栏	12
育成栏	16
育肥栏	18

4. 粪污处理系统　年出栏 1000 头的猪场，每天产猪粪 230t，污水 2400t。设计完善的粪污处理系统是猪场设计的重要部分。猪舍建设中，首先要做好雨污分离工程，一般可采用埋设排污管，集中污水；其次做好干湿分离工作，一般采用人工集粪后再冲洗，干粪堆积在积粪场发酵处理后出售或回田。污水排入沼气池、格栅沉淀池等处理池，经处理后再排入果园、农田、藕田等农作物园区，实行生态养殖。

5. 给料设备　采用固定的喂料食槽，尺寸具体见表 10-3，配置自动食箱。

表 10-3　食槽尺寸

单位：cm

类别	长度	宽度	高度
母猪	40～45	35～45	25～30
仔猪	15～20	15～20	10～15
育肥猪	40～50	30～35	18～23
公猪	50～60	35～45	30～35

案例：牧原食品股份有限公司猪场的节水管理

随着规模化养猪的不断扩大，养猪的污水排放问题日益成为制约养猪生产的重要问题。牧原食品股份有限公司在实践中探索出了一条养猪环保的循环经济模式：源头控制、固液分离、沼气发电、沼液还田。

公司通过设备改造，管理考核和沼液回收利用相结合的措施，使得猪场的用水量大大减少，保障了资源的利用效率，同时使得猪场的污水处理压力大大减少。

一、设备改造

1. 全漏缝节水地板　地板实心比例少，有利于猪粪的下流，除饮水外几乎不用水，在养猪期间不需用水冲粪便。彩图 5 为全漏缝地板免水冲猪舍。

2. 改装饮水系统　鸭嘴式饮水器改为碗式饮水器（彩图 6）。猪用碗式饮水器，内有一个乳头式饮水嘴，将其连接在自来水管上。乳头式饮水嘴位于一接水罩内，接水罩具有上罩、左挡板、右挡板和后壁板，接水罩的底部为盛水槽，整个接水罩固定在护栏或墙壁上。与鸭嘴式饮水器相比，碗式饮水器可大大节约用水量，且干净卫生。经试验测定，鸭嘴式饮水器的产污水量为碗式饮水器的 3 倍。

二、管理考核

把猪饮用水、刷圈、消毒、降温等一切用水纳入饲养员的工资考核中，可提高饲养员的节水意识。每个单元安装一个水表，每批猪生产结束之后，根据标准进行奖罚。公司制订不同阶段猪的用水量，夏季与冬季方案有所不同。全年的耗水量的标准为：妊娠母猪 20L/（d·头），哺乳母猪 50L/（d·头），保育猪 4L/（d·头），育肥猪 7L/（d·头）。根据实际用水量按奖 1 元和罚 5 元的标准执行。各个阶段猪群的耗水量均摊到出栏的育肥猪上，每上市一头 100kg 育肥猪的耗水量控制在 1100L。

三、沼液回收利用

粪污通过粪渠进入过滤池粗滤，去除药瓶、料袋等杂物。经固液分离、沼气发电后，产生的沼液一部分浇灌农林地，另一部分通过压力罐和管道后，在猪舍放水时用来冲漏缝板下的粪水池，大大节约了用水量。

第三节　生态养猪场的饲料供应与加工技术

一、猪的营养需要

营养是动物摄取、消化、吸收、利用饲料中营养物质的过程，是一系列化学、物理及生理变化的过程，是一切生命活动的基础。营养需要是指动物为了维持生存和生产而对饲料中各种营养物质的最低需要量，根据概略养分分析法，将猪的营养需要分为水、碳水化合物、蛋白质、脂肪、矿物质、维生素和其他添加剂的营养需要。下面分别从它们的营养特点和需要量进行阐述。

1. 水的营养需要　水是猪体的重要营养物质，猪体大约一半是水，初生仔猪的机体水含量最高，可达80%以上；体内营养物质的输送、消化、吸收、转化、合成及粪便的排出，都需要水分；水还有调节体温的作用，也是治疗疾病与发挥药效的调节剂。体内缺水影响猪的采食量和生产性能，造成食欲减退，代谢紊乱，严重缺水时甚至死亡，如失水1%～2%，产生干渴；失水5%时，采食量和生产性能下降；失水8%时，体重下降，严重干渴，食欲丧失，对疾病抵抗力下降；失水10%时，生理失常，代谢紊乱；失水20%，动物死亡。

正常情况下，哺乳仔猪每千克体重每天需水量为：第1周200g，第2周150g，第3周120g，第4周110g，第5～8周100g。生长育肥猪在自由采食、自由饮水的条件下，10～22周龄期间，水料比平均为2.56∶1；非妊娠青年母猪每天饮水约11.5kg，妊娠母猪为20kg，哺乳母猪超过20kg。气温、饲粮类型、饲养水平、水的质量、猪的大小等都会影响需水量，必须保证有优质和充足的饮水。采用干拌料时，料水分开，要求自由饮水；采用湿拌料饲喂，料水比为1∶（1～1.5），喂后供给足够的饮水。

2. 蛋白质营养需要　蛋白质是生命的基础，猪的组织器官如肌肉、神经、血液、被毛甚至骨骼，都以蛋白质为主要组成成分，也是各种酶、激素、抗体、核酸和血红蛋白的基本成分。蛋白质缺乏时，会出现食欲不振、采食量下降、厌食，进而导致能量摄入不足，伴随能量缺乏，母猪发情异常，不易受胎，胎儿发育不良，公猪精液品质下降，产生弱胎、死胎等。

氨基酸是组成蛋白质的基本单位，饲料中氨基酸的种类和组成决定了蛋白质的营养价值，尤其是必需氨基酸和限制性氨基酸的供给与搭配，比如，谷物籽实的第一限制性氨基酸通常是赖氨酸，豆类及其饼粕的第一限制性氨基酸通常是蛋氨酸，在配制日粮时要优先考虑，动物性蛋白质饲料氨基酸组成比较接近猪的营养需要，鱼粉一般是最佳的选择。此外，蛋白质的利用效率受蛋白质的种类和消化率的影响，几种蛋白质的配合使用，可以发挥蛋白质的互补作用，提高蛋白质的利用率和效价。

理想蛋白质是指氨基酸在组成和比例上与猪所需蛋白质的氨基酸的组成和比例一致，包括必需氨基酸之间以及必需氨基酸和非必需氨基酸之间的组成和比例的蛋白质，猪对该种蛋白质的利用率应为100%。按理想蛋白质、可利用氨基酸来配制饲粮可提高蛋白质利用率，降低饲粮蛋白质的水平，减少氮排泄量。

3. 脂类营养需要　脂肪在猪体内具有重要的作用，磷脂、糖脂是构成细胞膜的主要成分，皮下脂肪可抵抗微生物侵袭、绝热，防寒保暖，脂肪作为溶剂促进类胡萝卜素的吸收，猪肌肉内脂肪含量提高可改善猪肉产品风味，还是猪体内能量的重要来源。脂肪缺乏时，猪生产性能和饲料利用率下降，被毛损失，外观不良，主要是引起能量缺乏、必需脂肪酸（EFA）缺乏和脂溶性维生素缺乏造成。猪日粮中应含有 2%～5% 的脂肪，这不仅有利于提高适口性，利用脂溶性维生素的吸收，还有助于增加皮毛的光泽。

脂肪酸是脂肪的基本组成单位。在体内不能合成，必须由饲料供给的脂肪酸成为必需脂肪酸。必需脂肪酸是构成细胞膜的重要成分，也是合成前列腺素的前提，缺乏时引起皮炎、生长速度降低、繁殖障碍、细胞通透性改变，免疫力下降等症状。亚油酸（C18：2）、α-亚麻酸（C18：3）和花生四烯酸（C20：4）是猪的必需脂肪酸，饲粮中含 1%～2% 可满足猪需要。

4. 碳水化合物需要　碳水化合物是供给能量的主要物质，富含碳水化合物的饲料如玉米、大麦、高粱等，都含有较高的能量。一般情况下，猪能自动调节采食量以满足其对能量的需要。但是，猪的这种自动调节能力也是有限度的，当日粮能量水平过低时，虽然它能增加采食量，但因消化道的容量有一定的限度而不能满足其对能量的需要；若日粮能量过高，谷物饲料比例过高，则会出现大量易消化的碳水化合物，引起消化紊乱，甚至发生消化道疾病。同时，日粮中能量水平偏高，猪会因脂肪沉积过多而造成肥胖，降低瘦肉率，影响公、母猪的繁殖机能。

猪饲料中的碳水化合物的主要来自无氮浸出物和粗纤维。淀粉是无氮浸出物的主要成分，存在于谷物籽实和根、块茎如马铃薯等中，很容易被消化，淀粉被食入后，在各种酶的作用下，最后转化成葡萄糖而被机体吸收利用。猪对粗纤维的消化率低，但粗纤维对猪消化过程具有重要意义，粗纤维供给量过少，可使肠蠕动减缓，食物通过消化道的时间延长，低纤维日粮可引起消化紊乱、采食量下降，产生消化道疾病，死亡率升高；日粮中粗纤维含量过高，使肠蠕动过速，营养浓度下降，则仅能维持猪较低的生产性能。仔猪和生长育肥猪日粮中粗纤维含量不宜超过 4%，母猪可适当增加，但也不要超过 7%。

5. 矿物质需要　矿物质是体组织和体细胞的主要成分，在调节血液和淋巴液渗透压，保证细胞营养，维持血液酸碱平衡等方面有重要的作用，也是保证幼猪生长、维持成年猪健康和提高生产性能所不可缺少的营养物质。猪所需要矿物质，按其含量可分为常量元素（体内含 0.01% 以上），如钙、磷、钠、氯、钾、镁、硫等，微量元素（体内含 0.01% 以下），有铁、铜、锌、钴、锰、碘、硒等，缺乏时引起猪的特异性生理功能障碍。钙和磷占矿物质总量的 70%，99% 存在于骨骼和牙齿中。据测定，豆科牧草中含有丰富的钙，谷物籽实中含有足量的磷，所以，在正常饲养条件下，均可满足钙、磷的需要量。由于植物性饲料中的钠、氯含量很低，因此必须补充食盐。据测定，猪的常用饲料中富含钾、镁、硫、铁、铜、锌、钴等元素，所以，一般情况下不会发生缺乏症。

6. 维生素需要　维生素的主要功能是调节动物体内各种生理机能的正常进行，参与体内各种物质的代谢，对猪的生长、健康、发育和繁殖均具有重要的意义。维生素缺乏时，会导致新陈代谢紊乱，生长发育受阻，生产性能下降，甚至发病死亡。猪所需要的维生素，根据其溶解性质分为两大类。一类是溶于脂肪才能被机体吸收的称脂溶性维生素，包括维生素 A，维生素 D、维生素 E、维生素 K 等，在猪日粮中均需从饲料中获得；另一类是溶于水中才能被机体吸收的称水溶性维生素，主要是 B 族维生素。

二、猪的配合饲料种类和日粮配方

1. 配合饲料种类　配合饲料是根据猪的饲养标准，将多种饲料按一定的比例和规定加工配制成的均匀一致，营养价值全面的饲料产品，按营养成分和用途分为如下几种：添加剂预混料、浓缩料、全价配合饲料。

（1）添加剂预混料　添加剂预混合料简称预混料，它是将一种或多种微量组分，与稀释剂或载体按要求配比，进行预混合的一种饲料，是全价配合饲料的一种重要组分。添加剂的种类有营养性添加剂（维生素类、微量元素类、必需氨基酸类）和非营养性添加剂（抗生素、抗氧化剂、防霉剂、酶制剂、香味剂等）。由于添加剂的量少种类多，在生产过程中，必须选择合适的稀释剂或者载体用于扩大体积并有利于混合均匀，载体要求能接受和承载粉状活性成分的可食性物料，常见有粗小麦粉、麸皮、稻壳粉、玉米芯粉、石灰石粉等，稀释剂也必须是可食性物料。由一类饲料添加剂配制而成的称单项添加剂预混料，如维生素预混料、微量元素预混料；由几类饲料添加剂配制而成的称综合添加剂预混料或简称添加剂预混料。在饲料配合时，用量少于 1kg 的均可制作成添加剂预混料，市售的添加剂预混料多为复合添加剂预混料，一般占到全价饲料的 0.25%～3%。

（2）浓缩料　它是由添加剂预混料、蛋白质饲料（豆粕，鱼粉）和钙、磷以及食盐等按比例混合而成。浓缩饲料中的蛋白质含量在 35% 以上，矿物质和维生素也高于正常的 3 倍以上，不能直接饲喂，必须按一定比例和能量饲料相互配合后才能饲喂。浓缩料在畜禽日粮中的比例，依其营养含量而异，一般来说可占 25%～40%。幼畜日粮的配比比例为：玉米 60%，麦麸 5%，浓缩料 35%。育成畜禽日粮的配比比例为：玉米 65%，麦麸 10%，浓缩料 25%。育肥期畜禽主要选用高能量低蛋白的饲料饲养，所以，饲养户只要在能量饲料里添加适量的浓缩料就可以取得良好的饲养效果。浓缩料具有使用简单、方便的特点，适合小型养殖场和农户使用，其是自家有玉米等能量饲料的农户使用。

（3）全价饲料　全价饲料是由蛋白质饲料（如鱼粉、豆类及其饼粕等）、能量饲料（如玉米、麦麸等）和添加剂预混料按比例配合而成的饲料，或者由浓缩饲料添加一定的能量饲料也可以制作成全价饲料，不需要添加任何物质，能直接饲喂，满足动物的营养需求。全价配合饲料可呈粉状，也可压成颗粒，以防止饲料组分的分层，保持均匀度和便于饲喂。饲喂全价饲料，饲养周期短，减少了养殖成本，全价料熟化程度好，饲喂猪消化吸收效果好，生长速度快，但是配方技术要求高，在饲料中加药时比较困难。

2. 饲料配制的方法和步骤　配制猪日粮的方法很多，试差法是一种简单而实用的方法，一般根据营养需要和现有饲料资源，先初步设计配方，计算其养分含量并与饲养标准对照，逐步调整，直到复合饲养标准。目前以国际通用的 NRC 标准最权威，但是不同区域有一定的差异，NRC 标准配制的日粮营养含量相对较高，要因地而异选择适当的饲养标准。此外，饲养标准是营养水平的平均值，在现实生产中也要灵活调整。现以 35～60kg 的生长育肥猪为例，说明猪饲料配制的方法和步骤。

（1）查饲养标准，确定营养需要　查饲养标准，确定营养需要根据生态养殖场养殖特点，选用《猪饲养标准》（NY/T 65—2004），查饲养标准知，35～60kg 的生长育肥猪的营养需要量见表10-4。

表 10-4　生长育肥猪的营养需要

消化能/（MJ/kg)	粗蛋白/%	赖氨酸/%	蛋氨酸/%	钙/%	磷/%
13.39	16.4	0.82	0.22	0.55	0.48

（2）查营养物质含量　根据现有饲料资源并考虑价格等因素，选用玉米、豆粕、小麦、麸皮、作为能量和蛋白的基本原料，查表得知其营养物质含量见表10-5。

表 10-5　营养物质含量

原料名称	原料价格/（元/kg)	消化能/（MJ/kg)	粗蛋白/%	赖氨酸/%	蛋氨酸/%	钙/%	磷/%
玉米	2.20	14.27	8.70	0.24	0.18	0.02	0.27
小麦麸	1.20	9.37	15.70	0.58	0.13	0.11	0.92
豆粕	3.90	13.18	43.00	2.45	0.64	0.32	0.61
小麦	2.50	14.18	13.90	0.30	0.25	0.17	0.41

（3）草拟配方、初步确定百分比及营养价值

①调整能量和粗蛋白的含量　根据饲料原料的营养价值，确定各种原料在日粮中的大概比例，优先考虑蛋白，再考虑其他，能量不足的部分用豆油补充，配比见表10-6。

表 10-6　初步配比

原料名称	配比/%	消化能/（MJ/kg)	粗蛋白/%	赖氨酸/%	蛋氨酸/%	钙/%	磷/%
玉米	55	14.27	8.70	0.24	0.18	0.02	0.27
小麦麸	5	9.37	15.70	0.58	0.13	0.11	0.92
豆粕	21	13.18	43.00	2.45	0.64	0.32	0.61
小麦	14	14.18	13.90	0.30	0.25	0.17	0.41
豆油	1	36.61					
合计	96	13.4	16.55	0.72	0.27	0.11	0.38
标准		13.39	16.4	0.82	0.22	0.55	0.48

②调整钙、磷含量　从表10-6看，钙、磷的含量均不符合标准，需要额外添加，选用磷酸氢钙，先调节磷，然后用石粉补充钙。磷酸氢钙0.6%，石粉1%，最终含量钙0.58%，磷0.48%，基本符合要求。

③氨基酸含量的平衡　猪饲料中氨基酸种类繁多，赖氨酸、蛋氨酸作为限制性氨基酸，在饲料配方时优先考虑。由表10-6可以看出，蛋氨酸的含量基本符合要求，赖氨酸偏低，根据营养需要，蛋白质含量偏低时，氨基酸平衡，也能保证猪的营养需要，与NRC比较，配方中可以提高限制性氨基酸的含量，但也要考虑成本，添加比例为日粮的0.2%，赖氨酸的含量为0.91%。

④食盐、维生素、微量矿物元素的补充　食盐在饲料中的添加比例为0.4%，饲料中的维生素、微量矿物元素含量一般都不计算，作为安全量计算，所以维生素、微量矿物元素按饲养标准添加，由于配方中添加有小麦，在预混料中需要添加小麦酶，此外为了减少

猪场氮磷的排放和臭气产生，还需要在预混料中添加一定量的植酸酶及其他添加剂。最终饲料配方见表10-7。

表10-7　最终饲料配方

原料名称	配比/%	消化能/（MJ/kg）	粗蛋白/%	赖氨酸/%	蛋氨酸/%	钙/%	磷/%
玉米	55	14.27	8.7	0.24	0.18	0.02	0.27
小麦麸	5	9.37	15.7	0.58	0.13	0.11	0.92
豆粕	21	13.18	43	2.45	0.64	0.32	0.61
小麦	14	14.18	13.9	0.3	0.25	0.17	0.41
豆油	1	36.61					
磷酸氢钙	0.6					21	16
石粉	1					35	
食盐	0.4						
预混料	2						
合计	100	13.4	16.55	0.72	0.27	0.11	0.38
标准	100	13.39	16.4	0.82	0.22	0.55	0.48

第四节　生态养猪场的环境控制技术

一、生态养猪场环境工艺参数设置

根据猪的生物学特性可以知道，小猪怕冷、大猪怕热，都不耐潮湿。由于高密度饲养，舍内空气质量好坏也会影响到生产效益的高低，所以在进行生态猪场猪舍的结构规划设计时要充分考虑。同时，这些因素又是互相影响、相互制约，在冬季为了防寒保暖，门窗紧闭，造成了空气的污浊；夏季向猪体和猪圈冲水降温，增加了舍内的湿度。因此，猪舍内小气候的调节是一个综合因素，既要保证夏季防暑降温、冬季防寒保暖，又要注意舍内通风换气，采取有效措施满足猪对环境的需求，发挥最大的生产潜力。

1. 温度控制技术

（1）猪舍适宜温度　温度在环境诸因素中起主导作用，猪对环境温度的高低非常敏感，主要表现在：仔猪怕冷，低温对新生仔猪的危害最大，温度低影响仔猪的成活率，生长速度；同时，寒冷是仔猪黄、白痢和传染性胃肠炎等腹泻性疾病的主要诱因；同时还能诱发呼吸道疾病。在寒冷季节，成年猪的舍温要求不低于10℃，保育舍应保持在18℃为宜。当气温过高时同样会影响猪正常的生产性能，造成采食量下降、中暑并影响公猪精液品质。当气温高于28℃时，体重在75kg以上的大猪可能出现气喘现象，若超过30℃，猪的采食量明显下降，饲料报酬降低，生长速度缓慢。当气温高于35℃、又不采取任何防暑降温措施，个别育肥猪可能发生中暑，妊娠母猪可能引起流产，公猪的性欲下降，精液品质不良，并在2～3个月内都难以恢复（表10-8）。

表 10-8　猪的适宜温度

	初生仔猪		仔猪	育成猪			成猪
	1～7 日龄	7kg	18kg	45kg	70kg	90kg	100kg 以上
温度/℃	30～35	27	24	21	19	18	10～15

（2）防暑降温措施　夏季气温高、太阳辐射强、空气温湿度大，密闭式猪舍空气对流差等都是导致猪舍气温高、猪夏季中暑的重要原因，猪机体温度的自我调节能力差，所以夏季做好防暑降温工作非常必需。比如，设计隔热层、搭建遮阳棚、加强通风、安装喷淋装备、安装湿帘降温装置等均有益于降温。

①设计隔热层　在猪场建筑设计时，要考虑当地的自然条件，在猪舍外围做好隔热设计，以防止或者减少热辐射。猪舍的顶棚采用隔热材料，也可采用多层屋顶，屋顶外层颜色浅而光滑，增加太阳光的反射能力。在猪舍的周围多种植树木，一方面可以绿化环境，遮挡阳光，又可以吸收二氧化碳等有害气体。

②搭建遮阳装置　猪舍的遮阳层可以加长屋顶出檐，也可以在窗户上方加设遮阳板，但不要影响窗户的通风效果。在公猪的运动场搭建相应的遮阳棚，凉棚要有一定的高度，或者在屋顶和南墙种植绿色藤蔓植物，也可达到夏季猪舍降温作用。

③安装通风设备　加强猪舍内通风，不仅可以驱赶舍内热量，促成猪体表散热，还可以净化舍内其他有害气体，形成良好的小环境，尤其是现在的封闭式猪舍管理，自然通风不足，人工强制通风已经占据主导。对于自然通风的小猪场，猪舍内要设置足够的门窗、天窗、通风口（图 10-17）等，保证猪舍内各部位都能进风均匀。封闭式猪舍，门窗相对设计较小，夏季可采用横向或纵向负压通风，进风口设在风机对面墙上（图 10-18、图10-19）。目前新建猪场配备自动感应式 PARU 环境控制器和 PARU 变速风机，达到自动调节猪舍环境的目的。中小型猪场夏季还可以在猪舍内安装风机或风扇，一端设进风口，一端安装风扇，形成穿堂风，达到降温的目的。

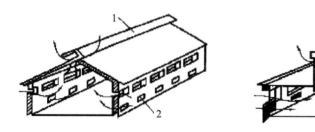

图 10-17　地窗、通风屋脊和屋顶风管
1. 通风屋脊　2. 地窗　3. 屋顶通风管

④湿帘降温　夏季高温季节，湿帘降温是一个不错的选择。湿帘一般安装在猪舍的主干道侧。当夏季气温连续高、且昼夜温差小时，启动湿帘降温装置效果很好，用温度低的井水向湿帘喷射，通过开动另一侧的负压通风装置，及关闭所有猪舍内门窗，从而使空气从湿帘处进入，且进入的空气温度较低，从而达到降低猪舍温度的目的（彩图 7）。

⑤饮水喷淋降温　高温时猪对水的需求量很大，一头哺乳母猪每天要消耗 30～50L水。随着呼吸和粪尿排出就可以达到降温的作用。夏季饮水要注意确保水质、水流速度、

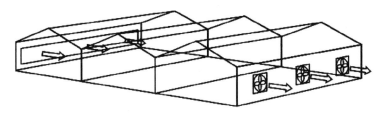

图 10-18　横向负压通风

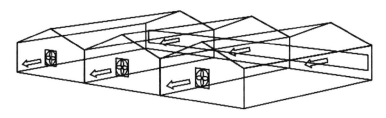

图 10-19　纵向负压通风

水压、水温等细节影响，同时饲料有一定的盐分浓度，保证猪喝到足够的水。夏季猪舍喷淋冲洗降温也是大部分猪舍采用的方式，通过猪身上喷淋喷雾，就可以很好达到降低猪体温的目的。但是夏季一定要观测猪舍内环境湿度，防止形成高温高湿的环境，高温高湿反而不利于降温。猪舍内潮湿容易造成仔猪腹泻的发生，采用水降温时，要避开哺乳猪舍和保育猪舍；在其他猪舍使用时，最好结合通风降温，因为水降温是水分蒸发时吸走了空气中的热量，通风可以将舍内产生的水蒸气带走，这样会增加水分蒸发的数量，降温效果更好（图 10-20）。

图 10-20　猪舍喷雾降温设备

（3）防寒保暖措施　猪舍内温度的高低取决于猪舍内热量的来源和散失的程度。在无取暖设备条件下，热的来源主要靠猪体散发和日光照射，热量散失的多少与猪舍的结构、建材、通风设备和管理等因素有关，在寒冷季节对哺乳仔猪和保育猪舍做好防寒保暖工作非常重要。

①采用保温隔热设计技术　保温隔热设计原则是夏季防止热辐射，冬季抵挡舍外寒冷空气侵袭，保持室内温度。屋顶和墙体要做隔热保温处理，房顶材料有一定的厚度热阻要高，或者加设顶棚；墙体要厚，尤其是北方寒冷地区，可以在建厂时在墙体加入隔热材

料。门窗要用双层，内外门安装闭门器，尽量少设北窗和西窗。地面铺设空心砖，有条件的地面可以设置地热取暖，或者在猪舍内安装必要的人工取暖设备，如锅炉暖气供热、电热器供热等，冬季水泥地面猪舍要在猪趴卧区加铺垫草或电热版。

②优化日粮配方精细化饲养技术　冬季猪的维持需要增加，需要能量增加，有机物分解散热同时是机体抵御严寒的一种方式。饲喂时在日粮能量水平的基础上提高10％左右，小猪的提高水平要比大猪高，小猪可添加油脂类高能饲料，大猪可加大玉米等普通能量饲料在配合料中的数量。在配制猪的日粮时，应适当增加玉米、高粱等能量饲料的比例或者选用正规厂家的优质全价饲料，冬季饮用水用温水最好，严禁使用冰冻水，可以在水管外围加保温层以增加水温。饲料供给充足，白天增加喂食次数，猪食要干一些，以增强抗寒和抗病能力，促进体重快速增长。增加喂料次数的目的是相对增加采食量，以填补由于温度低造成猪体内脂肪、肌内代谢产热造成的体重亏空。有条件的地方，最好采取自由采食。此外，将分散饲养的猪合群饲养，增加饲养密度，冬季一般要比夏季饲养密度增加40％左右，猪多散发的热量增加，自然可以提高舍温，同时猪紧挨着睡，既可互相取暖，也可提高整个猪舍温度。

③采用新型发酵床养殖技术　发酵床技术是一种新型的生态养猪技术，在猪床上铺设一定厚度的锯末、谷壳、粉碎的秸秆等有机物垫料，利用微生物的发酵，分解消化粪尿的绿色环保技术，从而实现猪场零排放、无污染、无臭味、无害化。发酵床技术在冬天猪的防寒保暖上有自然的优势，发酵床微生物在发酵的过程中消耗有机物的同时，会释放能量从而带来垫料温度的升高，相当于一种天然的供暖，在冬季寒冷地区值得推广。

④加强冬季防寒管理　入冬前就要做好猪舍的防寒管理，检查门窗是否封闭，严防死角贼风的入侵。保持猪舍空气的干燥，防止潮湿，因为空气湿度越大，体表散热越多，猪就会发冷，要求勤换垫草勤清粪。有的地方昼夜温差大，白天晴天可以让猪多晒太阳，但晚上一定要将门窗全部卷帘拉上。对于封闭式猪舍，还要注意通风换气，冬季风速要小，一般采用屋顶通风，通风管要安装至离地面1.2m处，这样才不会把舍内顶部的热量抽走。猪是生活在舍内地面的，在新风的重量和屋顶风机产生的负压下，在屋顶经过混合的新鲜空气，就源源不断来到地面，猪就会呼吸到温暖新鲜的空气了，屋顶风机需要采用PARU变速风机，可根据舍内温度自动改变风机转速调节有效风量，为猪群提供一个恒温舒适环境（表10-9）。

表10-9　猪舍通风量和风速

猪群类别	每千克体重冬季通风量/（m³/h）	每千克体重春秋通风量/（m³/h）	每千克体重夏季通风量/（m³/h）	冬季风速/（m/s）	夏季风速/（m/s）
种公猪	0.45	0.6	0.7	0.2	1
成年母猪	0.35	0.45	0.6	0.3	1
哺乳母猪	0.35	0.45	0.6	0.15	0.4
哺乳仔猪	0.35	0.45	0.6	0.15	0.4
培育仔猪	0.35	0.45	0.6	0.2	0.6
育肥猪	0.35	0.45	0.65	0.3	1

2. 湿度控制

（1）猪舍适宜的湿度 湿度是指猪舍内空气中水汽含量的多少，一般用相对湿度表示，猪的适宜湿度范围为 65％～80％。试验表明，温度在 14～23℃，相对湿度 50％～80％的环境下最适合猪生存，生长速度快，育肥效果好。猪舍内的湿度过高影响猪的新陈代谢，是引起仔猪黄、白痢的主要原因之一，还可诱发肌肉、关节方面的疾病。

（2）湿度控制技术

①加大通风 只有通风才可以把舍内水汽排出，通风是最好的办法，但如何通风，则根据不同猪舍的条件采取相应措施，以下是几种加大通风的措施：

A. 抬高产床 使仔猪远离潮湿的地面，潮湿的影响会小得多。

B. 增大窗户面积 使舍内与舍外通风量增加。

C. 加开地窗 相对于上面窗户通风，地窗效果更明显，因为通过地窗的风直接吹到地面，更容易使水分蒸发。

D. 使用风扇 风扇可使空气流动加强；这一办法在空舍使用时效果非常好，笔者曾在保育舍无法干燥时，使用大风扇昼夜吹风，很快使保育舍变干燥。

②有节制用水 对潮湿敏感的猪舍（如产房、保育前阶段），应控制用水，特别是尽可能减少地面积水。

③地面铺撒生石灰 舍内地面铺撒生石灰，可利用生石灰的吸湿特性，使舍内局部空气变干燥；另外，生石灰还有消毒功能。

④烤干铺板 在舍内大环境不易控制的情况下，单纯给仔猪提供局部小气候也有不错的效果，方法是经常将仔猪铺设的木垫板用火炉烤干，或者给出生前几天的小猪铺干燥的布或地毯等物，这样使小猪避免在潮湿的铺板上躺卧，对预防小猪腹泻也有一定效果。

⑤低温水管 夏天气温较高时，在加强通风的同时可使用低温水管。低温水管也有吸潮的功能，如果低于 20℃的水管通过潮湿的猪舍，舍内的水蒸气会变为水珠，从水管上流下；如果舍内多设水管，同时设置排水设施，也会使舍内湿度降低（冬季则可停用）。

⑥其他 降湿的方法还有很多，舍内升火炉可以降湿，舍内用空调可以降湿，舍内加大通风量也可以降湿，控制冲洗地面次数和防止水管漏水也可以降低湿度等，猪场可以根据自己的实际情况灵活采用（表 10-10）。

表 10-10 猪舍内空气温度和相对湿度

猪群类别	空气温度/℃	相对湿度/％
种公猪	10～25	40～80
成年母猪	10～27	40～80
哺乳母猪	16～27	40～80
哺乳仔猪	28～34	40～80
培育仔猪	16～30	40～80
育肥猪	10～27	40～80

3. 舍内空气质量控制

（1）空气标准 每到秋冬季节"猪呼吸道综合征"即处于暴发和流行阶段，这与空气质量有着直接的关系。猪舍空气质量除了温湿度外，还包括氨气、硫化氢、二氧化碳、尘埃和其他有害气体等含量。猪舍内空气污浊引起食欲下降、泌乳减少、咬尾等现象，严重的会引起疾病的发生，试验证明，室内氨浓度达到 $0.63mg/m^3$ 就会使人患病；猪舍中氨气达到 $15mg/m^3$ 时，猪只开始出现呼吸道疾病；$35mg/m^3$ 时出现萎缩性鼻炎。二氧化碳浓度不应超 $1500mg/m^3$，一氧化碳浓度不应超过 $25mg/m^3$，猪舍内硫化氨浓度不应超过 $10mg/m^3$。有害气体主要来自猪的呼吸，粪便等有机质分解及煤燃烧等，当通风不畅，环境密闭时容易造成浓度超标。

（2）控制方法

①注意通风换气　通风换气是改善舍内空气质量的核心，包括自然通风和机械通风，自然通风时，保证门窗完全开启，包括墙边和屋顶的小窗，不留死角。机械通风是密闭式猪舍最好的通风方式，好处是夏季可以供凉风，冬季供暖风，夏季一般采用纵向或横向通风，冬季多启用沟道负压通风和屋顶通风，可以将有害气体最大限度带走，又不会使猪感到寒冷。

②搞好卫生和消毒　搞好猪舍内的卫生管理，及时清除粪便、污水，不让它在猪舍内分解，是解决猪舍环境问题的一个常规方法，特别是冬季，要注意调教猪只养成到运动场或猪舍一角排粪尿的习惯，便于工人清粪。当严寒季节保温与通风发生矛盾时，可向猪舍内定时喷雾过氧化物类的消毒剂，其释放出的氧能氧化空气中的硫化氢和氨，起到杀菌、降臭、降尘、净化空气的作用。

③科学配方，减少日粮氮排放　氨气是一种无色、易挥发、有刺激性气味的气体。猪舍内氨气浓度超过一定量时，可导致猪的抵抗力降低，发病率和死亡率升高，生产力下降，猪日增重减少，饲料利用率降低，甚至发生死亡，并且对人体也有很大的毒害作用。氨气产生的根源是日粮中没有利用的蛋白质，在日粮配方中采用低蛋配方，添加复合氨基酸是提高蛋白质利用率，节能减排的一种方式，此外在日粮中还可以加入一些非淀粉多糖和微生态制剂也可以降低臭味产生。

④设置绿化带　场内加强绿化工作也是改善环境质量的好办法，植物具有强大的净化空气质量的作用，在隔离带和场区周围种植一些绿色植物，它可以净化 $25\%\sim40\%$ 的有害气体和吸附 50% 左右的粉尘，还可降低噪声、防疫隔离、防暑降温。

4. 蚊蝇虫害防控技术　蚊子和苍蝇虽不属于寄生虫病的范围，但它们所造成的危害持续而大，对人猪都有很大的影响。蚊子是乙脑和附红细胞体的主要传播媒介，苍蝇则是消化道病的主要传播媒介，蚊蝇控制不住，造成猪场潜在疾病威胁。尤其在夏季，猪场苍蝇和蚊子的数量日益增多，如何有效解决它们所造成的危害是每个猪场比较棘手的问题。

苍蝇和蚊虫彻底消灭很难，但是了解苍蝇蚊虫产生的源头和其生活史，就可以将其限制在可控的范围内。首先，畜禽粪尿和排粪沟、污水池是滋生蚊蝇的最佳培养基，栏位料槽的边角，漏缝地板粪便以及病猪护理区也是蚊蝇潜在繁殖区域。其次，饲料堆放区，喂料器和料槽及周围洒落的饲料和猪舍内潮湿垫料也容易滋生和招引苍蝇。最后，动物尸体存放不当，猪场周围散落的粪便和垫料，是容易忽略的蚊蝇繁殖区。蚊蝇都有 4 段生活史，卵、幼虫、蛹、成虫，在前三阶段是比较薄弱的时期，消灭繁殖适合采用生化方法。

（1）药物杀虫　死水沟、水池是蚊子产虫卵的重要场所，如排水沟、积存的雨水等处放置杀虫药，蚊子的虫卵大部分在成虫前就会被杀死，这样就可以大大减少猪舍内的蚊子数量。灭蝇同样可以在粪便中加入化学药物，如蝇诺亭就是一种消灭蝇蛆幼虫的预混剂，可用于圈舍中粪池中蝇蛆的杀灭，也可以在饲料中添加，使苍蝇在成虫前消灭，对于已经成虫的蚊蝇，可以在舍内外喷洒药物进行消除。

（2）阻断繁殖地　暴露的粪便和水沟是蚊蝇的主要繁殖场所，猪场应该每天及时收集粪便和污水到专用的储粪坑或污水池，并且要密封，不得随意外露，如密闭式的沼气池。分布在猪舍周围的排污沟要设置为暗道，及时将污水引走；湿清粪工艺要在粪便上覆盖一层水；舍内外洒落的饲料和垫草要及时的清理干净。

（3）搞好环境卫生　蚊蝇的滋生情况是衡量一个猪场环境卫生的有效标志、粪便、饲料、杂草、污物以及一些不干净不卫生的死角都是其繁殖的场所，所以搞好猪场的环境卫生是消灭蚊蝇最经济实惠的方法。平时要定期检查清扫洒落的粪便饲料，清除场内堆放的污物和杂草，清洗不太留意的死角，苍蝇就没有了藏身之地。

5. 空气消毒技术　消毒是现代养猪场疾病防治的一个常规项目，空气消毒一般被放在消毒的最后一个环节。空气消毒具有全面彻底、照顾到常规消毒不能涉及的角落部位的优势，此外空气消毒也是猪舍空气净化的一个很好途径，空气中的微生物本来数量繁多，当添加粗饲料、更换垫料、畜禽出栏、打扫卫生时，空气中微生物和尘埃数量会大大增加，研究显示，尘埃颗粒上的内毒素与猪群的呼吸道疾病有关。在存在尘埃的环境中，猪只接触到更小剂量的病原即可导致临床肺炎。这种情况下进行空气消毒，既可杀灭病原，又可减少尘埃，可有效控制猪群的临床肺炎发病率，尤其是存在肺炎问题的猪场。

（1）熏蒸消毒　常见甲醛和高锰酸钾发生化学反应后释放出的热量，甲醛气化使空气中的微生物蛋白质变性，消灭病菌，只能用于空舍消毒，消毒后要打开门窗通风换气。优点：价格低廉，消毒彻底。缺点：所用消毒剂会对健康构成明显威胁。

（2）喷雾消毒　利用喷雾器或者物化机将配制好的药物喷洒到猪舍的各个位置，小雾滴能在空气中保持一段时间的停留，不但能消灭细菌，对于空气中尘埃、悬浮物等有害物质的去除有很好的作用。实用于器械消毒、畜舍和带猪消毒，在夏季还可以起到降温作用，但机器产生的噪声会对猪产生一定的应激，消毒后会造成猪舍湿度的增加。

（3）紫外线消毒　紫外线消毒是利用适当波长的紫外线能够破坏微生物机体细胞中的DNA（脱氧核糖核酸）或 RNA（核糖核酸）的分子结构，造成生长性细胞死亡和（或）再生性细胞死亡，杀菌效果与波长、光源强度、照射时间和距离等都有关系。紫外线照射只能杀死其直接照射部分的细菌，紫外线灯外不要有外罩，根据房间面积适当安装紫外线等的数量。

二、生态养猪场环境污染的控制措施

随着养猪规模的日益扩大，养猪场产生的粪便、污水等污染物量剧增。如果不进行合理的规划，这些污染物排放不仅对生态环境造成巨大的压力，对人畜的健康也是直接的威胁。结合土地承载力控制养猪规模，发展生态养猪业，综合利用猪场排泄物是实现养猪业可持续发展的途径。

1. 现代养猪场环境污染物的来源及危害

（1）粪便污染及危害　据统计，每头猪每天大约生产 5.5L 排泄物，每年大约排泄9.53kg 的氮，一个万头猪场每年至少向周围环境排粪便 1.38 万 t，平均每日排污水 210t，排放的恶臭高达 230 余种，而每公顷土地能负担的畜禽粪便 30t 左右，每公顷土地一年能承载 6 头猪的饲养量。猪对蛋白质的利用率很低，只有 30％～55％，对植物饲料中的磷基本不利用，多余的部分就以粪尿排出体外使水体富营养化（图 10-21）；为了追求经济效益，饲料中微量元素的超量添加，如硒、铜、砷等金属元素，而这些无机元素在畜禽体内的消化吸收利用极低，在排泄的粪尿中的含量就相当高。这些粪污如果不经无害化处理直接进入土壤，超越了土壤自身的吸收和净化能力，在土壤中积累，造成土壤成分和肥力的破坏，严重影响农作物的生长，造成减产。此外粪便也是人畜传播多种疾病的媒介。

图 10-21　水体生态严重失衡

（2）有害气体污染及危害　畜舍内的有害气体种类繁多，如氨气、硫化氢、二氧化碳、甲烷、一氧化碳等，主要来自猪的呼吸、粪尿、饲料、腐败分解产生。据测，一个年出栏 10 万头的猪场，每小时可向大气排出近 148kg 氨气、13.5kg 硫化氢、24kg 粉尘和 14 亿个菌体，这些物质的污染半径可达 5km，而尘埃和病原微生物可随风传播 30km 以上。有害气体在浓度较低时，不会对猪只引起明显的外观不良症状，但长期处于含有低浓度有害气体的环境中，猪的体质变差、抵抗力降低，发病率和死亡率升高，同时采食量和增重降低，引起慢性中毒。这种影响不易觉察，常使生产蒙受损失，应予以足够重视。同时畜舍产生的有害气体也是恶臭味的主要源头，对居民生活造成极大的危害。

①氨气　为无色、易挥发、具有强烈刺激生气味的气体，比空气轻，易溶于水。氨气常易溶解在猪只呼吸道黏膜和眼结膜上，使黏膜充血、水肿，引起结膜炎、支气管炎、肺炎、肺水肿等；氨亦可通过肺泡进入血液，低浓度氨气作用于中枢神经系统，可使呼吸和血管中枢兴奋，高浓度氨气可引起中枢神经麻痹、肝中毒和心肌损伤等。带仔母猪舍氨气浓度要求不超过 15mg/m³，其余猪舍要求不超过 20mg/m³。氨气的积累也会对环境造成一定的破坏，氨气是氮氢化合物，在大气中与酸性物质反应形成硫酸铵、硝酸铵、氯化铵等，这些物质是导致土壤酸化的主要原因。过量流失的氮则会进一步造成表面水和土壤的超营养化，超营养作用会影响生态系统多样性。其中最敏感的是水生生态系统，造成水生物种下降。养殖人员长期暴露于有氨气的环境里，健康会受到不良影响，工作在空气质量差的畜舍的养殖工人，会出现咳嗽、痰多、哮喘、鼻炎、胸闷、眼睛发痒、疲劳、头疼和发热等症状。

②硫化氢　为无色、易挥发，具有恶臭的气味，易溶于水，比空气重，越接近地面浓度越高。硫化氢易溶并且附在呼吸道黏膜和眼结膜上，并与钠离子结合成硫化钠，对黏膜产生强烈刺激，引起眼炎和呼吸道炎症。处于高浓度硫化氢的猪舍中，猪只畏光、眼流泪，发生结膜炎、角膜溃疡，咽部灼伤，咳嗽，支气管炎、气管炎发病率很高，严重时引起中毒性肺炎、肺水肿等。长期处于低浓度硫化氢环境中，猪的体质变弱、抵抗力下降，增重缓慢。硫化氢浓度为 30mg/m³ 时，猪变得怕光、丧失食欲、神经质，高于 80mg/m³，可引起呕吐、恶心、腹泻等。猪舍中硫化氢含量不得超过 10mg/m³。

③二氧化碳　为无色、无臭、略带酸味的气体。二氧化碳无毒，但舍内二氧化碳含量过高，氧气含量相对不足，会使猪出现慢性缺氧，精神萎靡、食欲下降、增重缓慢、体质

虚弱，易感染慢性传染病。猪舍内二氧化碳含量要求不超过 $0.15\% \sim 0.2\%$。

④一氧化碳 是无色、无味气体，难溶于水，在用火炉采暖的猪舍，常因煤炭燃烧不充分而产生。一氧化碳极易与血液中运输氧气的血红蛋白结合，它与血红蛋白的结合力比氧气和血红蛋白的结合力高 $200 \sim 300$ 倍。一氧化碳较多地吸入体内后，可使机体缺氧，引起呼吸、循环和神经系统病变，导致中毒。妊娠后期母猪、带仔母猪、哺乳仔猪和断奶仔猪舍一氧化碳不得超过 $5mg/m^3$，种公猪、空怀和妊娠前期母猪、育成猪舍一氧化碳不得超过 $15mg/m^3$，育肥猪舍不得超过 $20mg/m^3$。以上值均为一次允许最高浓度。

（3）尘埃和微生物污染及危害 猪舍内的尘埃和微生物少部分由舍外空气带入，大部分则来自饲养管理过程，如猪的采食、活动、排泄、清扫地面、换垫草、分发饲料、清粪、猪只咳嗽、鸣叫等。

①尘埃 猪舍尘埃主要包括尘土、皮屑、饲料和垫草粉粒等。尘埃本身对猪有刺激性和毒性，同时还因它上面吸附有细菌、有毒有害气体等而加剧了对猪的危害程度。尘埃降落在猪体表，可与皮脂腺分泌物、皮屑、微生物等混合，刺激皮肤发痒，继而发炎。尘埃还可堵塞皮脂腺，使皮肤干燥，易破损，抵抗力下降，尘埃落入眼睛可引起结膜炎和其他眼病，被吸入呼吸道，则对鼻腔黏膜、气管、支气管产生刺激作用，导致呼吸道炎症，小粒尘埃还可进入肺部，引起肺炎。母猪舍尘埃含量，带仔母猪和哺乳仔猪舍昼夜平均不得大于 $1.0mg/m^3$，育肥猪舍不得大于 $3.0mg/m^3$，其他猪舍不得高于 $1.5mg/m^3$。

②微生物 猪舍内空气中尘埃多，阳光紫外线弱，为微生物的集聚生长提供了便利的条件。不同猪舍微生物含量因其通风换气状况、舍内猪的种类、密度等的不同而变异较大，如猪舍有细菌 $3\times10^5 \sim 5\times10^5$ 个$/m^3$，通风不良时可达 10^6 个$/m^3$，带仔母猪舍可有 $4\times10^5 \sim 7\times10^5$ 个$/m^3$。空气中微生物类群一般情况下大多为腐生菌，还有球菌、霉菌、放线菌、酵母菌等，在有疫病流行的地区，空气中还会有病原微生物。空气中病原微生物可附在尘埃上进行传播，称为灰尘传染；也可附着在猪只喷出的飞沫上传播，称为飞沫传染，猪只打喷嚏、咳嗽、鸣叫时可喷出大量飞沫，多种病原菌可存在其中，引起病原菌传播。通过尘埃传播的病原体，一般对外界环境条件抵抗力较强，如结核菌、链球菌、绿脓球菌、葡萄球菌、丹毒和破伤风杆菌、炭疽芽孢、气肿疽梭菌等，猪的炭疽病就是通过尘埃传播的。通过飞沫传播的，主要是呼吸道传染病，如气喘病、流行性感冒等。要减少猪舍空气中的尘埃和微生物，必须在建场时就合理设计，正确选择场址，合理布局场区，防止和杜绝传染病侵入；舍内应及时清除粪污和清扫圈舍，合理组织通风，定期消毒等。

（4）污水的污染及危害 猪场污水主要来自粪尿水、冲洗水和雨水，富含有机质和微生物。一头猪排泄量按 $5kg/d$，一年排泄 $1.8t$ 粪便，目前猪场大部分猪场实行水冲式清粪工艺，每头猪废水排泄量相当于 $30kg/d$，一头猪的年排泄量达到 $11t$，照此计算一个万头猪场的污水排泄量是一个很大的数字。猪粪尿中的 BOD 是人的 13 倍，同时含有大量的氮磷，已经成为一个巨大的污染源，处理不当将会给环境很大的威胁图 10-22、图 10-23。如果直接排放到水中会造成水体的富营养化，藻类大量繁殖，进而改变水的组成，造成水变质；渗入地下或地表，氮磷等物质会在土壤中积累，丧失生产力，地下水中的硝酸盐含量过高，污染水源。另外，养殖场粪污中含有大量病原微生物，它们随粪尿进入水体后，以水为媒介进行传播和扩散，可引起一些传染病传播与流行，如猪瘟、猪副伤寒、猪肺疫等危害人和动物健康并带来经济损失。养殖场的污水如果长时间的堆放在露天低洼地还会形成难闻的臭味，滋生苍蝇和蚊虫，影响空气质量。

图 10-22　雨污分离不彻底　　　　　图 10-23　河水污染严重

2. 生态养猪场污染防控技术措施

（1）合理规划，发展生态养殖业　在选址建厂时优先考虑环境，充分考虑周围环境对粪便的消纳能力，将排污及配套设施规划在内，充分考虑粪便和污水的处理问题。选择地势高燥、背风、向阳、水源充足、水质良好、排水方便、无污染、排废方便、供电和交通方便的地方建场。同时考虑与当地的立体农业相结合，达到变废为宝、相互促进的目的，能使生态农业综合、持续、稳定地增长。采取生态养猪模式，将养猪与蔬菜、林地、果园相结合，形成种植养殖相结合；采取公司统一管理，农户分散管理，使猪场产生的粪便能够及时的被吸收消化，形成公司加农户的生产模式。此外，在猪场四周和主要道路两侧种植速生、高大的落叶树，猪舍周围前后种植花草树木，场区空闲地都要遍种蔬菜、花草和灌木。有条件的猪场最好在场区外围种植 5～10m 的防风林，这样，不仅可以调节小气候、减弱噪声、美化环境、改善自然面貌，而且可以减少污染，净化空气，在一定的程度上能够起到防控疫病、保护环境的作用。

（2）改进工艺，粪污无害化处理　传统清粪方式有手工清粪、刮粪板清粪、水冲式清粪。由于目前猪场基本都实行高床漏缝地板养猪方式，水冲式清粪占据主导，带来的不良后果就是污水排放量增加 4 倍，为后期的粪污处理埋下隐患。所以养殖场的粪污无害化处理应遵循分雨污分流、净污分离、干湿分离原则（图 10-24～图 10-26）。采用分散清干粪工艺，则可以减少污水的排放量，即采取粪、尿（污水）分流，猪粪一经产生便由机械或人工收集，而尿和污水经排污沟流入污水处理设施净化处理。

图 10-24　雨污分离　　　　　　　图 10-25　污水由暗沟排入处理区

图 10-26 荷兰畜禽养殖粪便、污水分离系统

不能进行固液分离的粪便，也必须进行无害化处理，比如沼气发电，沼渣堆肥，沼液养鱼或还田，发展循环农业。农牧结合是当前处理粪尿的基本措施，对环境保护能起到积极的作用。将猪的粪尿直接施入农田，或将粪尿堆放腐熟，熟化的粪便肥力好，又减少了微生物的滋生。粪尿污水可以制沼气，沼气是厌氧微生物（主要是甲烷细菌）分解粪污中的有机物而产生的混合气体，主要是甲烷，可用于照明、作燃料和发电等，发酵后的残渣还可作肥料（图 10-27）。

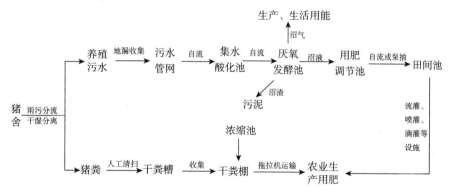

图 10-27 猪场粪污利用循环图

案例：北方猪场沼气工程与有机肥生产实例介绍

（1）**猪场概况** 哈尔滨鸿福养殖有限责任公司，位于黑龙江省哈尔滨市呼兰区孟家乡和平村。公司占地 120000m²，猪舍建筑面积 50000m²，存栏可繁母猪 1200 头，存栏生猪 16000 头，年出栏种猪和商品猪 24000 头。猪场年产生猪粪约 1.067 万 t、污水 4.5 万 t。

（2）**猪场粪污收集** 猪场采用人工干清粪方式，人工清出的干粪直接用农用车（图 10-28）运输至防渗漏粪便晾晒场进行晾晒（图 10-29）后，进入发酵车间进行堆肥处理生产有机肥。

（3）**猪场液体粪污进行沼气工程系统处理** 该猪场日产液体粪污 200t，经过管道排出猪舍后进入酸化调节池，然后用污泥泵抽入红泥塑料厌氧发酵袋（1600m³）（图 10-30）中进行沼气发酵。由于北方气温低，尤其是冬季低温极不利于厌氧发酵，为此，猪场将厌氧发酵池建造在温室中，充分利用太阳能对发酵池进行加温和保温，确保其在低温环境条

图 10-28 干清粪运输车

图 10-29 防渗漏粪便晾晒场

件下正常运行，液体粪污在红泥塑料厌氧发酵袋中停留 48h，产生的沼气进入储气罐，储气罐容积为 200m³。

液体粪污经过厌氧发酵产生沼气，沼气量虽随季节有所变化，但由于温室具有较好的吸热和保温效果，沼气量的全年变化幅度并不大：夏季日产沼气 1250m³、冬季日产沼气量约 1140m³，年产沼气 43.62 万 m³。

沼气工程所产生的沼气用于猪舍取暖、照明、洗浴及炊事等生活燃料气。

沼液经过三级沉淀后作为液体肥料用于蔬菜和农作物生产。沼液首先在一级贮存池中存留 10d，之后进入二级贮存池并在其中停留 10d（图 10-31），然后进入三级贮存池并在其中停留 10d。为了避免沉淀池冬季结冰和确保沉淀过程的生物氧化效果，沉淀池也建造成地下式，借助地热保温。

图 10-30 红泥塑料厌氧发酵袋

图 10-31 北方地下式沉淀池

经过沉淀处理后的沼液直接用于温室蔬菜种植（图 10-32）和周边农田的农作物生产。

（4）**猪粪槽式发酵生产有机肥** 新鲜猪粪和沼渣采用深槽好氧发酵工艺生产有机肥，场内建有 500m² 猪粪晾晒场，6000m² 发酵车间，车间长 250m、宽 24m，高 4.5m，用于粪便、沼渣无害化处理和二次腐熟、成品贮藏。

在猪粪和沼渣堆肥过程中，用翻堆机翻堆，根据发酵温度决定翻堆机的运行次数。当堆肥过

图 10-32 有机蔬菜大棚

程中堆垛中心温度达到60℃以上时，堆肥效果比较好，这样能有效杀灭粪污中寄生虫卵和病原微生物，不生蛆蝇；发酵15d左右，转入二次发酵，继续腐熟转化为有机肥料。该设施每年能处理5000t左右，可以转化有机肥1600多t。

（5）科学配制日粮，减少氮磷等污染物排放　目前氮磷超排放已经是畜牧养殖必须面对的问题，比如直接危害人畜健康的氨气，来自饲料蛋白质，植物饲料中磷则完全不被吸收，排放到土壤和水体，造成污染，实践证明，通过营养技术调控，可以提高饲料转化率，减少氮磷排放。在设计日粮配方时，要根据不同品种猪的营养需要来搭配日粮，准确测定限制性氨基酸和各种必需氨基酸的含量，保证氮的最大吸收最小排出。如以理想蛋白质模式和可消化氨基酸含量为基础设计日粮配方可以减少30%的氮排泄量；在低氮日粮中补充氨基酸还可以减少尿的排泄量，蛋白质水平每降低1个百分点，排尿量减少11%，此外还可以降低畜舍中氨气的浓度（59%）和释放速度（47%）。在猪的日粮中添加使用酶制剂，可提高猪对饲料养分的利用率，可减少氮的排出量，提高磷的利用，减少磷的排放；在猪的日粮中添加微生态制剂，可提高碳水化合物、氮的利用率，同时抑制肠道内某些细菌的生长，调整菌群，改善胃肠微生态环境，减少猪只体内恶臭气体的产生和排放，从而减轻猪粪尿的气味。还可添加除臭剂，如活性炭、膨润土、沸石粉、活菌剂，可明显减少粪便中氨、硫化氢等臭气的产生。同时在日粮中不用超剂量的铜、铁、锌等饲料添加剂。

（6）合理加工工艺，减少粪尿排泄量　合理的加工工艺不仅提高饲料营养价值，还会提高养分利用率，减少排泄量，如果加工工工艺不当，各种饲料在粉碎、传输、混合、制粒、膨化等过程中会降解和发生氧化还原反应，产生有害物质造成环境二次污染。猪饲料颗粒度为700~800μm时，饲料的转化率最佳，且不发生溃疡和结块问题。采用膨化和颗粒加工技术，破坏或抑制饲料中的抗营养因子及有害物质和微生物，不仅可以改善饲料卫生，提高饲料转化率，而且有助于减少粪尿排泄量。据报道，饲料的膨化处理和颗粒化处理可使随粪便排出的干物质减少1/3。

（7）强化饲养管理，减少环境污染　幼龄猪在低温影响下磷的排泄量会提高，而且会使骨骼发育不全，相反在超过37.8℃的高温环境中机体钾离子和碳酸盐的排泄量会增加而不利于猪的正常生长。因此，必须为猪生长发育提供适宜的环境，采取合理组群，及时处理猪场粪尿，定期消毒等措施；同时根据每日营养需要提供定量的饲料，尽量做到不浪费，以减少猪对饲料的摄入量。这样可以在一定程度上减少猪场粪污的排放量，减少蛆蝇蚊螨等害虫的繁殖，而且可以降低猪尤其是仔猪的发病率。猪场内的老鼠、苍蝇等可造成饲料营养损失或在饲料中留下毒素，还会传播各种传染性疾病，各养猪必须重视灭鼠灭害工作，以减少其对生产造成的损失、净化环境。

第十一章
生态养牛场（区）的经营与管理

第一节 养牛场（区）的规划与建设

一、养殖场建设选址

1. 符合当地土地利用发展规划和村镇建设发展规划。

2. 距离居民区至少 300m 以上。

3. 地势高燥、平坦、坡度小于 20°；易于排水；通风向阳、光照充足；附近无污染源。

4. 场区土壤质量符合《土壤环境质量标准》（GB 15618—1995）之规定。

5. 距离交通要道、厂矿、企业、其他养殖场、畜产品加工厂至少 1000m 以上距离。

6. 电力供应充足，通信基础设施良好。

7. 附近有充足的清洁水源，取用方便。

8. 在以下地段不得建场：水保护区、旅游区、自然保护区、环境严重污染区、畜禽疫病常发区、山谷洼地等洪涝威胁地段。

二、养殖场的规划

1. 整体规划面积 养殖场规划应本着建筑紧凑、节约土地，布局合理、有利分户饲养，向集约化规模化饲养过渡，有利于防疫的原则。奶牛养殖场规划面积按表 11-1 指标控制。

表 11-1 奶牛场建设用地控制指标

基础母牛存栏量/头	生产设施/m²	辅助生产设施/m²	行政、技术服务设施/m²	合计/m²
801～1200	32040～48000	8280～12270	2400～3600	42720～63870
401～800	16040～32000	4340～8280	1600～2400	21980～42680
200～400	8000～16000	2280～4340	1200～1600	11480～21940

2. 养牛场规划原则 奶牛养殖基地应选在饲料，特别是粗饲料生产基地附近，交通发达、供水供电方便的地方，不要靠近工厂或居民住宅区。

（1）分区原则 应将管理、饲料加工、饲养、挤奶、技术服务、粪污处理等功能分区布置。

（2）方便原则 各区域单元的布局要方便生产。

（3）有利于防疫原则 各单元设置应尽量减少人员、牛只交叉，有完善的隔离、防疫设施，避免疾病传播。

3. 消防设施

（1）消防设施需符合《农村防火规范》（GB 50039—2010）之规定。

（2）消防通道可利用场内道路，紧急情况下能与场外干道相通。

（3）采用生产、生活、消防合一的给水系统。

4. 供电设施 电力负荷为民用建筑供电等级二级。自备电源的供电容量不低于养殖场电力负荷的1/2。

5. 给、排水设施

（1）供水能力按第100头存栏奶牛每日供水10～20t设计，水质应符合《生活饮用水卫生标准》（GB 5749—2006）之规定。

（2）场区内污水由地下暗管排放，雨、雪水设明沟排放。

（3）污水须经处理并符合《污水综合排放标准》（GB 8978—1996）的规定要求。

6. 兽医卫生防疫设施

（1）养殖场四周需建设围墙或防疫沟等隔离带。牛场入口处设车辆强制消毒设施。

（2）各生产单元、分区入口处设消毒隔离设施，人员跨区作业时应严格消毒。各单元、分区内的生产工具专用，避免跨区使用，不得已时应经过消毒。

（3）病死牛只处理应符合《病害动物和病害动物产品生物安全处理规程》（GB 16548—2006）之规定。

7. 环境保护

（1）新建奶牛养殖场应经过环境评估，确保建成后不污染周围环境，周围环境也不污染牛场。

（2）采用污染物减量化、无害化、资源化处理工艺和设施。

（3）新建养殖场应同步建设相应的污水和粪便处理设施。应大力推广粪尿沼气化处理技术。

（4）对奶牛养殖场应进行绿化，绿化既起到保护、美化环境的作用，又起到隔离场区和牛舍的作用。绿化植物根据当地气候条件选择，注意不能选择有毒、有刺、飞絮的植物。

8. 场区空气质量

符合《恶臭污染物排放标准》（GB 14554—1993）之规定。牛舍有害气体允许范围：氨$<$19.5mg/m^3；二氧化碳$<$2920mg/m^3；硫化氢$<$15mg/m^3。

三、养殖场的布局

奶牛养殖场应至少分为管理与技术服务区、饲养区、挤奶区、隔离区、粪尿处理区。管理与技术服务区应设在小区常年上风向，饲养和挤奶区设在管理与技术服务区之后，隔离和粪尿处理区设在小区常年下风向。隔离区和粪尿处理区距最近牛舍不应少于200m。各区之间应有隔离和消毒设施。

管理与技术服务区的建筑、设施应满足小区管理、技术档案资料管理、繁殖技术服务、兽药技术服务、防疫技术服务、饲养技术服务、饲料加工等功能的需要。

生产区的建筑设施应能满足各类牛只饲养、饲料贮存的需要。养殖场生产区内设置若干泌乳母牛饲养单元和集中管理的产房、围产期母牛舍、犊牛舍、发育牛舍、育成牛舍、干奶牛舍、青贮设施和粗饲料贮存加工设施等。

挤奶区内应设置挤奶厅和原奶冷却、贮存设施，有统一的挤奶操作规范，专门的挤奶人员。

隔离区内应设置病牛舍、兽医室，可以满足病牛诊治、隔离的需要。

粪尿处理区具有粪便高温堆肥处理和污水处理功能，有条件时应建立固液分离系统及粪尿沼气处理设施。

1. 生活管理区 包括与经营有关的建筑物。应在牛场上风处和地势较高地段，并与生产区严格分开，保证 50m 以上的距离。

2. 辅助生产区 主要包括供水、供电、供热、维修、草料库等设施，要仅靠生产区布置。干草库、饲料库、饲料加工调制车间、青贮窖应设在生产区边沿下风地势较高处。

青贮池为永久性青贮池，下边四角圆滑呈锅底状，便于青贮料下沉，排出空气。采用砖混结构，每隔 2m 一根水泥柱，共 3 道圈梁，四壁用砖垒水泥压光。青贮池开工、竣工和填装制作青贮时，可邀请畜牧局技术人员现场指导。青贮池开口一般面向北方较好，在夏季，可减缓裸露青贮料的腐败。$1m^3$ 贮秸秆 500kg，1 头牛一年大约需 $10m^3$。

3. 生产区 生产区主要包括牛舍、挤奶厅、人工授精室等生产性建筑。应该设置在场区下风位置，入口处设人员消毒室、更衣室和车辆消毒池。生产区奶牛舍要合理布局，能满足耐久分阶段、分群饲养的要求，泌乳牛舍应靠近挤奶厅，各牛舍间要保持适当距离，布局整齐，以便防疫和防火。

从挤奶厅到牛舍设置通路且足够宽，能够容纳拖拉机刮粪板通过。挤奶厅内的退出通道宽度应适合奶牛刚好通过，这样可避免奶牛在通道中转身。通道可以用胶管或抛光的钢管制作。退出通道的设计应该能使躺倒的牛能被顺利移走，方便抓住需要治疗的奶牛。

4. 粪污处理、病畜隔离区 主要包括兽医室、隔离禽舍、病死牛处理及粪污贮存与处理设施。应设在生产区外围下风地势低处，与生产区保持 300m 以上的距离。粪尿污水处理、病畜隔离区应有单独通道，便于病牛隔离、消毒和污物处理。

第二节 精粗饲料的合理搭配

一、饲料产品

1. 粗饲料 粗饲料是指饲料中粗纤维含量 18% 以上或细胞壁含量为 35% 以上的饲料，包括收获后农作物的秸秆和各种晒制的干草等。其特点是：一是体积大，密度小，适口性差；二是粗纤维含量高达 20%～45%；三是蛋白质含量的变动范围大，如秸秆的粗蛋白质含量为 3%～4%，而豆科牧草的粗蛋白质含量可达 20% 以上。

（1）青干草 青干草是将牧草及禾谷类作物在未结籽实前刈割，经自然或人工干燥调制成的能够长期保存的饲料。优质的青干草颜色青绿，气味芳香，质地柔软，叶片不脱落或脱落很少，绝大部分的蛋白质和脂肪、矿物质、维生素被保存下来，具有良好的适口性和较高的营养价值。干草中粗纤维的含量一般较高，为 20%～30%，且消化率较高；所含能量为玉米的 30%～50%；粗蛋白含量豆科干草为 12%～20%，禾本科干草为 7%～

10％；钙的含量，豆科干草如苜蓿为 1.2％～1.9％，而一般禾本科干草为 0.4％左右。

干草的营养价值与植物的种类、收割时期、调制方法和贮存方式也有很大的关系。

一般豆科牧草营养价值优于禾本科牧草；晒制青干草必需实时收割，过度成熟的青干草蛋白质等营养物质的含量以及干物质的消化率将随之下降，而粗纤维含量则会上升；晒制的过程中要选择晴朗的天气，防止雨淋和落叶的损失。试验证明危害性的降雨可使干草的营养价值降低 1/4～1/3，落叶的损失更大，苜蓿在晒制的过程中，干草未淋湿平均落叶损失为 38.5％，受两次阵雨淋湿的干草落叶损失为 47.3％，受三次雨落叶损失高达 74％。奶牛饲喂淋雨的田间晒制的苜蓿干草比未受淋雨的苜蓿干草的产奶量减少 19.7％；干草的含水量要适当，否则会引起发霉腐烂或自燃，一般散放干草的最高含水量为 25％，打捆干草为 20％～22％，铡碎干草为 18％～20％，干草块为 16％～17％。

一般优质的干草可以长草饲喂，不必加工，根据情况可以采用自由采食或者限量饲喂法。限量饲喂法是将干草与精料按比例混喂或者以全价日粮进行饲喂，在饲喂的过程中要防止铁钉等金属物质对牛瘤胃的伤害。奶牛饲喂干草等粗料按体重计算，如果以干草和青贮为基础的粗饲料，则干草的比例应占到 1/4～1/3；如果按整个日粮计算，并且粗饲料以干草为主，则干草和精料的比例应为 50∶50。一般来说 1kg 干草相当于 3kg 青贮料或 4kg 青饲料，2kg 干草相当于 1kg 精料。

（2）秸秆类 秸秆类是世界上最多的一类农业副产品，我国年产秸秆约 6 亿 t。但由于粗纤维含量高，营养价值低，目前用作饲料的仅占 15％。虽然有一定程度的利用，但利用率较低，每年都有大量的秸秆被焚烧或抛弃不用，造成环境污染和资源浪费。这类饲料的特点是粗纤维含量高，木质素含量高，粗蛋白含量低，不超过 10％，消化率低，一般不超过 60％。但秸秆类饲料对牛尤为重要，它可以保证消化道的正常蠕动，也是乳脂肪合成的重要原料。牛常用的秸秆类饲料有稻草、玉米秸、麦秸和豆秸。

（3）秧蔓类饲料 有花生秧、红薯秧等，这些饲料一般都放在田间或者户外，常在日晒雨淋之下，很容易霉变，作为牛利用的部分也未经任何处理加工，营养价值较低。红薯秧和花生秧晒干或者晒干粉碎和精饲料一并饲喂是奶牛越冬饲料的良好来源。

（4）荚壳类 主要是农作物籽实的外壳，包括谷壳、高粱壳、花生壳、豆荚、棉籽壳等。豆荚的营养价值最高，其次为谷物的皮壳，稻壳的营养价值较差，利用率低，但经氨化或碱化可以提高其营养价值。棉籽壳含有少量的棉酚，饲喂时应掺入一定量的青绿饲料和稻草。

2. 青绿饲料 是指天然水分含量在 60％以上的青绿牧草、饲用作物、树叶类及非淀粉质的根茎、瓜果类等。这类饲料富含叶绿素，鲜嫩多汁，营养丰富，产量高，此外还含有各种酶、激素、有机酸等，对促进动物的生长发育，提高产品质量有着重要的意义，被誉为"绿色能源"。

（1）天然牧草 主要是指天然养殖场收获的牧草，一般为多种牧草的混合草地，产量与草地质量关系很大。

（2）栽培牧草

①豆科牧草 有紫花苜蓿、三叶草、毛苕子、草木樨、沙打旺、小冠花、红豆草等。这类牧草产量高，栽培面积大，牧草的粗蛋白含量高，营养价值高，可以青饲、放牧、制作干草或者青贮。由于豆科牧草的含糖量低，属于难青贮牧草，在青贮时可以采用半干青

贮，与禾本科混贮，或者采用添加糖蜜等措施来提高青贮品质。另外要选择合理的收割时期，防止牧草老化，降低营养价值。在豆科类牧草的利用上要防止有害物质对家畜的不良作用，如紫花苜蓿中的皂角素，草木樨中的双香豆素，沙打旺中的硝基化合物，苕子中的氰苷对家畜都会产生不良反应，在饲用时要采取预防措施。如果青饲要限量饲喂，防止牛患臌胀病。

②禾本科牧草　包括黑麦草、燕麦草、无芒雀麦、羊草、苏丹草、鸭茅、象草等。禾本科牧草也是奶牛不可缺少的粗饲料之一，粗蛋白含量略低于豆科牧草，粗纤维含量略高于豆科牧草。此类牧草产量高，生长速度快，对气候的适应性比较强，特别是抗旱耐践踏，有着极高的推广利用价值。禾本科类牧草碳水化合物含量高，加工利用技术更成熟，比较适合于制作优质的青贮饲料，一般和豆科类混合青贮。禾本科牧草也可以青饲，制作干草或加工草粉等，对提高奶产量效果明显。

③青饲作物类　青饲作物是指农田栽培的农作物或饲料作物，在结籽实前或结实期刈割作为青绿饲料用。常见的青饲作物有青刈玉米、青刈大麦、青刈燕麦、大豆苗等。这类作物可以直接饲喂，也可以调制成青干草或制作青贮饲料，供冬春季节饲喂，是解决冬春季节青绿饲料短缺的一个重要途径。在农区可以利用闲散地种植牧草或者引进三元种植结构，即可以解决牧草短缺，又可保护植被减少水土流失，也可以在冬季种植黑麦草，在早春进行刈割饲喂，解决冬春季节的饲料短缺问题。

青绿饲料营养价值高，消化性好，是牛理想的饲料。但由于水分含量高，热量少，所以对产奶量高的乳牛，只喂青绿饲料不能满足能量的需要，应添加能量饲料，蛋白质饲料和矿物质饲料。青绿饲料与秸秆一起饲喂可以提高秸秆的消化率，青绿饲料的喂量不能超过日粮干物质的20%。

3. 青贮饲料　青贮饲料指以天然新鲜青绿植物性饲料为原料，在厌氧条件下，经过以乳酸菌为主的微生物发酵后调制成的饲料，具有青绿多汁的特性，如玉米全穗青贮、玉米秸秆青贮、各类禾本科青草青贮、苜蓿青贮等。青贮饲料能较好地保存青绿饲料的营养特性，减少养分损失，优质的青贮饲料可以常年贮存。

4. 能量饲料　饲料干物质中粗纤维含量小于18%，同时粗蛋白质含量小于20%的饲料为能量饲料，主要包括禾本科的谷实饲料、面粉工业的副产品、块根块茎及其加工的副产品、动植物油等。如谷实类（玉米、小麦、稻谷、大麦、高粱和燕麦等）、糠麸类（小麦麸、米糠等）、以淀粉为主的块根、块茎、瓜果类（甘薯、胡萝卜、南瓜）等。

能量饲料在饲喂时注意的问题：

（1）按牛不同的生理阶段合理饲喂　泌乳高峰期应喂高能日粮，能量过低出现负平衡，不仅产奶量低，也容易出现营养缺乏症；泌乳后期和干奶期要适当的限制能量的摄入量，能量过高，母牛过肥，容易导致难产、产后瘫痪、妊娠毒血症、酮病和瘤胃酸中毒的发生。

（2）精粗合理搭配　日粮中的精饲料比例过大，能量过高，则瘤胃中丙酸比例增大，乙酸含量相对降低，乳脂率下降。

（3）注意饲料体积　块根块茎类饲料含水量大，如果喂量过多，占据了瘤胃和小肠的体积，限制了干物质的采食量，应限制饲喂量。

5. 蛋白质饲料　饲料干物质中粗纤维含量小于18%，而粗蛋白质含量大于或等于

20%的饲料。包括豆类籽实、饼粕类和其他植物性蛋白质饲料，通常占到日粮中蛋白质饲料的80%以上。该类饲料的营养特点是：蛋白质含量高，品质较好；脂肪含量变化大，油料籽实含量在15%～30%以上，非油料籽实仅有1%左右；粗纤维含量低；钙少磷多，主要是植酸磷；维生素含量与谷物类相似，维生素A、维生素D较缺乏；大多数含有抗营养因子，影响饲喂价值。

图 11-1　用饼粕类饲料饲喂奶牛

（1）豆类籽实　主要包括大豆和豌豆，是牛蛋白质饲料的主要来源。

（2）饼粕类　主要包括大豆饼粕、菜籽饼粕、棉籽饼粕（图 11-1）和花生饼粕。

案例：新疆南疆阿克苏地区某养殖户利用棉籽饼饲喂育肥肉牛

日粮组成、饲喂量及成本见表 11-2。

表 11-2　育肥牛日粮组成、饲喂量（推荐）及成本

配方	饲喂量/kg	单价/（元/kg）	总价/元
棉籽壳	5	1	5
棉籽饼	3	2	6
麦草	6	1	6
玉米粉	2	2.5	5
棉秆粉	5	0.4	2
总计	21		24

养殖户以每头2800元购入12月龄左右的牛，育肥3个月后出栏，每头育肥牛每天的饲料成本为24元，3个月饲料成本为2160元，人工等费用为1000元，共计成本5960元，育肥牛出栏价格为7500元，每头牛可以收益1540元。此养殖户按照平均一年可以出栏育肥牛150头计算，可收益231000元，经济效益较高，收入可观。

6. 其他副产品

（1）酒糟　白酒糟与啤酒糟是粮食经过发酵的产物，按绝干物含量计算，粗蛋白质达15%～25%，粗脂肪 2%～5%，无氮浸出物 35%～41%，粗灰分 11%～14%，钙0.3%～0.6%，磷 0.2%～0.7%，纤维素 15%～20%，适宜于养牛（图 11-2、图 11-3）。

①新鲜的啤酒糟要尽快微贮，防止刚生产出来的啤酒糟由于自身温度高，使秸秆发酵，活杆菌失去活力。

②微贮啤酒糟有一定的酸度，要适量添加，比例按 1%～1.5%，日饲喂量控制在10～15kg，以维持瘤胃内环境稳定。

③饲喂量要逐步增加，给奶牛一个适应的过程。开口后暴露时间不宜过长，变质的要去除。

④干奶牛、初产牛最好不喂微贮啤酒糟，由于泌乳初期营养处于负平衡，以防止早期产奶量过高而引起代谢问题。

图 11-2　利用糟渣饲喂奶牛　　　　图 11-3　利用糟渣和苜蓿干草饲喂奶牛

案例：酒糟饲料

贵州五谷坊有机农业综合开发有限公司专门建立了酒糟烘干生产线，利用贵州茅台酒厂的酒糟生产酒糟蛋白，其产品粗脂肪含量为 5.2%，粗蛋白质含量为 23%，成本低廉，具有较强的市场竞争力，获得了较好的经济效益，同时也解决了大型酒厂因酒糟排放造成的环境污染和贵州省蛋白饲料资源短缺的问题。

贵州喀斯特山乡牛业有限公司利用贵州青酒集团生产的酒糟直接喂牛或进行微贮后喂牛，其生产的牛肉达到供港牛肉标准，每年供港肉牛达 3000 多头，取得了较好的经济社会效益。其饲喂方法是：粗料＋鲜酒糟（或发酵酒糟）＋精料。根据牛的体重和日增重要求，粗料日喂量在 10～25kg；酒糟（含水量 70%～80%）日喂量在 20～40kg；精料日喂量按牛体重的 0.7% 供给，精料配方为：玉米 68%、菜籽饼 10%、豆粕 5%、麸皮 8%、石粉 1%、磷酸氢钙 2%、食盐 1%、预混料 3.5%、碳酸氢钠（小苏打）1.5%。饲喂时精料和酒糟一起混合均匀后饲喂。

（2）**糖渣**　由甘蔗或甜菜生产的糖渣、糖蜜以及柑橘糖等，大多为通过酶或酸脱水，以及其他精炼工艺后的副产物，是重要的能源饲料，微量元素等成分也极丰富。按干物质量计每 2kg 甜菜渣相当于 0.8kg 玉米的营养。糖蜜是十分有用的饲料，除直接饲喂以外，尚可用于饲料调味剂、颗粒饲料结合剂、舔砖的结合剂等。在牛的日粮中一般控制在 10%～15%。

（3）**苹果渣**　苹果渣是苹果加工业的下脚料。干物质中含糖 15.15%，脂肪 6.2%，粗蛋白质 5.6%（鲜），粗纤维 20.2%，且含有维生素和矿物元素等养料。按正常喂养标准，每天在其日粮中混添 10～12kg 苹果渣，产奶量可提高 10% 以上。且添喂苹果渣可增加饲料的适口性，缩短奶牛的采食时间，降低发病率。

案例：苹果渣饲料

2008 年，宁夏畜牧工作站在中卫夏华肉食品公司进行苹果渣与秸秆混贮技术示范，开展了苹果渣＋秸秆混贮对肉牛育肥效果影响的饲喂试验，试验期 91d。结果表明：育肥牛平均始重 465kg，平均末重 548.2kg，平均日增重 0.9kg。2009 年，"果渣秸秆混贮饲料制作技术"被农业部列为"农业生产轻简化实用技术"。目前，中卫夏华肉食品公司年加工制作苹果渣玉米秸秆混贮饲料 7000t 以上。

二、不同生理阶段平衡日粮

牛的日粮配制方法和步骤：

（1）确定其生理阶段和日产奶量，依照奶牛（或肉牛）饲养标准，计算不同阶段的奶牛（或肉牛）营养需要。

（2）从饲料成分及营养价值表中查出现有饲料的各种营养成分和价格。

（3）根据经验选择几种粗饲料，确定其喂量，并计算其营养物质的含量和所缺的营养。

（4）选择精料原料，确定其用量来补充所缺的营养，主要是配平能量和蛋白含量。

（5）配平矿物质含量。

（6）综合粗饲料和精料营养物质含量，与营养需要量比较，调整饲料配方，寻找平衡点。

三、饲料加工调制和混合方法

1. 青贮饲料的制作

（1）**青贮饲料及青贮原理** 青绿饲料在密闭厌氧条件下，通过乳酸菌发酵产生乳酸，当乳酸在青贮料中积累到一定浓度时（pH 4.0 左右），其他腐败细菌和霉菌的生长都被抑制，从而达到长期保存青绿饲料营养价值的目的。将收割后的青绿饲料或适当凋萎后的半干饲草，铡碎装入青贮窖或青贮塔内，利用微生物厌氧发酵，将营养物质最大限度地保存与开发出来。几乎所有的饲草均可制成青贮饲料。青贮饲料养分损失少，对牛适口性好，是最经济实惠的饲草保存方法。

乳酸菌发酵青贮过程分为三个阶段：

①植物呼吸阶段 刚刈割下的青贮原料，在青贮制作过程中，原料本身有呼吸作用，植物细胞尚未死亡，过程前期为有氧呼吸，后期为无氧呼吸。反应产生的醇类及有机酸在细胞内积聚，细胞死亡，氧化过程即停止。

②微生物竞争阶段 青贮料装窖 3～7d。随着窖内温度逐渐降低，植物细胞呼吸作用减弱，氧气耗尽。乳酸菌在无氧条件下非常活跃，产生大量乳酸，使原料中酸度不断增加，在 pH 降至 4.2～4.4 时，乳酸菌在发酵过程中就占有绝对优势，而其他腐败细菌和霉菌的生长都被抑制，保持青贮饲料不霉烂变质。

③青贮完成阶段 乳酸菌发酵，其他菌类被杀死，进入青贮饲料的稳定期，此时青贮饲料的 pH 为 3.8～4.0。

（2）**青贮前的准备**

①青贮设备 青贮窖可以是临时的，在地势较高、能排水和便于取用的地方挖掘；也可修永久性的窖，即用砖和水泥建造；对于地下水位高，气候温暖的地方，可建青贮塔，材料可用不锈钢、砖和水泥、硬质塑料；也有用塑料袋青贮，设备费用低，取用方便；即使在地面上制作青贮料，只要能做到压紧、封严就可成功。总之，青贮地点要尽量靠近畜舍，取用省时省力。要避开粪坑、水源等，以免引起青贮料的污染变质。

②青贮原料 常用青贮原料如禾本科的有玉米、黑麦草、无芒雀麦；豆科的有苜蓿、三叶草、紫云英；其他根茎叶类有甘薯、南瓜、苋菜、水生植物等。在选择青贮原料时要

注意掌握含糖量、含水量和收获的时间。

③判断青贮原料含水量的方法

A. 手挤法　抓一把铡碎的青贮原料，用力挤 30s，然后慢慢伸开手。伸开手后有水流出或手指间有水，含水量为 75%～85%，由于太湿，不能做成优质青贮，应该晒一段时间，或与秸秆等一起青贮，或每吨加 90kg 玉米面。伸开手后料团呈球状，手湿，含水量为 68%～75%。也应该晒一段时间，或每吨加 69kg 玉米面；或每层之间加一层秸秆；伸开手后料团慢慢散开，手不湿，含水量为 60%～67%，此时是做青贮的最佳含水量；伸开手后料团立即散开，含水量低于 60%，要添加水分后才能青贮。

B. 扭弯法　在铡碎前，扭弯秸秆的茎时不折断，叶子柔软、不干燥，这时的含水量最合适。

C. 实验室测定法　优点是测定水分含量准确，缺点是时间长。

（3）青贮方法与步骤

①青贮窖的准备　青贮前彻底清扫窖，用硫黄或福尔马林加高锰酸钾熏蒸消毒；窖四壁铺塑料薄膜，以防漏水透气；底部铺 10～15cm 厚的秸秆，以便吸收液汁。

②切碎　青贮原料收割后，应立即运至青贮窖，一边用青贮机铡短，一边装填。如果采用大型青贮收割机，则可边收割边切碎，运回青贮窖直接装填。青贮原料切的越碎，越容易装填、压实，考虑设备和能耗，一般需铡短至 1～2cm。

③装填与压实　原料粉碎后要立即装填，否则会增加养分损失。边装填边压实，青贮窖压得越实，空气排得越干净越好，可采用大型青贮用拖拉机碾压，无拖拉机的也要设法人力夯实。填窖一般要高出窖面 60cm 左右，使之呈拱形。

④密封　装填完成后，盖上厚膜，压上 10～20cm 泥土并拍实，再压上石块或汽车轮胎。经一昼夜自然沉降后，可再加一次泥土。封的一定要严，否则前功尽弃。

⑤管护　在四周距窖 1m 处挖排水沟，防止雨水流入。窖顶有裂缝时，及时覆土压实，防止漏气漏水。采用黑色的塑料布可以防止鸟类的破坏。

（4）半干青贮和青贮添加剂

①半干青贮　在青贮前先让刈割的饲草饲料作物干燥 1～2d，使其水分含量控制在 45%～65% 时再行青贮，称半干青贮。降低青贮饲草水分含量可使植物呼吸酶活性降低，更主要的是可以较有效地抑制梭状芽孢杆菌繁殖，同时也可减少青贮汁液的流失，以提高青贮质量和饲草养分的保留率。此法一般适用于含糖量比较低的牧草，如紫花苜蓿图11-4～图 11-7。

图 11-4　苜蓿晾晒后铡短　　　　图 11-5　苜蓿机械装窖压实

图 11-6　覆盖塑料薄膜　　　　　　　图 11-7　覆土密封

②青贮添加剂　青贮饲料添加剂的主要作用是防止营养损失和提高饲喂价值。对低质青贮，添加剂作用较大。其主要作用是：抑制有害的细菌和霉菌的繁殖；添加酸，降低 pH；减少氧气含量；提供可发酵碳水化合物；添加营养成分等。主要可分为发酵促进剂、发酵抑制剂、好气性腐败菌抑制剂及营养性添加剂四类。前两类是控制发酵程度的，这一点既可通过促进乳酸发酵实现（包括乳酸菌制剂和乳酸菌生长的基质，如糖蜜），也可通过部分或全部抑制微生物的生长（如甲酸、乙酸和甲醛等）来实现。第三类是抑制好气性腐败菌的，旨在青贮初期和开窖后防止接触空气的青贮发生腐败（如丙酸），第四类是营养性添加剂，在制作青贮时加到原料中，可改善青贮饲料的营养价值。

发酵促进剂和发酵抑制剂一般用于不易青贮原料如豆科牧草，而易青贮原料如玉米，可添加一些营养性添加剂和防止二次发酵的好气性腐败菌抑制剂。甲酸产品的浓度为 850g/kg，这种甲酸通常不必稀释便能以 2.3L/t 的比例直接施放在牧草上，相当于 2L/t 纯甲酸，对于豆科牧草使用量可以高一些；甲醛作为青贮添加剂的安全和有效使用范围，一般参考值是禾本科作物为 30～50g/kg 粗蛋白质，未枯萎苜蓿为 100～150g/kg 粗蛋白质，对一般牧草为 2.0～3.4L/t；乳酸菌制剂用量为每克新鲜的原料至少达到 1×10^5 个乳酸菌；尿素添加量为每吨湿青贮料 5～7kg。

③青贮饲料添剂

A. 尿素　在制作青贮时，添加占青贮原料鲜重 0.5% 的尿素，对青贮料的适口性无影响，高于 5% 会影响青贮料的适口性。如果把尿素与硫酸铵混合加入青贮中，可得到较高质量的青贮饲料，还因补充了硫，有利于瘤胃微生物的生长。

B. 酸类　加入适量酸，可补充自然发酵产生的酸度，进一步抑制腐败菌和霉菌的生长。常用的有机酸包括甲酸、丙酸、苯甲酸等：如甲酸，每 100kg 禾本科牧草添加 0.3kg，每 100kg 豆科牧草添加 0.5kg；丙酸，每 100kg 青贮原料添加 0.5～1.0kg；苯甲酸，一般先用乙醇溶解后，每 100kg 青贮原料加入 0.3kg。

C. 发酵增强剂　包括细菌培养物、酵母培养物和酶制剂。如接种乳酸菌能促进乳酸发酵，增加乳酸含量，以保证青贮质量。通常每吨青贮原料加乳酸菌培养物 0.5L 或乳酸菌剂 450g。

（5）青贮饲料质量检查　良好的青贮料，颜色青绿或黄绿色，有光泽，湿润、紧密、茎叶花保持原状，容易分离，有芳香酒香味，有的略有酸味。若颜为黑色、黏滑、结块，具特殊腐臭味或霉味，说明青贮失败，不能饲喂（表 11-3）。

表 11-3 青贮评分划等标准

项目	性状	得分
嗅觉	（1）酸香可人，有明显的果实香或面包香	14
	（2）接触后手上残留有极轻微的丁酸臭味，或较强的酸味，有时芳香味淡，经烘干后呈弱酸味，且具焦面包香味	10
	（3）丁酸味颇重，有刺鼻的糊味或霉味	4
	（4）丁酸味强烈，几乎无酸味或酸味很少	2
	（5）霉败味，堆肥味	0
结构	（1）茎叶形态完整，脉络清晰	4
	（2）叶子的形态较差	2
	（3）茎叶结构保存较差，有轻度霉斑或轻度的污染	1
	（4）茎叶腐烂或污染严重，霉斑多	0
色泽	（1）色泽接近原料色，有光泽，烘干后的禾本科或豆科牧草呈淡褐色	2
	（2）略有变色，呈淡黄或黄褐色	2
	（3）严重变色，墨绿以至黑色	0

注：16分以上为优等，5～15分为中等，5分以下为劣等。劣等青贮不能饲喂家畜。

（6）青贮料的取用　一般经二十多天的发酵，即可开窖取用，也可等青绿饲料短缺时取用。饲喂时要随用随取，取用青贮料要遵循由外向内、由上而下层层取用的原则。一旦启用，不要中断，直至用完。每次取用后应尽快封盖好，尽量减少外部空气的进入，防止二次发酵，更不要让雨水流进窖内。

（7）青贮饲料的使用　青贮饲料可以作为牛的主要饲料来源，由于其酸度较高，刚开始喂时牛不喜食，喂量应由少到多，逐渐适应后即可习惯采食。驯饲的方法是，先空腹饲喂青贮料，再饲喂其他草料；或将青贮料与其他料拌在一起饲喂。由于青贮饲料含有大量有机酸，具有轻泻作用，因此母牛妊娠后期不宜多喂，产前15d停喂。劣质的青贮饲料有害牛健康，易造成流产，不能饲喂。冰冻的青贮饲料也易引起牛流产，应待冰融化后再喂。

案例：青贮饲料

宁夏银川市西夏区先锋奶牛养殖场建成于2004年，是全国第一批奶牛标准化示范场之一。2011年末，存栏荷斯坦奶牛980头。其中，成母牛574头。泌乳牛305d头均产奶量8816kg，乳脂率3.9%，乳蛋白率3.39%。2004年以来，该场泌乳牛粗饲料结构一直以苜蓿干草、全株玉米青贮为主。2012年5月开始，宁夏畜牧工作站指导先锋奶牛养殖场成功制作苜蓿半干青贮饲料600余t，并开展了苜蓿青贮、苜蓿干草饲喂泌乳中后期奶牛试验。经90d饲喂试验，饲喂苜蓿青贮的奶牛日均产奶量增加1.8kg，比饲喂苜蓿干草组奶牛高9.13%。乳脂、乳蛋白、非脂乳固体等乳成分指标均不同程度地高于饲喂苜蓿干草组泌乳牛。试验期内饲喂苜蓿青贮的奶牛多盈利650元。饲喂苜蓿青贮对增加牛群产奶量、提高牛奶品质具有明显效果（图11-8）。

图 11-8　青贮饲料的取用

2. 干草的调制与贮存

（1）干草及其营养成分　干草是指利用天然草地或人工种植的牧草及在适宜时期收割的禾谷类饲料作物，经自然或人工干燥调制而成能长期保存的草料。由于干草是由青绿植物制成，在干制后仍保留一定青绿颜色，故又叫青干草。干草的含水量在14％～17％，可以长期保存，其制作方法简便、成本低廉，便于大量贮存和长距离运输。但调制不善会有较多养分损失。干草的营养成分：制作良好的干草含水量为15％，范围14％～17％。含水量15％以下的干草不易长霉。干草通常含纤维素18％以上，粗蛋白10％～21％，比秸秆高1～3倍。

（2）调制干草的原料　几乎所有人工栽培牧草、野生牧草均可用于制作干草。但在实际操作中，一般选择那些茎秆较细，叶面适中的饲草品种，即通常所说的豆科和禾本科两大类饲草，因为茎秆太粗、叶面太大、茎秆和叶相差太悬殊，都会影响干草的效果和质量。适宜制作干草的禾本科牧草包括羊草、黑麦草、苇状羊茅、芒麦和披碱草等；豆科牧草包括紫花苜蓿、沙打旺、小冠花和红三叶等；豆科类作物包括豌豆、蚕豆、黄豆等。

（3）干草原料的收获期　收割时期对干草质量影响很大，因为任何牧草当其趋向成熟时，干物质的消化率会下降，蛋白质的含量也会下降，但如果过早收割不仅会影响饲草产量，而且幼嫩饲草相对较高的含水量会增加干草调制的难度和成本。因此，选择适宜的收割期（图11-9），对保证调制干草的质量和效果非常重要。禾本科类牧草一般应以抽穗初期至开花初期收割为宜；豆科类牧草以始花期到盛花期收割为最好。此时养分比其他任何时候都要丰富，茎、秆的木质化程度很低，有利于牛的采食、消化。

图11-9　苜蓿干草收割后晾晒

（4）干草的调制　优质干草调制成功的要素：①使草的水分迅速下降到15％以下，以抑制各种霉菌的繁衍，并使各种酶失活。②防止干叶脱落。在晒制过程中，一般为早晨6～7时割倒，铺成条状，约需3h，在水分降到40％时，细胞濒于死亡，这时要翻一次，使阴面暴露在上面。4～6h后水分降到20％以下，开始堆垛，即堆成约1m高的小垛。在南方堆垛时干草的水分必须在15％以下，这就必须将晾晒时间延到第二天上午，先堆成小垛，4～5d后才能堆成大垛。③防雨是非常重要的，干草受潮后营养严重下降，会降到作物秸秆的水平。就丧失了制作干草的作用。因此刈割要安排在无雨的日子。制作优质干草以机械化作业为好。

（5）草的干燥方法

①自然干燥法　自然干燥法是指利用阳光和风等自然资源蒸发水分调制青干草的技术，该法简便易行、成本低，无须特殊设备，是目前国内外普遍采用的方法。但自然干燥法一般时间较长，容易受气候、环境的影响，养分损失较大。

A. 地面干燥法　将收割后的牧草在原地或运到地势较高燥的地方进行晾晒。通常收割的牧草在晴朗的天气下干燥4～6h，水分降到45％～55％时（此时茎开始凋萎，叶子还柔软，不易脱落），用搂草机搂成草条继续晾晒如下图，使其水分降至35％～40％（叶子开始脱落前），用集草机将草集成草堆，保持草堆的松散通风，直至牧草完全干燥。一般 1.5～2d 可调制完成，最后人工或使用拣拾压捆机打捆运回贮存（彩图 8）。

B. 草架干燥法　在栽培豆科牧草产草量和含水量高的情况下，可就地取材，搭制简易树干三脚架和幕式棚架。先地面干燥 0.5～1d，使其含水量在 40%～50%，然后自上而下逐渐堆放，或捆成 20cm 直径的小捆，顶端朝里一层一层的码放在草架上晾干，注意最低一层应高出地面。由于草架中部空虚，空气便于流通，有利于牧草水分散失，大大提高牧草干燥速度，减少营养物质的损失。该方法适合于空气干燥的地区或季节调制青干草，养分尤其是胡萝卜素比晒制法损失少得多。

②人工干燥法　采用各种干燥设备，在很短的时间内将刚收割的饲草迅速干燥，使水分达到贮存要求的青干草调制方法。该法生产的干草质量好、养分损失少、不受气候影响，但设备要求高，投资较大。

A. 常温鼓风干燥法　称"草库干燥"，先在田间将草茎压碎并堆成垄行或小堆风干，使水分下降到 35%～40%，然后在草库内完成干燥过程。自鼓风机送出的冷风（或热风）通过总管输入草库内的分支管道，再自下而上通过草堆，即可将青草所含的水分带走。常温鼓风干燥适合用于牧草收获时期的昼夜相对湿度低于 75% 而温度高于 15℃ 地方使用。在特别潮湿的地方鼓风机中的空气可适当加热，以提高干燥的速度。

B. 低温烘干法　未经切短的青草置于浅箱或传送带上，送入干燥室（炉），利用加热的空气，将青草水分烘干。干燥温度如为 50～70℃，需 5～6h；如为 120～150℃，经 5～30min 完成干燥。所用热源多为固体燃料，浅箱式干燥机每日生产干草 2000～3000kg；传送带式干燥机每小时生产量 200～1000kg。

C. 高温快速干燥法　利用液体或煤气加热的高温气流，可将切碎成 2～3cm 长的青草在数分钟甚至数秒内使水分含量降到 10%～12%。采用的干燥机是转鼓气流式烘干机，进风口温度高达 900～1100℃，出风口温度 70～80℃。含水量在 60%～65% 的，每小时可产干草粉 700kg；含水量达 75% 时，每小时仅生产 420kg。整个干燥过程由恒温器和电子仪器控制。采用高温快速干燥法调制的干草可保存牧草养分的 90% 以上，利用高温快速干燥法制作的干草一般采用价值较高的原料，主要是豆科牧草。

（6）打捆与贮存　非集约化生产的散干草一般不打捆，而制作商品干草时通常在干燥后打捆。干草在晴天阳光下晾晒 2～3d，当含水量在 18% 以下时，可在晚间或早晨进行打捆如下图，以减少苜蓿叶片的损失及破碎。在打捆过程中，应该特别注意的是不能将田间的土块、杂草和腐草打进草捆里。草捆打好后，应尽快将其运输到仓库里或贮草坪上码垛贮存（彩图 9 与彩图 10）。码垛时草捆之间要留有通风间隙，以便草捆能迅速散发水分。底层草捆不能与地面直接接触，以避免水浸。在贮草坪上码垛时垛顶要用塑料布或防雨设施封严。草捆在仓库里或贮草坪上贮存 20～30d 后，当其含水量降到 12%～14% 时既可进行二次压缩打捆，两捆压缩为一捆，其密度可达 350kg/m³ 左右。高密度打捆后，体积减小了一半，更便于贮存和降低运输成本。

散干草运回后可以露天堆垛或草棚堆放。露天堆垛是一种最经济、较省事的贮存青干草的方法。选择离畜舍较近、平坦、干燥、易排水、不易积水的地方，做成高出地面的平台，台上铺上树枝、石块或作物秸秆 30cm 左右厚，作为防潮底垫，四周挖好排水沟，堆成圆形或长方形草堆。长方形草堆，一般高 6～10m，宽 4～5m；圆形草堆，底部直径 3～

4m，高 5～6m。堆垛时，第一层先从外向里堆，使里边的一排压住外面的梢部。如此逐排向内堆排，成为外部稍低，中间隆起的弧形。每层 30～60cm 厚，直至堆成封顶。封顶用绳索纵横交错系紧。堆垛时应尽量压紧，加大密度，缩小与外界环境的接触面。垛顶用薄膜封顶，防止日晒漏雨，以减少损失。为了防止自燃，上垛的干草含水量一定要在15% 以下。堆大垛时，为了避免垛中产生的热量难以散发，应在堆垛时每隔 50～60cm 垫放一层硬秸秆或树枝，以便于散热。气候湿润或条件较好的养殖场应建造简易的干草棚或青干草专用贮存仓库，避免日晒、雨淋，可大大减少青干草的营养损失。堆草方法与露天堆垛基本相同，要注意干草与地面、棚顶保持一定距离，便于通风散热。也可利用空房或屋前屋后能遮雨的地方贮藏。

（7）青干草的综合感官评价 干草的色、香、味均佳，是营养高的标志。主要根据青绿色的深浅、香味的浓度等，将青干草分为优、中、差 3 等。

①优等干草 颜色青新鲜绿，香味浓郁，一般是未经雨淋的晒制干草，在堆放堆中未发霉，未产生高温，草中花蕾和叶片多。

②中等干草 颜色灰绿，呈一般的干草香，证明贮藏过程中未发生过霉烂。

③差等干草 颜色黄褐，无香味，茎秆硬粗，证明干草在贮存过程中发过霉，养分损失严重。

案例：苜蓿干草生产与应用

宁夏农垦茂盛草业有限公司于 2000 年成立，是以苜蓿草种植、加工、销售为主的草业企业，自治区农业产业化重点龙头企业，也是宁夏回族自治区贺兰山优质牧草种养加综合示范基地。公司建植 3.45 万亩优质高产的苜蓿基地，拥有 125 台套田间收获加工设备和 7 座草产品加工厂，年产苜蓿草产品 3 万余 t。贺兰山牌苜蓿草系列产品有初级草捆、高密草捆、草节捆、草颗粒、草粉。苜蓿田间收获作业从割草、散草、拢草到捆草，全部实现机械化。该公司银川种植基地的苜蓿一年能收割 4 茬，亩产苜蓿干草在 1.2t 左右，粗蛋白平均值超过 18%，达到国家规定草业产品出口标准。草产品除供给区内 60 余家奶牛养殖场外，还远销内蒙古、陕西、上海、广州等。目前，已成为国内重要的商品苜蓿草基地和经营企业。

2002 年以前，苜蓿在宁夏奶牛养殖中几乎没有应用。2004 年，全区 50 头以上规模奶牛场大部分已用苜蓿干草饲喂奶牛，泌乳牛日喂干苜蓿 3～5kg，可减少精料日喂量 1～2kg。据统计，宁夏茂盛草业有限公司银川种植基地亩产苜蓿干草 1.2t 左右，年产苜蓿干草 10000t 以上，大部分用于宁夏农区奶牛养殖及向区外奶牛养殖企业销售。苜蓿的广泛应用使奶牛日粮趋于合理，促进了奶牛的高效养殖。宁夏金凤区翔达牧业科技有限公司现存栏奶牛 1500 夹，其中，泌乳牛 720 头。2009 年建场后一直从宁夏农垦茂盛草业有限公司购买优质苜蓿青干草饲喂后备牛和泌乳牛，提高了牛群整体品质和生产性能。后备牛（3～9 月龄）头均饲喂苜蓿草 2kg，泌乳牛头均饲喂苜蓿草 5kg。泌乳牛 305d 产奶量达到9166kg，乳脂率 4.1%，乳蛋白率 3.5%。

3. 秸秆的氨化

（1）原料秸秆 各种作物秸秆均可用氨化法处理，常用的有稻草、麦秸和玉米秆。陈秸秆要求用保存良好的，即干净、干燥、色鲜的，决不能用霉变的秸秆。若能切短则氨化效果会更好。

（2）氨源及用量　生产实践表明，氨的用量与氨化效果密切相关。氨的经济用量以 2.5％～3.5％为宜。各种氨源的用量按干秸秆计：碳铵 8％～12％、尿素 4％～5％、氨水（含氮 15％）15％～17％、液氨 2.5％～3.5％。

（3）调制方法

①窖氨化法　此法适用于中小型的生产规模，土窖或水泥窖都可。窖形不限，长、方、圆形均可（图 11-10、图 11-11），也可以是上宽下窄的斗形。窖壁必须光滑，底微凹。窖深一般不超过 2m。以长 5m，宽 5m，深 1m 的为多，要因地制宜。装窖时在窖内先铺塑料薄膜，将含水量为 10％～13％的铡短秸秆填入窖内，装满 6m×6m 塑料薄膜，在上风口留一口子，作为注氨水之用。其余三边的上下两块塑料膜要卷到一起，压土封严。氨水用量为：每 100kg 秸秆需氨水量用公式算出：33kg/（15％含氮量的氨水量×1.21）＝16.5kg。如果氨水的含氮量在 15％～18％，秸秆与氨水的重量之比约为 6：1。注氨水同堆贮法一样，操作人员必须戴口罩、风镜，在上风口操作。注氨水的管子必须插入深部。注完后要密封。氨化窖的建造与青贮窖相同，可采用永久窖或临时窖，地上窖、半地下窖或地下窖。窖的大小根据饲养牛的种类和数量而定。每立方米的窖可装切碎的风干秸秆（麦秸、稻草、玉米秸）150kg 左右。一般说来，牛日采食秸秆的量为其体重的 2％～3％。根据这些参数，再考虑实际情况（每年氨化次数、养畜多少等），然后设计出窖的大小。

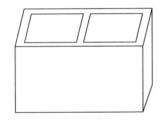

图 11-10　双联池

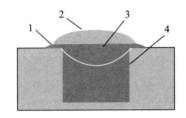

图 11-11　氨化窖断面

1. 泥土　2. 塑料薄膜　3. 秸秆　4. 窖壁

氨化前将新鲜秸秆将含水量控制在秸秆量的 30％～50％。对于干稻草等，要一边切短，一边喷水，一边撒碳铵或尿素，拌匀后踩实；也可将碳铵或尿素制成水溶液进行浇洒，每 100kg 干秸秆用水 20～30kg。秸秆顶面要堆成馒头形，高出窖面至少 1m，以防止下沉塌陷成坑。使用氨水氨化，可先将秸秆堆好，最后将氨水用水桶或胶管直接向秸秆堆的中部浇洒就行，而不必分层浇洒。将上盖用的塑料薄膜，沿秸秆的馒头形顶面顺坡向窖的两边铺压，窖边用泥土压实、封严。

②堆垛法　堆垛氨化法是将秸秆堆成垛，用塑料薄膜密封进行秸秆氨化处理的方法，垛的大小可视情况而定。大垛适合于液氨氨化，可节省塑料薄膜，容易机械化管理，但水不易喷洒均匀，且容易漏气，规格一般在长×宽×高为 4.6m×4.6m×2m。为了便于通氨，可在垛中间埋放一根多孔的塑料管或胶管；小垛适合于尿素或碳铵氨化，规格一般在长×宽×高为 2m×2m×1.5m。

以小垛为例，先在地面上铺一长宽各 3m 的塑料薄膜，然后把切碎（成捆也可）的鲜秸秆在塑料薄膜上堆成长、宽、高各为 2m 的垛（薄膜四周留约 70cm 宽的边儿，以便封口），再用另一塑料膜罩在垛上，其各边和垫底的塑料膜四周对齐折叠封口，用重物（如沙袋）把折叠部分压紧，仅在一侧留一孔，将纯氨缓慢地注入孔内（不得泄漏），通氨后立即封口。若是秸秆比较干燥，则应在堆垛的同时，按每100kg秸秆喷入30~40kg水使其湿润。若堆垛较大，则应在垛的一侧中心位置到对侧中心位置埋入一根周围带漏孔的塑料管或胶管，使管的一端通至垛外，将塑料膜罩在垛上后，从此管口通入相应的纯氨，再封口存放。

大堆氨化处理，是将秸秆堆成大垛，用塑料薄膜密封，再注入氨液进行处理的办法，故称堆贮法。原料必须是没有发霉的麦秸，当年的最好。将氨水罐接上喷头，向堆内喷洒。按秸秆重量的10%~12%，喷入20%的氨水。其含氮量相当于1.65%~1.98%。具体方法是：先铺草垛，底面大小约6m×6m，约堆3t麦秸，最好将麦秸先粉碎或铡短。用塑料布覆盖，四周用土压住，封严。塑料布必须无破损。垛草的场地不能有积水，地面要平坦，高燥，中央微低洼一些，以利积蓄氨水。地面用塑料布铺底，塑料薄膜四周应留出45~75cm的边缘。然后将草垛好，草上覆盖塑料布，覆盖的塑料布要与铺底的塑料膜折叠严密，用土压住。再在一边打开一小口，通入导管，开始加氨水。秸秆与氨水的比例为6:1。氨水注完后立即拔出喷头，密封喷口。草垛的上风口留一口子。如果用尿素处理，要先配制为2%的尿素液，然后分层、均匀地喷洒在秸秆上，每层秸秆厚30~50cm。按重量计算尿素液为秸秆重量的20%左右，此时处理后的含氮量大约为1.84%。

需要注意的是液氨为有毒易爆材料，操作时应注意安全。操作人员应配备防毒面具、风镜、防护靴、雨衣、雨裤、橡胶手套、湿毛巾，现场应备有大量清水、食醋。盛氨瓶禁止碰撞和敲击，防止阳光暴晒。

A. 日常管理 待草垛密封以后，要经常检查塑料薄膜有否破损，一旦发现必须立即用塑料黏合剂粘贴完好。

B. 起用时间 起用时间因气温而异，一般情况下当日间气温高于30℃时，需5~7d；20~30℃时，需7~14d；10~20℃时，需14~28d；0~10℃时，则需28~56d。

C. 开垛后处理 在到达起用时间时打开垛的一端，取出要用的量，但是不能立即使用。由于氨化秸秆具有强烈的氨味，在饲喂前，必须放尽余气，一般1~3d即可，此时秸秆呈糊香味或酸香味，即可喂用。放余气要利用风吹日晒，切不可用水冲洗。

D. 材料准备 堆贮法需用的材料有：一块0.08~0.2mm厚的透明聚乙烯塑料薄膜100m²（10m×10m），硬质塑料管约10m，手套以及口罩、风镜、铁丝、铁锹、钳子等杂物，氨水装运的塑料桶或陶瓷罐等容器。

③其他方法 除了窖氨化法、堆垛氨化法外，还可以用塑料袋或水缸等进行氨化。方法上有所差别外，各种处理方法应遵循的原则是一样的，即氨源充足、水分适宜、密闭完全、时间充分。

（4）氨化时间 氨化反应的速度随环境温度变化而变化，温度越高则反应速度越快；反之，温度低时反应速度就变慢。因此，氨化时间与气温关系很大。日间温度与氨化时间的关系见表11-4。

表 11-4　日间温度与氨化时间的关系

日间气温/℃	氨化所需时间/周
0～10	4～8
10～20	2～4
20～30	1～2
30 以上	1 周以下

　　(5) **塑料薄膜的选择**　氨化所用的塑料薄膜要求无毒、抗老化和气密性能好，通常用聚乙烯薄膜，切不可用有毒的聚氯乙烯薄膜，厚度不小于 0.1mm，以防扎破漏气和雨水漏入。如果氨化粗硬的秸秆如玉米秸或采用堆垛法时，应选择更厚一点的薄膜。膜的宽度主要取决于垛的大小和市场供应情况。膜的颜色，一般以抗老化的黑色膜为好，便于吸收阳光和热量，有利于缩短氨化处理时间。

　　(6) **开窖放氨**　氨化好的秸秆，开窖后有强烈氨味，不能直接饲喂牛羊，必须放净氨味（即余氨）。放氨的方法是利用日晒风吹，因此开窖放氨要选择晴朗天气，把氨化好的秸秆摊开，并用叉子经常翻动，一般 1～3d 就可放净。对湿度大的秸秆，晒一下适口性会更好。切不可让雨水淋浇，导致养分损失；也不可将开窖后的潮湿秸秆长时放置在外，以免引起霉变。

　　(7) **饲喂方法**　氨化饲料在饲喂前要进行散氨，以稍有氨味不刺鼻为宜。饲喂时应采取由少到多的原则，同时搭配牛爱食的草料，喂后 0.5h 要及时饮水，以延长氨在瘤胃中的停留时间，一方面可以促进菌体蛋白的合成，另外可以防止氨中毒。

　　(8) **质量标准**　处理好的氨化秸秆为褐黄色，具糊香或微酸味，质地松散，柔软而干燥，温度不高。如果成品呈灰白色或灰暗色，气味发臭，则必须禁止使用。

　　4. 精料补充料的配制　精料补充料是反刍动物的特有品种，是日粮的一部分，也称为半日粮型配合饲料。主要由能量饲料、蛋白质饲料和矿物质饲料及一些微量添加成分或预混料组成，主要用于解决饲喂粗饲料营养不足的问题。饲喂时必须与粗饲料、青饲料或青贮饲料搭配在一起。在变换基础饲草时，应根据动物生产反应及时调整给量。

　　(1) **配制方法**

　　①先粉碎后配料　先将待粉料进行粉碎，分别进入配料仓，然后再进行配料和混合。

　　②先配料后粉碎　按饲料配方的设计先进行配料并进行混合，然后进入粉碎机进行粉碎。

　　(2) **技术要求**

　　①感官要求　色泽一致，无发酵霉变、结块及异味、异臭。

　　②水分　北方不高于 14.0%，南方不高于 12.5%。符合下列情况之一时可允许增加 0.5% 的含水量：A. 平均气温在 10℃ 以下的季节。B. 从加工完成到饲喂期不超过 10d。C. 精料补充料中添加有规定量的防霉剂。

　　(3) **加工质量**

　　①成品粒度（粉料）精料补充料 99% 通过 2.80mm 编织筛，1.40mm 编织筛筛上物不得大于 20%。

　　②混合均匀度　精料补充料混合均匀，其变异系数（CV）应不大于 10%。

5. TMR 的配置和饲喂 TMR 为全混合日粮，英文 Total Mixed Ration。TMR 饲养技术的概念是根据乳牛不同泌乳时期所需的各种营养成分的数量和比例，把铡切成适当长度的粗饲料与精饲料、矿物质饲料、饲料添加剂等按一定比例，经专用饲料搅拌机充分混合成含水量为 45% 左右的饲料供奶牛自由采食，是饲养乳牛的先进技术。TMR 饲料搅拌机是集取各种粗饲料和精饲料以及饲料添加剂以合理的顺序投放在 TMR 饲料搅拌车混料箱内，通过绞龙和刀片的作用对饲料切碎、揉搓、软化、搓细及充分的混合后获得增加营养指标的全混日粮的加工设备。

（1）TMR 日粮的优点

①精粗饲料混合均匀，改善饲料适口性避免奶牛挑食与营养失衡现象的发生。

②有利与糖类和碳水化合物的合成，提高蛋白质的利用率。

③增强瘤胃机能，维持瘤胃 pH 的稳定，防止瘤胃酸中毒。

④饲料搅拌车提供的 TMR 日粮可最大限度提高奶牛干物质的采食量，提高饲料的转化率。

⑤可根据粗饲料的品质价格，灵活调整有效利用非粗料的 NDF。

⑥TMR 工艺使复杂劳动简单化，减少饲养的随意性，使得饲养管理更精确。

⑦可以充分利用当地原料资源降低饲料成本，并能够减少饲料浪费。

⑧可实现分群管理便于机械饲喂，提高劳动生产率，降低奶牛场管理成本。

⑨实现牛场规模化、专业化的生产方式，提高奶牛的饲养科技含量。

⑩应用 TMR 饲喂工艺更有利于奶牛场的防疫，降低疾病发生率。

（2）TMR 饲养技术的特点

①TMR 饲养技术可进行大规模工厂化生产，使饲养管理省工、省时，提高规模效益及劳动生产率。也可实现一定区域内小规模牛场饲料的集中统一配送，从而提高乳业生产的专业化程度。

②TMR 饲养技术便于控制日粮的营养水平，改善饲料的适口性，提高乳牛干物质采食量、产乳量、乳脂率和非脂固体物。

③可有效地防止消化系统机能紊乱。TMR 技术将日粮各组分按比例均匀地混合在一起，避免牛的挑食，乳牛每次采食的饲料都含有营养均衡的养分。可防止乳牛在短时间内出过量采食精料而引起瘤胃 pH 突然下降，与同等情况下精、粗分饲的乳牛相比，其瘤胃 pH 稍高，更有利于纤维索的消化分解。能维持瘤胃微生物的数量、活力及瘤胃内环境的相对稳定，使发酵、消化、吸收及代谢正常进行，有利于改善饲料利用率，减少疾病（如真胃移位、酮血症、产褥热、酸中毒、食欲不振及营养不良等）的发生。

④TMR 可以充分利用当地饲料资源，最大限度地使用低成本饲料配方。降低饲养费用，提高经济效益。

⑤可保证乳牛稳定的日粮结构，同时又可灵活地安排最优的饲料与牧草组合，从而提高草地的利用率。有利于 NPN 的合理利用，可防止乳牛的酸中毒。

（3）选择适宜的 TMR 搅拌机

①选择适宜的类型 目前，TMR 搅拌机类型多样，功能各异。从搅拌方向区分，可分立式和卧式两种；从移动方式区分，分为自走式、牵引式和固定式三种。

A. 固定式 主要适用于奶牛养殖小区；小规模散养户集中区域；牛舍和道路不适合

TMR设备移动上料的原建奶牛场（图11-12）。

B. 移动式　多用于新建场或适合TMR设备移动的已建牛场（图11-13）。

C. 立式和卧式搅拌车　立式搅拌车与卧式相比，草捆和长草无需另外加工；相同容积的情况下，所需动力相对较小（图11-14、图11-15）；混合仓内无剩料等。

图11-12　固定式TMR搅拌机　　　　　图11-13　移动式TMR搅拌机

图11-14　立式TMR搅拌机　　　　　图11-15　卧式TMR搅拌机

②选择适宜的容积

A. 选择合适尺寸的TMR混合机　选择TMR混合机时，主要考虑奶牛干物质采食量、分群方式、群体大小、日粮组成和容重等。以满足最大分群日粮需求，兼顾较小分群日粮供应。同时考虑将来规模发展，以及设备的耗用，包括节能性能、维修费用和使用寿命等因素。

B. 正确区分最大容积和有效混合容积　容积适宜的TMR搅拌机，既能完成饲料配置任务，又能减少动力消耗，节约成本。TMR混合机通常标有最大容积和有效混合容积，前者表示混合内最多可以容纳的饲料体积，后者表示达到最佳混合效果所能添加的饲料体积。有效混合容积等于最大容积的70%～80%。

C. 测算TMR容重　测算TMR容重有经验法、实测法等。日粮容重跟日粮原料种类、含水量有关。常年均衡使用青贮饲料的日粮，TMR日粮水分相对稳定到50%～60%比较理想，每立方米日粮的容重为275～320kg。讲究科学、准确则需要正确采样和规范测量，从而求得单位容积的容重。

D. 测算奶牛日粮干物质采食量　奶牛日粮干物质采食量，即 DMI，一般采用如下公式推算：

DMI（干物质采食量）占体重的百分比＝4.084－（0.00387×BW）＋（0.0584×F_{cm}）。

式中 BW 代表奶牛体重（kg），F_{cm}（4％乳脂校正的日产量）＝0.4×产奶量（kg）＋15×乳脂（kg）。

非产奶牛 DMI 假定为占体重的 2.5％。

E. 测算适宜容积　举例说明：养殖场有产奶牛 100 头，后备 75 头，利用公式推算产奶牛 DMI 为 25kg/（头・d），后备牛 DMI 为 6kg/（头・d）。则产奶牛最大干物质采食量为 100×25＝2500kg，后备牛采食量最小为 75×6＝450kg。如一天三次饲喂，则每次最大和最小混合量为：最大量 2500/3＝830kg、最小重量 450/3＝150kg。如果按 TMR 日粮的干物质含量 50％～60％时，容重约为 275kg/m³ 来计算，则混合机的最大容量应该为 830/0.6/275＝5.0m³，最小容量应该为 150/0.6/275＝0.9m³。也就是说混合机有效混合容积选择范围为 0.9～5.0m³，最大容积为（混合容积为最大容积的 70％）为 1.2～7.1m³。生产中一般应满足最大干物质采食量。

（4）合理设计 TMR

①TMR 类型　根据不同阶段牛群的营养需要，考虑 TMR 制作的方便可行，一般要求调制 5 种不同营养水平的 TMR，分别为高产牛 TMR、中产牛 TMR、低产牛 TMR、后备牛 TMR 和干奶牛 TMR。

②TMR 营养　TMR 跟精粗分饲营养需求一样，由配方师依据各阶段奶牛的营养需要，搭配合适的原料。通常产奶牛的 TMR 营养应满足：日粮中产奶净能（N_{EL}）应在每千克干物质 6.7～7.3MJ，粗蛋白质含量应在 15％～18％，可降解蛋白质应占总粗蛋白质的 60％～65％。

③TMR 的原料　充分利用地方饲料资源；积极储备外购原料。

④TMR 推荐比例　青贮 40％～50％、精饲料 20％、干草 10％～20％、其他粗饲料 10％。

（5）正确运转 TMR 搅拌设备

①填料顺序　先精后粗，先干后湿，先轻后重。

参考顺序：谷物—蛋白质饲料—矿物质饲料—干草（秸秆等）—青贮—其他。该顺序适用于各精饲料原料分别加入，提前没有进行混合，干草等粗饲料原料提前已粉碎、切短。

若有以下情况，填料顺序可适当调整为：干草—精饲料—青贮—其他。

A. 按照基本原则填料效果欠佳时。

B. 精饲料已提前混合一次性加入时。

C. 混合精料提前填入易沉积在底部难以搅拌时。

D. 干草没有经过粉碎或切短直接填加。

②搅拌时间　生产实践中，为节省时间提高效率，一般采用边填料边搅拌，等全部原料填完，再搅拌 3～5min 为宜。

③操作注意事项

A. TMR 搅拌设备计量和运转时，应处于水平位置。

B. 搅拌量最好不超过最大容量的 80%。

C. 一次上料完毕及时清除搅拌箱内的剩料。

D. 加强日常维护和保养　初运转 50～100h 进行例行保养，清扫传输过滤器，更换检查润滑油，更换减速机润滑油，注入新的齿轮润滑油；班前班后的保养，应定期清除润滑油系统部位积尘油污，在注入减速机润滑油时，要用擦布擦净润滑油的注入口，清除给油部位的脏物，油标显示给油量，油标尺显示全部到位；机械每工作 200h 应检查轮胎气压；每工作 400h 应检查轮胎螺母的紧固状态，检查减速机油标尺中的油高位置；每工作 1500～2000h 应更换减速机的润滑油。

（6）TMR 搅拌质量评价

①感官评价　TMR 日粮应精粗饲料混合均匀，松散不分离，色泽均匀，新鲜不发热、无异味，不结块。

②水分检测　TMR 的水分应保持在 40%～50% 为宜。每周应对含水量较大的青绿饲料、青贮饲料和 TMR 混合料进行一次干物质测试。

③专用筛过滤法　专用筛由两个叠加式的筛子和底盘组成。上筛孔径 1.9cm，下筛孔径 0.79cm，最下面是底盘。具体使用步骤：随机采取搅拌好的 TMR，放在上筛，水平摇动，直没有颗粒通过筛子。日粮被筛分成粗、中、细三部分，分别对这三部分称重，计算它们在日粮中所占的比例。推荐比例：粗（＞1.9cm），10%～15%；中（0.8cm＜中＜1.9cm），30%～50%；细（＜0.8cm），40%～60%。

（7）实施 TMR 饲养技术时的注意事项

①TMR 饲喂投放饲料要均匀　确保牛能均匀采食。有足够的槽位，避免牛因抢食而争斗。

②饲槽设计尺寸要适宜　略低于牛床，槽底光滑，颜色要浅。

③保持饲料的新鲜　为防止槽内饲料沉积发热，要注意勤翻料，并每天清理槽内剩料，做到合理利用不浪费。

④牛要去角　避免互相角斗而损伤。

⑤勤观察日粮的一致性及均匀度　经常观察牛只的采食、反刍（牛只休息时要有 40% 的牛在反刍）及剩料情况。夏季定期刷槽。不空槽，勤匀料。

⑥夏季及时处理产乳母牛的剩槽料　剩料可直接投喂给后备牛或干乳牛，避免长时间存放造成发霉变质，不要与新鲜饲料进行二次搅拌。

案例：TMR 技术

近年来，陕西省大力开展奶牛高产创建活动，TMR 技术作为奶牛高产创建活动的主推技术之一，受到各级畜牧技术推广部门和规模牛场的重视，采用 TMR 饲喂技术的牛场日益增多，TMR 技术的推广应用为牛场带来了良好的经济效益。据调查，西安市现代农业发展总公司畜牧公司下属一、二、三、五奶牛场，自从 2009 年应用 TMR 技术以来，奶牛采食量明显提高，避免了奶牛挑食的现象，奶牛膘情得到较好控制，消化道疾病明显下降，奶牛 305d 平均产奶量从 6112.84kg 增加到 8825.4kg，增幅达 44.37%，乳蛋白率、乳脂肪率也有明显提高。宝鸡奥华现代牧业有限公司，从 2009 年 8 月开始使用 TMR 技术，使用之前牛场代谢病发病率 26%，使用 TMR 技术后代谢病发病率下降到 4%；乳脂率从使用前的 3.89% 提高到 4.02%，增加了 0.13 个百分点。

第三节　养牛场的种牛选择

一、奶牛品种选择

1. 奶牛品种及特点　全世界优良奶牛品种有 6 个（表 11-5），其中荷斯坦牛遍布全世界，已成为国际性品种，因其体型大、产奶量高，现已成为全世界奶牛业的当家品种。我国自 19 世纪 60 年代开始，从国外输入少量的荷斯坦牛（黑白花）与当地的母牛进行杂交，形成大量的黑白花奶牛。以后，又不断从国外引进优良种公牛与原有黑白花奶牛配种，经过几十年的努力，终于在 1987 年由农业部命名为"中国黑白花奶牛"。由于全世界许多优秀的种公牛都含有红色基因，其后代也有呈红白花，体型、生产性能与黑白花奶牛相似，因此 1992 年农业部根据奶牛协会的建议，将"中国黑白花奶牛"更名为"中国荷斯坦牛"（表 11-5）。

表 11-5　奶牛品种及其特点

名称	原产地	毛色	特征
荷斯坦牛	荷兰及德国北部	黑白花或红白花	清秀，鼻镜宽，鼻孔大，有角
娟姗牛	泽西岛	变异性大、多为淡黄褐色、略深暗	额宽、略呈盘形，有角
更赛牛	更赛岛	淡黄褐色带有白斑，界色分明，鼻镜浅黄色	头长，角向外斜，奶的色泽特黄
爱尔夏牛	苏格兰的爱尔夏	从浅至深樱桃红、褐色与白色相结合	角分开，向上向外弯；也有无角系
瑞士褐牛	瑞士阿尔卑斯山	全身褐色，从浅褐到深褐都有	鼻及舌为黑色，在鼻镜四周有一浅色带

2. 目前中国荷斯坦牛的生产水平　根据中国奶牛协会对 23 个省份的调查，到 1994 年底成年母牛总头数已达到 83 万头，每头牛平均产奶量已达 4454kg。

在培育核心牛的工作上，根据 1990 年结果，14000 头核心牛年产奶量平均已达 8780kg，乳脂率达到 3.6%。

3. 购买牛时应注意哪些事项　开始建立奶牛群时，大多是采用购买母牛、购买育成牛或是购买犊牛等三种方法。在购买母牛及育成牛时，可能是空怀牛或是已孕牛，对这两种牛的选择，主要决定于希望其产奶的时间。一般情况下，买进的母牛平均能留在群内约 4 年时间，大多数在 7 岁以前予以淘汰。

当购买育成牛时，必须有其母亲的生产性能及父亲的遗传能力的记录资料：

（1）购买牛时必须查新产品试销，阅读有关资料，愈详细愈好。成年母牛必须有生产记录和系谱。

（2）根据公牛的遗传资料选购良种公牛的精液，与母牛配种，也不失为一种好的方法。

（3）对购入的牛还必须采取防疫措施，避免传入疾病，特别是结核病、传染性流产、钩端螺旋体病、滴虫病以及乳房炎等。即使许多疾病可以采用免疫及严格检疫的办法，但新引进的牛仍必须隔离 30～60d，在隔离的末期再次检疫，确定无病后才能进入大群。

4. 荷斯坦牛的体型鉴定　好的乳用母牛整体呈三角形，前窄后宽，体质细致紧凑，皮薄棱角性强，乳房发达。

高产奶牛的乳用特征：全身各部位细致，毛皮细而薄，头颈清秀，骨骼细，棱角性明显，乳房发达，前伸后延呈浴盆状，乳房前后左右匀称，乳静脉弯曲多而相等。

5. 中国荷斯坦牛的线型鉴定 1994 年，中国奶牛协会确定主要性状有 14 项，次要性状有 1 项。

（1）体高　中等体高为 140cm 评 45 分，每±1cm 评分±2 分，高于 150cm 为极高评 50 分。

（2）胸宽（体强度）　两前肢之间胸宽，以 25cm 为准，每±1cm，评分±2 分。

（3）体深　中躯深度，主要看肋骨最深入的长度、开张度、深度、胸宽是鬐甲高的一半，肋肌开张度 70° 评为 25 分，每±1cm 评分±1 分。

（4）棱角性（清秀度）　主要看肋骨开张度和骨骼的明显程度。肋骨间宽两指半为 25 分，肋骨间越宽，骨骼越明显。

（5）尻（屁股）　从侧面看，腰角到坐骨结节连线与水平面之间的夹角，即坐骨端与腰角的相对高度。腰角略高于坐骨结节 4cm 为 25 分，高于 12cm 为 45～50 分。

（6）尻宽　为两坐骨之间的宽度，20cm 为 25 分，每±1cm，±2 分，24cm 以上为 45～50 分。

（7）后肢侧视　飞节角度 145° 为 25 分，±1° 评±2 分，曲飞 135° 以上为 45～50 分。

（8）蹄角度　后蹄前缘与地面夹角 45° 为 25 分，±1° 评±1 分，65° 以上为 45～50 分。

（9）前乳房附着　乳房前缘与腹壁连处的角度，90° 为 25 分，±1° 为±0.7 分，120° 以上为 45～50 分，是紧凑型。

（10）后乳房高度　从牛体后方观察后乳房与后腿连接点，即乳腺组织上缘到阴门基部的距离。27cm 为 25 分，±1cm±2 分，19cm 以下为 45～50 分。

（11）后乳房宽度　为后乳房与后腿接点之间的距离，即乳腺组织上缘的宽度。15cm 为 25 分，23cm 以上 45～50 分。

（12）悬韧带　后乳房基部至中央悬韧带处的深度，中等深为 3cm 评 25 分，极深 6cm 为 45～50 分。

（13）乳房深度　后乳房基底与飞节的相对高度，高于飞节 5cm 为 25 分，飞节以上 15cm 为 45～50 分。

（14）乳房位置　为前后乳头在乳区内的位置，在中部为 25 分，向外减分，极外 1～5 分；向内加分，极内 45～50 分。

（15）次要性状（乳头长度）　5cm 为 25 分，以下 1～5 分；9cm 以下为 45～50 分。

二、生产性能测定

生产性能测定是牛育种中最基本的工作，也是其他一切育种工作的基础，没有性能测定，就无从获得上述各项工作所需要的各种信息，牛育种就变得毫无意义。而如果性能测定不是严格按照科学、系统、规范化规程去实施，所得到的信息的全面性和可靠性就无从保证，其价值就大打折扣，进而影响其他育种工作的效率，有时甚至会对其他育种工作产生误导。有鉴于此，世界各国，尤其是畜牧业发达的国家，都十分重视生产性能测定工作，并逐渐形成了对各个畜种的科学、系统、规范化的性能测定系统。

1. 奶牛生产性能的测定　生产性能测定是奶牛场的重要工作之一，测定包括个体产奶量、群体产奶量、乳脂率、饲料报酬等。

（1）个体产奶量记录与计算方法　最准确的方法，是将每头牛每天所产的奶称重登记，到泌乳期结束时进行总和。但这种方法过于烦琐，为了简便，中国奶牛协会建议每月记录3次，每次相隔8~11d，将所得数值乘以所隔天数，然后相加，最后得出每月产量和泌乳期产量。其计算公式如下：

$$全月产奶量（kg）＝（M_1 \times D_1）＋（M_2 \times D_2）＋（M_3 \times D_3）$$

式中，M_1、M_2、M_3 为测定日全天产奶量，D_1、D_2、D_3 为当次测定日与上次测定所间隔的天数。用此方法所测结果与实际结果差异很小。

个体产奶量常以305d产奶量、305d校正产奶量和全泌乳期实际产奶量为标准。

①305d产奶量　是指自产犊后第一天开始到305d为止的产奶量。不足305d者，按实际产奶量；超过305d者，超过部分不计在内。

②305d校正产奶量　是指实际产奶量乘上相对的系数，校正为305d的近似产量。产奶期不足305d的校正系数见表11-6和表11-7。

表 11-6　北方地区荷斯坦奶牛泌乳期超过不足 305d 的校正系数

实际泌乳天数/d	240	250	260	270	280	290	300	305
第1胎	1.182	1.148	1.116	1.086	1.055	1.031	1.011	1.000
2~5胎	1.165	1.133	1.103	1.077	1.052	1.031	1.011	1.000
6胎以上	1.155	1.123	1.094	1.070	1.047	1.025	1.009	1.000

表 11-7　北方地区荷斯坦奶牛泌乳期超过 305d 的校正系数

实际泌乳天数/d	305	310	320	330	340	350	360	370
第1胎	1.0	0.987	0.965	0.947	0.924	0.911	0.895	0.881
2~5胎	1.0	0.988	0.970	0.952	0.936	0.925	0.911	0.904
6胎以上	1.0	0.988	0.970	0.956	0.940	0.928	0.916	0.993

使用上述系数时采用5舍6进法，即产奶265d采用260d系数，266d采用270d系数。

③全泌乳期实际产奶量　是指产犊后第一天开始到干奶为止的累计产奶量。

④年度产奶量　是指1月1日至12月31日为止的全年产奶量（包括干奶阶段）。

（2）群体产奶量的统计方法　全群产奶量的统计，应分别计算成年母牛（包括产奶、干奶及空怀母牛）的全年平均产奶量和产奶母牛（指实际产奶母牛，干奶及不产奶的母牛不计算）的平均产奶量。

①按牛群全年实际饲养奶牛头数计算　成年母牛全年平均产奶量（kg/头）＝全群全年总产奶量（kg）/全年平均每天饲养的成年母牛数。全年平均每天饲养的成年母牛数，包括泌乳母牛、干乳牛、转进或买进成年母牛、卖出或死亡以前的成年母牛。将上述牛在

各月的不同饲养天数相加除以 365d，即计算全年平均每天饲养的成年母牛数。

②按全年实际泌乳母牛头数计算　泌乳母牛年平均产奶量（kg/头）＝全群全年总产奶量（kg）/全年平均每天饲养的泌乳母牛头数。全年平均每天饲养泌乳母牛头数是指全年每天饲养泌乳母牛头数总和除以 365d，泌乳母牛中不包括干奶牛和其他不产奶的牛，因此计算结果高于成年母牛全年平均产奶量。

（3）乳脂率的测定与计算　在 1 个产奶期内，每月测定乳脂率 1 次，将测定的数据分别乘以各月的实际产奶量，然后将所得的乘积加起来，再除以总产奶量，便得到平均乳脂率。

$$平均乳脂率（\%）＝平均乳脂率（\%）＝\sum（F×M）/\sum M$$

式中，$\sum$ 为总和，F 为每次测定的乳脂率，M 为该次取样期的产奶量。

（4）4% 标准乳的计算　标准乳也称乳脂校正乳（F_{cm}），是指乳脂率为 4% 的乳。不同个体牛产的奶含脂率是不同的。在比较不同个体牛产奶性能时，应将不同含脂率的奶校正为含脂率为 4% 的奶。换算公式为：

$$F_{cm}＝M（0.4+0.15F）$$

式中，M 为产奶量，F 为平均乳脂率。

（5）饲料报酬的计算　饲料报酬又叫饲料转化率，就是每产 1kg 奶所消耗的饲料量（按干物质计）消耗的饲料越少，饲料报酬越高。在畜禽中，将饲料转化为畜产品的效率，以奶牛为最高。

饲料报酬（奶料比 kg/kg）＝产奶量（kg/d）/平均采食量（kg/d）

（6）产乳指数　产乳指数是指成年母牛（5 岁以上）一年（一个泌乳期）的平均产乳量与其平均活重之比，这是判断产乳能力高低的一个有价值的指标。乳牛产乳指数一般大于 7.9。

（7）乳牛饲料转化率的计算　饲料转化率是鉴定乳牛品质好坏的重要指标之一。其计算方法有两种：

①每千克饲料干物质生产牛乳的质量（kg）　是将母牛全泌乳期总产乳量除以全泌乳期实际饲喂的各种饲料干物质总量。

②每生产 1kg 牛乳需要消耗饲料干物质质量（kg）　是将全泌乳期实际饲喂各种饲料的干物质总量（kg）除以同期的总产乳量。

饲料转化率＝全泌乳期实际饲喂各种饲料干物质总量（kg）/全泌乳期总产乳量（kg）

2. 肉牛生产性能的测定　肉牛的生产性能主要表现在体重、日增重、早熟性、育肥速度、产肉性能和饲料报酬等方面。

（1）初生重　是指犊牛出生，将被毛擦干后，在未哺乳情况下所测的体重。大型品种牛所产犊牛的初生重比中小型品种大。除品种因素外，影响初生重的因素还有母牛年龄、体重、体况及妊娠期营养水平等。未达到体成熟就急于配种的母牛，所产犊牛的初生重较小。

（2）断奶重和断奶后体重

①断奶重　犊牛断奶体重是各种类型犊牛饲养管理的重要指标之一。肉用犊牛一般随母牛哺乳，断奶时间很难一致。所以，在计算断奶体重时，须校正到同一断奶时间，以便

比较。校正的断奶体重计算公式如下：

校正的断奶体重（kg）＝（断奶重－初生重）/实际断奶日龄×校正的断奶天数＋初生重

因母牛的泌乳力随年龄而变化，故计算校正断奶重时应加入母牛的年龄因素。

校正的断奶体重（kg）＝［（断奶重－初生重）/实际断奶日龄×校正的断奶天数＋初生重］×母牛年龄因素

母牛的年龄因素：2 岁＝1.15；3 岁＝1.10；4 岁＝1.05；5～10 岁＝1.0；11 岁以上＝1.05。

②犊牛断奶后体重　断奶后体重是肉牛提早育肥出栏的主要依据，为比较断奶后的增重情况，常采用校正的 365d 体重，其计算公式如下：

校正的 365d 体重（kg）＝（实际最后体重－实际断奶体重）/饲养天数×（365d－校正断奶天数）＋校正断奶体重

作为种用公母牛，断奶后的体重测定年龄为：1 岁、1.5 岁、2 岁、3 岁和成年。

（3）日增重和育肥速度　计算日增重首先要定期测定肉牛各生长阶段的体重，如 1 岁、1.5 岁或 2 岁等。育肥牛应重点测定育肥始重和育肥结束时体重。称重应在早饲前进行，连续测定 2d，取平均值。计算平均日增重的公式是：

$$平均日增重（kg/d）＝（育肥末重－始重）/饲养天数$$

（4）早熟性　是指肉牛饲养达到成年体重和体躯时所需时间较短。具体表现为早期生长发育快，达到性成熟和配种时体重的年龄早，繁殖第一胎的年龄早，育肥出栏年龄早。一般小型早熟品种较中型品种和欧洲大型品种的出栏时间要提前，达到配种时体重的年龄也要早。

（5）胴体产肉的主要经济指标　为了测定肥育后的产肉性能，需要进行屠宰测定，其项目包括：

宰前重：绝食 24h 后临宰前的活重。称取停食 24h、停水 48h 后临宰前体重。

宰后重：屠宰放血后的重量，它等于宰前重减去血重。

血重：屠宰放出血的重量，它等于宰前重减去宰后重。

胴体重：放血，去皮、头、尾、四肢下端、内脏（保留肾脏及其周围脂肪）的重量。

净体重：屠体放血后，再除去胃肠及膀胱内容物的重量。

骨重：胴体剔肉后的重量。

净肉重：胴体剔骨后的全部肉重，但要求骨上留肉不超过 2kg。

切块部位肉重：胴体按切块要求切块后各部位的重量。

胴体脂肪重：分别称肾脂肪、盆腔脂肪、腹膜脂肪、胸膜脂肪的重量。

非胴体脂肪重：分别称网膜脂肪、肠系膜脂肪、胸腔脂肪、生殖器官脂肪。

眼肌面积（cm^2）：是牛的第 12 与第 13 肋骨间的背最长肌横切面的面积。它是评定肉牛生产潜力和瘦肉率高低的重要指标。其传统测定方法是：在第 12 肋骨后缘处，将脊椎锯开，然后用利刃在第 12～13 肋骨间切开，在第 12 肋骨后缘用硫酸纸将眼肌面积画出，用求积法求出面积。也可使用超声波仪器进行测定。

需要计算的项目有：

屠宰率：（胴体重/宰前活重）×100％。

净肉率：（净肉重/宰前活重）×100%。

胴体产肉率：（净肉重/胴体重）×100%。

肉骨比：胴体中肌肉和骨骼之比。

肉脂比：取 12 肋骨后缘切面，测定其眼肌面积最宽厚度和上层的脂肪最宽厚度之比。

饲料报酬：为评估肉牛的经济效益，要根据饲养期内的饲料消耗和增重情况计算饲料报酬，公式如下：

增长 1kg 体重需要饲料干物质（kg）＝饲养期内消耗饲料干物质总量/饲养期内绝对增重量

肉牛饲料转化率：肉牛饲料转化率有两种表示方法，每增重 1kg 体重所消耗的饲料量或每千克饲料使牛的增重量。

肉牛饲料转化率 1＝饲养期内消耗的饲料总量/饲养期内净增重

肉牛饲料转化率 2＝饲养期内净增重/饲养期内消耗的饲料总量

3. 繁殖性能记录及统计管理　建立发情、配种、妊娠检查、流产、产犊、产后监护及繁殖障碍牛检查、处理等记录。原始记录必须真实。一要认真做好各项繁殖指标的统计，数字要准确。建立繁殖月报、季报和年报制度。

年总受胎率＝年受胎母牛头数/年受配母牛头数×100%

年情期受胎率＝年受胎母牛头数/年输精总情期数×100%

年繁殖率＝年出生犊牛数/年适繁母牛数×100%

年犊牛成活率＝年成活犊牛数/年犊牛出生数×100%

年繁殖成活率＝年成活犊牛数/年适繁母牛数×100%

平均胎间距＝产犊间隔天数的总和/总产犊胎次

三、牛的选择与淘汰

1. 犊牛及青年母牛的选择　为了保持牛群高产、稳产，每年必须选留一定数量的犊牛、青年母牛。为满足这个需要，并能适当淘汰不符合要求的母牛，每年选留的母犊牛不应少于产乳母牛的 1/3。

（1）**按系谱选择**　对初生小母牛以及青年母牛，首先是按系谱选择，即根据所记载的祖先情况，估测来自祖先各方面的遗传性。按系谱选择犊牛及青年母牛，应重现最近三代祖先。因为祖先愈近，对该牛的遗传影响愈大，反之则愈小。系谱一般要求三代清楚，即应有祖代牛号、体重、体尺、外貌、生产成绩。

（2）**按生长发育选择**　主要以体尺、体重为依据，其主要指标是初生重、6 月龄、12 月龄体重、日增重及第一次配种及产犊时的年龄和体重，有的品种牛还规定了一定的体尺标准。犊牛出生后，6 月龄、12 月龄及配种前按犊牛、青年牛鉴定标准进行体形外貌鉴定。对不符合标准的个体应及时淘汰。

（3）**新生犊牛有明显的外貌与遗传缺陷**　如失明、毛色异常、异性双胎母犊等，就失去了饲养和利用价值，应及时淘汰。在犊牛发育阶段出现四肢关节粗大，肢势异常，步伐不良，体型偏小，生长发育不良，也应淘汰。育成牛阶段有垂腹、卷腹、弓背或凹腰，生长发育不良，体型瘦小；青年牛阶段有繁殖障碍、不发情、久配不孕、易流产和体型有缺陷等诸多现象的牛只应一律淘汰。

2. 生产母牛的选择　生产母牛主要根据其本身表现进行选择。包括产乳性能、体质外貌、体重与体型大小、繁殖力（受胎率、胎间距等）及早熟性和长寿性等性状。其最主要的是根据产乳性能进行评定，选优去劣。

（1）产乳量　要求成母牛产奶量要高，根据母牛产乳量高低次序进行排队，将产乳量高的母牛选留，产乳量低的淘汰。头胎母牛产奶量和以后各胎次产奶量有显著正相关，所以，从头胎母牛产奶量即可基本确定牛只生产性能优劣，对那些产奶量低，产奶期短的母牛应及时淘汰。以后各胎次母牛，除产奶因素外，有病残情况的应淘汰。

（2）乳的品质　除乳脂率外，近年不少国家对乳蛋白率的选择也很重视。这些性状的遗传力都较高，通过选择容易见效。而且乳脂率与乳蛋白含量之间成中等正相关，与其他非脂固体物含量也呈中等正相关。这表明，在选择高乳脂率的同时，也相应地提高了乳蛋白及其他非脂固体物的含量，达到一举两得之功效。但在选择乳脂率的同时，还应考虑乳脂率与产乳量呈负相关，二者要同时进行，不能顾此失彼。

（3）繁殖力　就奶牛而言，繁殖力是奶牛生产性能表现的主要方面之一。因此要求成年母牛繁殖力高、产犊多。对那些有繁殖障碍，且久治不愈的母牛，也应及早处理。

（4）饲料转化率　是乳牛的重要选择指标之一。在奶牛生产中，通过对产奶量直接选择，饲料转化率也会相应提高，可达到直接选择70%～95%的效果。

（5）排乳速度　排乳速度多采用排乳最高速度（排乳旺期每分钟流出的奶量）来表示。排乳速度快的牛，有利于在挤奶厅中集中挤奶，可提高劳动生产率。

（6）前乳房指数　指前乳房泌乳量占前后乳房泌乳总量的比例。前乳房指数反映四个乳区的均匀程度。在一般情况下，母牛后乳房一般比前乳房大。初胎母牛前乳房指数比2胎以上的成年母牛大。在生产中，应选留前乳房指数接近50%的母牛。

（7）泌乳均匀性的选择　产乳量高的母牛，在整个泌乳期泌乳稳定、均匀，下降幅度不大，产乳量能维持在很高的水平。乳牛在泌乳期泌乳的均匀性，一般可分为以下3个类型：

①剧降型　这一类型的母牛产乳量低，泌乳期短，但最高日产量较高。

②波动型　这一类型母牛泌乳量不稳定，呈波动状态。此类型牛产乳量也不高，繁殖力也较低，适应性差，不适宜留作种用。

③平稳型　本类型牛在牛群中最常见，泌乳量下降缓慢而均匀，产乳量高。一般在最初3个月占总产乳量的36.6%；第四、五、六3个泌乳月为31.7%；最后几个月为31.7%。这一类型牛健康状况良好，繁殖力也较高，可留作种用。

评分鉴定：其基本步骤是：

第一，先将牛的外貌制订一个"理想模式"，并设其为100分；再将这100分按外貌的部位进行划分，部位越重要，划分的分数就越多。

第二，将现实牛与理想牛进行比较，找出差异，根据差异的大小，来对现实牛作相应的扣分。差异越大，扣分越多。

第三，将现实牛各部位的得分进行相加，从而得到外貌总分数。

第四，技外貌等级标PB，将现实牛外貌总分数换成相应的外貌等级。

现将全国肉牛繁育协作组第四次会议修订的肉用牛及乳肉兼用牛的外貌评分标准、等级标准列于表11-8和表11-9。

表 11-8 肉用牛及乳肉兼用牛外貌评分标准

单位：分

部位	给满分标准	肉用		兼用	
		公	母	公	母
整体结构	品种特征明显，体尺达到要求，结构匀称，肌肉发达，反应灵敏，性情温驯，运步自如，性别特征正常	30	25	30	25
前躯	胸部宽深，前胸突出，肩胛宽平，肌肉丰满	15	10	15	10
中躯	背腰宽平，肋骨开张，背线与腹线平直，呈圆筒形，腹不下垂	10	15	10	15
后躯	后躯硕大，尻部长、宽、平、大腿部肌肉突出、延伸	25	20	25	20
乳房	乳房向前延伸，向后突出，容积庞大，质地柔软，皮薄毛短。乳头长短、粗细、分布合适。乳静脉粗壮、弯曲、分枝多、乳井大	—	10	—	15
肢蹄	四肢端正、粗壮、结实，两肢间距宽、蹄形正、蹄质结实、蹄壳致密，系部角度适宜，强健有力，运步正常	20	20	20	15
	满分合计	100	100	100	100

表 11-9 外貌等级标准

单位：分

性别	等级	一级	二级
公牛	85	80	75
母牛	80	75	70

案例：河南中荷奶业科技发展有限公司

河南中荷奶业科技发展有限公司是一家集奶牛饲养与良种繁育、动物饲料生产与营销、优质苜蓿种植、奶业人才孵化、高端鲜奶制品销售为一体的奶业一条龙产业化集团。公司始创于 1998 年，是在中国与荷兰两国政府农业合作项目——中荷河南奶业培训示范中心的基础上逐渐整合壮大的现代高科技企业。在奶牛养殖、牧草种植、饲料生产、高端鲜奶制品制作等方面，中荷在业内拥有明显优势，并已形成从田间到餐桌的完整产业链条，同时与多家国内外行业科研单位建立紧密联系，具有较强的市场影响力和竞争力。目前，公司存栏进口良种荷斯坦奶牛 800 头，平均单产 9.4t，分别按照五种不同规模的荷兰标准化养殖模式饲养，自有土地种植牧草，生态循环无污染，机械化饲养、挤奶、管理先进，生产水平和乳品各项指标均达到欧盟标准。拥有优质紫花苜蓿种植基地 3600 余亩以及年产 15 万 t 的大型高档反刍动物饲料生产基地，年产销优质苜蓿干草 3000t 以上和反刍动物专用饲料 5 万 t 以上。同时，旗下拥有鲜奶直营店——中荷鲜奶吧，将中荷生态牧场生产的优质鲜奶现场制作成鲜奶制品销售，深受消费者喜爱。2012 年，由河南省畜牧局牵头成立的河南省奶业人才孵化中心落户中荷，使中荷成为国内首家省级奶业人才培养基地，构建起产、学、研一体化的新发展格局。

第四节 生态养殖场饲养管理技术

良好的饲养管理水平是提高牛只生产水平的关键，也是关系到是否盈利的主要因素。

生产中，不同种类、生理阶段的牛只饲养管理方法有所不同，本节将针对奶牛和肉牛两个种类牛只的饲养管理方法进行分别介绍。

一、奶牛的饲养管理

1. 犊牛的饲养管理　犊牛是指由出生到 6 月龄的牛，这个时期犊牛经历了从母体子宫环境到体外自然环境、由靠母乳生存到靠采食植物性为主的饲料生存、由反刍前到反刍的巨大生理环境的转变，各器官系统尚未发育完善，抵抗力低，易患病。犊牛处于器官系统的发育时期，可塑性大，良好的培养条件可为其将来的高生产性能打下基础，如果饲养管理不当，可造成生长发育受阻，影响终身的生产性能。因此，犊牛不同生长阶段的管理方式也有所差别。

初生犊牛的瘤胃、网胃容积很小，只有皱胃的一半左右，且功能很不完善。瘤胃黏膜乳头短小且软，微生物区系尚未建立，不具备发酵饲料营养物质的能力。因此，初生犊牛主要靠真胃和小肠消化吸收摄入的营养物质。这就决定了犊牛在出生后的一段时期内，必须主要依靠乳汁和精饲料提供生长所需的营养。犊牛出生前两周，犊牛前胃的功能仍很不完善，基本依靠哺乳获得营养；20 日龄后，瘤胃微生物区系逐渐完善，前胃迅速生长发育，犊牛采食饲草、饲料的数量逐渐增多；3 月龄时从草料中获得的营养已超过所吃奶中的营养。

肉用犊牛自然哺乳，哺乳期 6～7 个月。乳用犊牛哺乳期多在 3 个月以内，人工饲喂，喂奶量 300～500kg。

（1）初生犊牛的护理

①确保呼吸　犊牛刚刚出生时，首先清除其口、鼻黏液，利于呼吸，使犊牛尽快叫出第一声，并促进其肺内羊水的吸收，去除蹄部角质块。当犊牛已吸入黏液，发生窒息时，将后腿提起倒控，控出吸入的黏液，按压心脏，进行紧急救治，但倒提的时间不宜过长，以免内脏的重量压迫膈妨碍呼吸。如犊牛产出时已无呼吸，但尚有心跳，可在清除其口腔及鼻孔黏液后将犊牛在地面摆成仰卧姿势，头侧转，按每 6～8s 一次按压，放松犊牛胸部进行行人工呼吸，直至犊牛能自主呼吸为主。

②断脐　对产后脐带未扯断的犊牛，将脐内血液向脐部捋，在距腹部 10cm 处用消毒过的剪刀剪断，剪断后用手挤出血液等内容物，再用 5%～10% 碘酊溶液消毒。如果生后脐带已经扯断，则从犊牛腹部向断端挤出内容物，再剪断（少于 10cm 不用剪）。剪断后将脐带浸入 5%～10% 碘酊溶液内消毒 1min，直到出生 2d 以后脐带干燥时停止消毒。

③擦干被毛　用已消毒的软抹布擦拭犊牛，加强血液循环；也可将犊牛放在奶牛面前任其舔干犊牛身上的羊水、黏液。由于奶牛唾液酶的作用也容易将黏液清除干净，利于犊牛呼吸器官机能的提高和肠蠕动。而且犊牛黏液中含有某些激素，能加速奶牛胎衣的排出。犊牛身体干后即可称重。犊牛护理完后，将其放入事先准备好的有清洁干燥柔软垫草的犊牛舍（图 11-16、图 11-17）。

④饲喂初乳　初乳是母牛产后 1～5d 内所分泌的乳汁。初乳色深黄而黏稠，并有特殊气味。与常奶相比，初乳干物质含量高，尤其是蛋白质、胡萝卜素、维生素 A 和免疫球蛋白含量是常奶的几倍至十几倍。另外，初乳酸度高，含有镁盐、溶菌酶和 K-抗原凝集素。初乳的这些特点，对于初生犊牛是非常重要的：

图 11-16　舒适的犊牛岛　　　　图 11-17　网格式犊牛圈

A. 由于母牛胎盘的特殊结构，母体血液中的免疫球蛋白不能在胎儿时期通过胎盘传给胎儿，因而新生犊牛免疫能力较弱。初乳中含有大量的免疫球蛋白，犊牛可通过吃初乳来获得免疫能力。

B. 初乳中含有大量镁盐，镁盐具有轻泻作用，有利于犊牛胎便的排出。

C. 初生犊牛皱胃不能分泌胃酸，因而细菌易于繁殖，而初乳酸度较高，有杀菌作用。

D. 初乳中有溶菌酶和 K-抗原凝集素，也有杀菌作用。

初乳的饲喂时间：犊牛出生时肠壁的通透性强，初乳中的免疫球蛋白直接通过肠壁以未被消化的状态吸收，但随着时间的推移，犊牛肠壁的通透性下降，导致以未被消化状态吸收免疫球蛋白的能力减小，且初乳中免疫球蛋白浓度也会随时间的推移而降低。研究表明，出生最初几小时的犊牛，对初乳中免疫球蛋白的吸收率最高，平均达 20%（范围为 6%～45%），而后急速下降，生后 24h 犊牛就无法吸收完整的抗体。犊牛应在出生后 1h 内吃到初乳，而且越早越好。初乳所含的各类抗体，能在特定环境下为犊牛提供抵抗各种疾病的免疫力，而初乳中抗体的类别取决于母牛所接触过的致病微生物或疫苗，即在某一牛场出生并成长的母牛，其所产初乳是保护这一个场所出生犊牛的理想初乳；与之相反，产犊前不久从另一牛场购进的母牛其初乳中所含抗体的免疫力与本场母牛有所不同。同理，购买或迁移出生后 6～8 周的犊牛，其受到感染的危险性较高，因为这些犊牛没有获得抵抗新环境中抗原的特异抗体。

初乳的喂量及饲喂方法：第一次初乳的喂量应为 1.5～2.0kg，不能太多，以免引起消化紊乱，以后可随犊牛食欲的增加而逐渐提高，出生的当天（生后 24h 内）饲喂三四次初乳。一般初乳日喂量为犊牛体重的 8%。而后每天饲喂 3 次，连续饲喂 4～5d 以后，犊牛可以逐渐转喂正常牛奶。

初乳哺喂的方法：可采用装有橡胶奶嘴的奶壶或奶桶饲喂。犊牛惯于抬头伸颈吮吸母牛的乳头。是其生物本能的反映，因此以奶壶哺喂初生犊牛较为适宜。目前，奶牛场限于设备条件多用奶桶喂给初乳，欲使犊牛生后习惯从桶里吮奶，常须进行调教。最简单的调教方法是将洗净的小、食指蘸奶汁供犊牛吮吸，然后逐渐将手指放入装有牛奶的桶内，使犊牛在吮吸手指的同时吮取桶内的初乳，经三四次训练以后，犊牛即可习惯桶饮。但瘦弱的犊牛需有较长时间和耐心的调教；喂奶设备每次使用后应清洗干净，以最大限度地降低细菌的生长以及疾病传播的危险。

挤出的初乳应立即哺喂犊牛，如奶温下降，须经水浴加温至 38～39℃ 再喂，饲喂过凉的初乳是造成犊牛下痢的重要原因。相反，如奶温过高，则易因过度刺激而发生口炎、胃肠炎等或犊牛拒食，初乳切勿明火直接加热，以免温度过高发生凝固。同时，多余的初乳可放入干净的带盖容器内，并保存在低温环境中。在每次哺喂初乳之后 1～2h，应给犊牛饮温开水（35～38℃）一次。

案例一：喂充足的初乳可以明显降低犊牛的发病率和死亡率

如表 11-10 所示，某一牛场多年的统计分析表明，未采食初乳的犊牛发病率高达 50%，死亡率达到 7.4%。而饲喂充足初乳的犊牛发病率和死亡率仅分别为 21.1% 和 1.3%。饲喂初乳不足犊牛的发病率和死亡率高于饲喂初乳充足的犊牛，但明显低于未饲喂初乳的犊牛。

表 11-10　初乳对犊牛发病率和死亡率的影响

初乳采食情况	犊牛发病率/%	犊牛死亡率/%
未采食初乳	50.0	7.4
采食初乳不足	29.2	2.8
采食足够初乳	21.1	1.3

案例二：护理新生犊牛可提高成活率及减少发病率

2005 年 3～6 月，吉林省农业科学院畜牧分院实验牛场护理李新生犊牛 36 头。犊牛出生后又 3 头呼吸困难，采取辅助呼吸措施，是 3 头犊牛顺利成活；将所有新生犊牛的脐带血挤净，并用 7% 的碘酊对脐带消毒，之后使犊牛与母牛分离，放入单独的干净牛舍内。生下后 0.5～1h 内给犊牛灌服初乳，第一次用初乳灌服器按犊牛初生重的 1/10 计算饲喂初乳量。以后每天饲喂 3 次，每次饲喂量不超过犊牛体重的 1/10，连续饲喂 3d。

经过对新生犊牛护理，新生犊牛成活率由以前的 85% 提高到了 97.92%，提高了 12.92%。新生犊牛后续发病明显减少，发病率由以前的 54% 下降到 12%，健康状况明显改善。

（2）哺乳期犊牛的饲养　犊牛培育还应该遵守以下几项原则：首先，应该从胚胎时期开始，加强妊娠母牛的饲养管理，给新生犊牛奠定一个健壮体质的物质基础；其次，恰当地使用优质粗饲料，促进犊牛消化机能的形成和消化器官的良好发育；再次，尽量利用放牧条件，加强运动，并注意泌乳器官的锻炼。放牧和运动不仅有利于乳用犊牛呼吸器官、血液循环器官的发育，而且还有利于锻炼四肢、防止蹄病及促进乳腺组织的良好发育。

哺乳期犊牛的饲喂：一般初生四周以内的犊牛主要依靠哺乳获得生长所需的营养。此期的犊牛应加强消化器官的锻炼，以适应成年后大采食量的要求。在 3～5d 的初乳期过后，可以用常乳饲喂犊牛，常乳以母乳最好，也可从 10～15 日龄开始，逐渐饲喂混合乳或代乳品。每天用奶桶或奶瓶饲喂，可迫使犊牛较慢吸奶，从而减少腹泻以及其他消化紊乱。所饲喂牛奶的温度和体温相近最好（35～39℃），每天饲喂两次最佳。

初乳期后到 30～40 日龄以哺乳全乳为主，喂量占体重的 8%～10%。随后，随着采食量的增加，逐渐减少全乳的喂量，开始饲喂精料和粗料，其中精料可以在犊牛初生 4d 以后开始喂食。开始时，可用少量湿精料抹入犊牛口中，或置于奶桶底部，新鲜干犊牛料可置于饲料盒内，只给每天能吃完的料。犊牛精料必须纯净，适口性好，营养丰富。1.5～2 月龄时，犊牛可以利用植物性饲料，3～6 月龄可喂给较多的品质好的饲草，如优质苜蓿、青干草、切碎的胡萝卜等，以使消化系统得到更充分的发育。

犊牛从 4～7 日龄开始调教采食开食料和干草，常用的方法有①在开食料中掺入糖蜜或其他适口性好的饲料；②可将开食料拌湿涂抹其嘴或置少量在奶桶底，当犊牛舔食奶桶底部时，即可食入；③少喂勤添，以保持饲料新鲜；④限制犊牛喂奶量，以每天喂奶量不超过其体重 10% 为限。

供给充足清洁、新鲜的饮水，饮水对犊牛开食料的采食量影响很大，当犊牛饮水不足或不给犊牛饮水时，开食料的采食量不及 1/3，日增重减少 41%。

当犊牛连续 3d 采食 1.0～1.5kg 开食料即可断奶。在此之前要适当控制干草的喂量，以免影响开食料的采食量，但要保证日粮中所含的中性洗涤纤维不低于 25%。

缩短哺乳期，减少哺乳量的犊牛，虽然头 3 个月体重增长较慢，但只要精心饲养，在断奶前调整好采食精料的能力，并在断奶后注意精料和青粗饲料的数量和品质，犊牛在早期受阻的体重在后期可得到补偿，不影响后备牛的配种月龄、繁殖以投产后的产奶性能。

断奶应在犊牛生长良好并至少摄入相当于其体重 1% 的犊牛料时进行，较小或体弱的犊牛应继续饲喂牛奶。在断奶前一周每天仅喂一次牛奶。大多数犊牛可在 5～8 周龄断奶。仅喂液体饲料会限制犊牛的生长。犊牛断奶后如能较好地过渡到吃固体饲料（犊牛料和粗饲料），体重会明显增加。根据月龄、体重、精料补充料采食量确定断奶的时间。目前国外多在 8 周龄断奶，我国的奶牛场多在 2～3 月龄断奶。干物质摄入量应作为主要依据来确定断奶时间。当犊牛连续 3d 吃 0.7kg 以上的干物质便可断奶。犊牛在断奶期间对小牛饲料摄入不足可造成断奶后的最初几天体重下降。无论在哪一月龄断奶这一体重下降都会发生。因此，不应试图延迟断奶以企图获得较好的过渡期，而应努力促使小牛尽早摄入小牛饲料。小牛断奶后 10d 应仍放养在单独的畜栏或畜笼内，直到小牛没有吃奶要求为止。

断奶后饲喂优质干草或青贮饲料，饲料配方中的成分应严格监控，特别是当饲料配方中含有玉米青贮时。断奶后随饲料摄入量增加，体重能够而且应当上升到长期理想水平。

（3）犊牛的管理

①编号、称重、记录　犊牛出生后应在饲喂初乳前称初生重，对犊牛进行编号，对其毛色、花片、外貌特征、出生日期、谱系等情况做详细记录。以便于管理和以后在育种工作中使用。

②去角　犊牛在出生后 30d 内应去角。去角的方法有苛性钠或苛性钾涂抹法和电烙铁烧烙法。具体操作方法是将生角基部的毛剪去后，在去毛部的外围有毛处，用凡士林涂一圈，以防以后药液流出，伤及头部或眼部。然后用棒状苛性钠或苛性钾稍湿水涂擦角基部，至角基部有微量血液渗出为止。如用电烙铁烧烙，待成为白色时再涂以青霉素软膏或硼酸粉。去角后的犊牛要分开，防止别的小犊牛舔到，而且不让小犊牛淋雨，以防止雨水将苛性钠冲入眼内。

③剪除副乳头　奶牛乳房有四个正常的乳头，每一乳区一个，但有时有的牛在正常乳头的附近有小的副乳头，应将其除掉，其方法是用消毒剪刀将其剪掉，并涂布碘酊等消炎药消毒。适宜的剪除时间在 4～6 周龄。

④运动　运动对骨骼、肌肉、循环系统、呼吸系统等都会产生深刻的影响。出生后 10d 要将犊牛驱赶到运动场，每天进行 0.5～1h 的驱赶运动，1 月龄后增至 2～3h，分上

午、下午两次进行。

⑤卫生管理

A. 每次用完哺乳用具，要及时清洗。饲槽用后要刷洗，定期消毒。喂奶用具（如奶壶和奶桶）每次用后要严格清洗消毒，程序为冷水冲洗→碱性洗涤剂擦洗→温水漂洗干净→晾干→使用前用85℃以上热水或蒸气消毒。

B. 每次喂奶完毕，用干净毛巾将犊牛口、鼻周围残留的乳汁擦干，然后用颈枷夹住几分钟，防止互相乱舔而养成"舔癖"。

C. 犊牛出生后应及时放进育犊室（栏）内，育犊室（栏）大小为 $1.5\sim2.0m^2$，每犊1栏，隔离管理。出育犊室后，可转到犊牛栏中，集中管理，每栏可容纳犊牛 $4\sim5$ 头，或用带有颈枷的牛槽饲喂，另设容纳 $4\sim5$ 头犊牛的牛卧栏，卧栏及牛床均要保持清洁、干燥，铺上垫草，做到勤打扫、勤更换垫草。牛栏地面、栏壁等都应保持清洁、定期消毒。舍内要有适当的通风装置，保持舍内阳光充足，通风良好，空气新鲜，冬暖夏凉。一旦犊牛被转移到其他地方，畜栏必须清洁消毒。放入下一头犊牛之前，此畜栏应放空至少 $3\sim4$ 周。

D. 每天至少要刷拭犊牛 $1\sim2$ 次。刷拭时使用软毛刷，必要时辅以铁篦子，但用劲宜轻，以免刮伤皮肤。如粪便结痂黏住皮毛，用水润湿软化后刮除。

⑥预防疾病 犊牛期是牛发病率较高的时期，尤其是在出生后的头几周。主要原因是犊牛抵抗力较差。此期的主要疾病是肺炎和下痢。肺炎直接的致病原因是环境因素温度的骤变，预防的办法是做好保温工作。犊牛的下痢可分两种：其一为由于病原性微生物所造成的下痢，预防的办法主要是注意犊牛的哺乳卫生，哺乳用具要严格清洗消毒，犊牛栏也要有良好的卫生条件；其二为营养性下痢，其预防办法为注意奶的喂量不要过多，温度不要过低，代乳品的品质要合乎要求，饲料的品质要好。小牛食欲缺乏是不健康的第一征兆。一旦发现小牛有患病征兆，如食欲缺乏、虚弱、精神委顿等，应立即隔离，并测量体温，请兽医做必要的处理。

⑦免疫注射与健康

A. 2 月龄时 梭菌病苗，在三周后加强免疫一次。

B. 3～8 月龄时 母牛接种布鲁氏菌病疫苗，不需要加强免疫。

C. 6 月龄时 接种气肿疽、恶性卡他热疫苗、牛传染性鼻气管炎（IBR）和牛病毒性腹泻（BVD），三周后加强免疫一次。

2. 育成牛的饲养管理 育成牛是指从 6 月龄到初次配种期的牛。它既不产乳也未妊娠，也不像犊牛那样容易患病，所以管理上比较简单，但也不能因此而放松管理。在这一阶段，牛生长发育较快，这一阶段的发育优良与否，对以后的体型及生产性能有相当重要的意义。育成牛培育的主要任务是保证牛的正常发育和适时配种。

（1）育成牛的生长发育特点

①瘤胃发育迅速 随着年龄的增长，瘤胃功能日趋完善，7～12 月龄的育成牛瘤胃容量大增，利用青粗饲料能力明显提高，12 月龄左右接近成年水平。正确的饲养方法有助于瘤胃功能的完善。

②生长发育快 此阶段是牛的骨骼、肌肉发育最快时期，7～8 月龄以骨筋发育为中心，7～12 月龄期间是增长强度最快阶段，生产实践中必须利用好这一特点。如前期生长

受阻，在这一阶段加强饲养，可以得到部分补偿。体型变化大，6～24 月龄如以鬐甲高度增长为 100，则尻高增长为 99%，体长为 126%，胸宽和胸深为 138%，腰宽为 164%，坐骨宽为 200%，这样的比例是发育正常的标志。科学的饲养管理有助于塑造乳用性能良好的体型。

③生殖机能变化大　一般情况下 9～12 月龄的育成牛，体重达到 250kg、体长 113cm 以上时可出现首次发情。13～14 月龄的育成牛正是进入体成熟的时期，生殖器官和卵巢的内分泌功能更趋健全，发育正常者体重可达成年牛的 70%～75%。15～16 月龄达到 350kg 以上体重时进行第一次配种。有的牛场在 17～18 月龄时达到 400kg 时才进行配种。

（2）育成牛的饲养　育成牛阶段饲养的特点是采用大量青饲料、青贮和干草，营养不够时补喂一定量精料。因为这一阶段牛的消化器官已发育成熟或接近成熟，又无妊娠和产乳负担，如果能吃到足够的优质粗饲料就可以满足其营养需要。具体补喂精料的数量及其蛋白质的量视粗饲料质量而定，一般日喂量为 1.5～3kg，具体可参考表 11-11。此外，这一阶段根据营养需要表要注意钙、磷等矿物质的补给。

表 11-11　喂不同青粗饲料对精饲料蛋白质的大致要求

青粗饲料类型	精饲料需含的粗蛋白质量/%
豆科	8～10
禾本科	10～12
青贮	12～14
秸秆	16～20

不能忽视或放松育成牛阶段的饲养管理，否则导致犊牛日增重低，不能按时完成体尺、体重等指标，使体成熟及配种年龄后移，这样大大增加了育成牛成本，而造成巨大的经济损失。

育成牛的日粮大致为：精料 2～2.5kg，干草 2～2.5kg，青贮 10～15kg。

（3）育成牛的管理

①加强运动　育成牛舍每头牛所占面积为成母牛的一半，运动场面积为 15m²。在舍饲条件下，育成牛每天应至少有 2h 以上的运动，一般采取自由运动。在放牧的条件下，运动时间一般足够。加强育成牛的户外运动，可使其体壮胸阔，心肺发达，食欲旺盛。如果精料过多而运动不足，容易发胖，体短肉厚个子小，早熟早衰，利用年限短，产奶量低。

②乳房按摩　热敷乳房，可促进青年母牛乳腺的发育和产后泌乳量的提高。对周岁至配种期间的青年牛每天应按摩一次乳房，初配妊娠后的奶牛，每天可按摩两次，每次按摩时用热毛巾轻揉乳房。

③刷拭和调教　为了保持牛体清洁，促进皮肤代谢和养成温驯的气质，育成牛每天应刷拭 1～2 次，每天 5～10min。

④制订生长计划　根据奶牛不同年龄的生长发育特点、饲草、饲料供应状况，确定不同日龄的日增重幅度，制订出生长计划，一般在初生至初配，活重应增加 10～11 倍，2 周岁时为 12～13 倍。

⑤称重　6 月龄、12 月龄、18 月龄进行体尺、体重测定，了解其生长发育，并记入

档案，作为选种育成的基本资料。

⑥初次配种　育成母牛何时初次配种，应根据母牛的年龄和发育情况而定。一般按15～18月龄初配，或按达成年体重70％时才开始初配（图11-18）。

图 11-18　育成牛的饲养

3. 青年牛的饲养管理

（1）青年牛的特点　一般情况下，15～16月龄出生发育正常的母牛，已配种妊娠，到18～19月龄时已进入妊娠中期，但此时母牛和胎儿所需养分增加不多，可按一般水平饲喂，而到产犊前2～3个月（22～25月龄），胎儿发育较快，子宫体和妊娠产物（羊水、尿水等）增加，乳腺细胞也开始迅速发育，在此期间每日每头牛增重700～800g，高的可达1000g。

（2）青年牛的饲养　初次配种到生产这一阶段的牛称为青年牛，青年牛在妊娠初期，营养需要与育成牛差异不大，可按一般水平饲喂。但妊娠最后4个月的营养需要较前期有较大差异，应适当提高母牛的饲养水平。具体应按其膘情确定日粮。一般肋骨较明显的为中等膘，可使日增重到达1kg，但也要防止过肥。青年牛产犊前的饲喂方案可参考表11-12。与此同时，应注意维生素A、钙和磷的补充。

表 11-12　初孕牛产犊前的饲养方案

单位：kg

月龄	体重	精料量	干草	玉米青贮
19	402	2.5	2.5	16
20	426	2.5	2.5	17
21	450	4.5	3	10
22	477	4.5	3	11
23	507	4.5	5.5	5
24	537	4.5	6	5

在妊娠后期（预产期前2～3周）可将日粮的钙含量调节到低于饲养标准的20％，这有利于防止产后瘫痪。

（3）青年牛的管理

①分群管理　根据配种受孕情况，将妊娠天数相近的牛编入一群，分群饲养管理。妊

娠 7 个月后转入干乳牛舍饲养，临产前两周转入产房饲养。

②调教和乳房按摩　通过刷拭、牵拉、排队等措施来进行调教，为后面的乳牛生产工作服务。按摩乳房从妊娠后 5～6 个月开始，每天 1～2 次，每次 3～5min，产前半月停止，但不能试挤，也不能擦拭乳头，以免挤掉乳头塞或擦去乳头周围的蜡状保护物，而引起乳房炎或乳头裂口。

③防止互相吮吸乳头，引起瞎乳　乳房是乳牛实现经济效益的重要器官，如果一头牛在投入生产时就缺少一个乳头或一个乳区泌乳障碍，其生产损失将是显而易见的。头胎牛由于管理及一些综合因素的影响，往往有个别牛会出现互相吮吸乳头的恶癖，由此而引起瞎乳头，给生产带来严重损失。所以在青年牛饲养管理中要仔细观察，发现吮吸乳头的牛要及时隔离或采取相应措施。

④注意清除易造成流产的隐患　青年牛由于是初次妊娠，好动恶静，在奔跑、跳跃、嬉耍中易导致流产，所以要及时修理圈舍、消除易导致流产的隐患。管理上要细致耐心，上下槽不急轰急赶、不乱打牛；不喂发霉变质饲料；冬天不饮结冰水、不喂冰冻料。

⑤保证足够运动量　对全舍饲的牛每日至少要保证有 1～2h 的运动量。

4. 围产期母牛的管理

(1) 产房的要求　一是产房建筑要光线充足、通风和干燥。二是产房卫生。牛床、运动场要及时清扫，保持清洁、干净。每天刷拭牛体，用 1% 来苏儿液刷洗后躯及牛尾，使牛体卫生。牛舍地面每天应用清水冲刷 1～2 次，清刷后，可向地面洒 1% 煤焦油液或复合酚液。三是药品用具准备。常备脸盆、毛巾、助产绳、产包（抬胎儿用）、磅秤、来苏儿、碘酒、剪刀和棉花。四是产房应由工作细致、责任心强，并具有一定饲养经验和助产技术的饲养员负责。五是产房应设专人值班，便于及时对牛采取接产措施，防止产后母牛突然事故的发生。

(2) 围产前期的管理

①母牛进入围产期应转入产房。临产前母牛生殖器最易感染病菌。为此母牛产前 14d 应转入产房。产房事先必须用 2% 火碱溶液喷洒消毒，并进行卫生处理，母牛后躯乳房尾部和外阴部用 2%～3% 来苏儿溶液洗刷后，用毛巾擦干。

②保持环境安静，产房光线应暗。避免一切干扰和刺激，因为在安静的环境里，大脑皮质容易接受子宫的刺激，发出强烈的冲动传达到子宫，使子宫强烈收缩，胎儿顺利产出。

③产房工作人员进出产房要穿清洁的外衣，用消毒液洗手。产房入口处设消毒池，进行鞋底消毒。

④产房昼夜应有人值班。发现母牛有临产征状——表现腹痛、不安、频频起卧，即用 0.1% 高锰酸钾液擦洗生殖道外部。产房要经常备有消毒药品、毛巾和接生用器具等。

⑤在奶牛围产期的管理上，要注意保胎，防止流产。防止母牛饮冰水和吃霜冻饲料，不要让母牛突然遭受惊吓、狂奔乱跳。

⑥分娩前 7d 和分娩后 20d 内不要突然改变饲料。此外，分娩前后食盐喂量要适量，否则，乳房水肿程度会增加，水肿时间会延长。

⑦要密切注意观察乳房的变化，保证乳房的健康。在正常情况下，产前没有挤奶的必要。但偶尔在产前遇到乳头或乳房过度充胀，甚至红肿、发热异常的情况下，可以进行挤

奶，以免引发炎症、乳房变形等不良后果。

（3）分娩期管理 分娩期一般指母牛分娩到产后 4d。

①临产牛的观察与护理 为了保证安全接产，必须派有经验的饲养人员昼夜值班，注意观察母牛的临产症状。

A. 观察乳房的变化 产前约半个月乳房开始膨大，一般在产前几天可以从乳头挤出黏稠、淡黄色液体，当能挤出白色初乳时，分娩可在 1～2d 内发生。

B. 观察阴门分泌物 妊娠后期阴唇肿胀，封闭子宫颈口的液塞融化，如发现透明索状物从阴门流出，则 1～2d 内将分娩。

C. 观察是否"塌沿" 妊娠末期，骨盆部开始软化，臀部开始有塌陷现象，在分娩前一两天，骨盆韧带开始软化，尾部两侧肌肉明显塌陷，俗称"塌沿"，这是临产的主要症状。

D. 观察宫颈 临产前，子宫肌肉开始扩张，既而开始出现宫缩，母牛卧立不安，频频排出粪尿，不时回头，说明产期将近。

观察以上的征状后，应立即将母牛拉到产间，并铺垫清洁、干燥、柔软的褥草，做好接产准备，并用 0.1% 高锰酸钾溶液擦洗外生殖外部。

②分娩与接产

A. 分娩过程

开口期：子宫肌开始出现阵缩。阵缩时，将胎儿和胎水推入子宫颈，迫使子宫颈开放，向产道开口。此后又由于阵缩把进入产道的胎膜挤破，使部分胎水流出，胎儿的前置部分顺着液体进入产道。

胎儿排出期：子宫肌发生更加频繁有力的阵缩，同时腹肌和膈也发生强烈收缩，腹内压显著升高，将胎儿从子宫经产道排出。

胎衣排出期：胎儿产出后，一般经 6～12h 的间歇，子宫肌又开始收缩，收缩间歇期较长，阵缩到胎衣完全排出为止。胎衣排出后，分娩过程全部结束。

B. 接产 一般胎膜小泡露出后 10～20min，母牛多卧下（要使它向左侧卧）。当胎儿前蹄将胎膜顶破时（当胎儿露出时，可直接用手撕破羊膜接取羊水，但不应过早破水），要用桶将羊水接住，产后给母牛灌服 3.5～4kg，可预防胎衣不下。胎儿在破水后 30min 一般均能正常娩出。在正常情况下，是两前脚夹着头部先出来；倘若发生难产，应先将胎儿顺势推回子宫，矫正胎位，不可硬拉。倒生时，将两腿产出后，应及早拉出胎儿，防止胎儿腹部进入产道后，脐带被压在骨盆底下，造成胎儿窒息死亡。若母牛阵缩，努责微弱，应进行助产。用消毒绳缚住胎儿两前肢细部，助产者双手深入产道，大拇指插入胎儿口角，然后捏住下颚，趁母牛努责时，一起用力，用力方向应朝向母牛臀部后上方，但拉的动作要缓慢，以免发生子宫内翻或脱出。当胎儿头部露出外阴后，用消毒毛巾消除其口、鼻中的黏液；当胎儿腹部通过阴门时，用手捂住胎儿脐孔部，防止脐带断在脐孔内，并延长断脐时间，使胎儿获得更多的血液。脐带没有断开的，可移动胎儿使其自然断开，断开后用手挤出内容物，用碘酒对脐带鞘进行消毒，及时消除被污染的垫草。

③母牛分娩时期的管理 舒适的分娩环境和正确的接生技术对母牛护理和犊牛健康极为重要。母牛分娩必须保持安静，并尽量使其自然分娩。应加强产房和母牛的清洁卫生，产房应清洁、温暖、安静，牛床和运动场要及时清扫，更换褥草，奶牛尾部和后躯每天用

1％的来苏儿液刷洗，一般从阵痛开始需 1～4h，犊牛即可顺利产出。如发现异常，应请兽医助产。

A. 母牛分娩应使其左侧躺卧，以免胎儿受瘤胃压迫产出困难；母牛分娩后应尽早驱使其站立，以利子宫复位和防止子宫外翻。

B. 母牛分娩过程中的卫生状况与产后生殖道感染的发生关系极大。母牛分娩后必须把它的两肋、乳房、腹部、后躯和尾部等污脏部分，用温消毒水洗净、用净的干草全部擦干，并把污染垫草和粪便清除出去，地面消毒后铺以厚的清洁垫草。

C. 母牛分娩后体力消耗很大，应使其安静休息。奶牛产犊后大量失水，产犊后 20～30min 将其哄起，要立即给母牛饮喂足量的温热麸皮盐钙汤 10～20kg（麸皮 1.5～2.0kg，食盐 50g，碳酸钙 50g）以补充分娩时体内水分、电解质的损耗，以利母牛恢复体力和胎衣排出，冬天尤为必要，可起到暖腹、充饥、增腹压的作用。有利于胎衣的排出和奶牛恢复体力。特别要注意食盐的添加量不宜过大，否则会增加奶牛乳房浮肿的程度。对产后极度虚弱的母牛用葡萄糖生理盐水 1500～2000mL，25％的葡萄糖 500mL，20％的安钠咖注射液 10mL 混合，一次静脉注射。

D. 母牛分娩后应尽早将其驱起，并进行适量的运动，以免流血过多，也有利于生殖器官的位复，为防止子宫脱出，可牵引母牛缓行 15min 左右，以后逐渐增加运动量。

E. 奶牛产后，将手伸入产道内检查，如果损伤面积较大应缝合，并涂布磺胺类药膏；如果出血量大要及时结扎止血；如果产道无异常而仍见努责，可用 1％～2％的普鲁卡因注射液 10～15mL 进行尾椎封闭，以防宫脱。

F. 母牛分娩后 12h 内，胎衣一般可自行脱落，若分娩 24h 后胎衣仍不脱落，则应按胎衣不下处理，否则易出现不良后果。一般可肌内注射催产素或与 10％葡萄糖 1000mL 混合静脉注射，效果较好，可促使子宫收缩，尽早排出胎衣。胎衣脱落后，要注意恶露的排出情况，如有恶露闭塞现象，即产后几天内仅见稠密透明分泌物而不见暗红色液态恶露，应及时处理防发生败血症或子宫炎等疾病。

G. 为了使母牛恶露排净和产后子宫早日恢复，还应喂饮热益母草红糖水（益母草粉 250g，加水 1500g，煎成水剂后，加红糖 1kg 和水 3kg，饮时温度 40～50℃）每天 1～2 次，连服 2～3 次。对母牛恶露排净和产后子宫复原有促进作用。

H. 犊牛产后一般 30～60min 即可站立，并寻找乳头哺乳。所以母牛产后 30min 应开始挤乳。挤乳前挤乳员要用温水和肥皂洗手，另用一桶温水洗净乳房。挤奶前用温水清洗牛体两侧、后躯、腹部，并把污染的垫草清洗干净。开始挤奶时，每个乳头的第一二把要弃掉，挤出 2～2.5kg，用新挤出的初乳哺喂犊牛。

I. 奶牛产犊后的几天，乳房内的血液循环及乳腺泡的活动控制与调节均未达到正常状态，乳房肿胀得很厉害，内压也很高，所以，如果是高产奶牛，此时绝对不能把乳房中的奶全部挤净，否则由于乳房内压显著降低，引起微细血管渗漏现象加剧，血钙、血糖大量流失，进一步加剧乳房水肿，会引起高产乳牛的产后瘫痪，重者甚至可造成死亡。分娩母牛膘情中等以上的，第一次挤奶可以将初乳全部挤出。挤奶时要充分按摩乳房，对水肿的乳房要热敷。产后母牛泌乳机能迅速增强，采食增加，代谢旺盛，常发生代谢紊乱而患酮病和其他代谢疾病，需要及时补糖补钙。

J. 对产犊后乳房严重水肿的奶牛，每次挤奶后应充分按摩乳房，并热敷乳房 5～

10min（可用温热的硫酸镁或硫酸钠饱和溶液），以使乳房水肿早日消失。

母牛在分娩过程中是否发生难产、助产的情况、胎衣排出的时间、恶露排出情况以及分娩母牛的体况等，均应详细进行记录，以便汇总总结经验。

为减轻产后母牛乳腺机能活动和照顾母牛产后消化机能较弱的特点，母牛产后 2d 内应以优质干草为主，适当补喂易消化的玉米、麸皮等精料。日粮中钙的水平应由产前占日粮干物质的 0.2%～0.4%增加到 0.6%～0.7%。对产后 3～5d 的乳牛，如母牛食欲良好、健康、粪便正常，则可随其产乳量的增加，逐渐增加精料和青贮喂量。实践证明，每天精料最大喂量不超过体重的 1.5%。

要经常观察产后母牛的食欲和泌乳量，提高日粮营养含量，定期对尿液、乳汁和胴体进行监测，及时补糖补钙。如果是夏季产犊要及时补液。

产后 30～35d 进行直检，如果发现奶牛患有卵巢静止、子宫炎等疾病要及时治疗。如果奶牛在产后 50～60d 尚未表现发情症状，可用药物诱导其发情。

（4）产后期奶牛的管理　产犊的最初几天，母牛乳房内血液循环及乳腺胞活动的控制与调节均未正常，所以绝对不能将乳汁全部挤净，否则由于乳房内压显著降低，微血管渗出现象加剧，会引起高产奶牛的产后瘫痪。每次挤奶时应热敷按摩 5～10min，一般产后第一天每次只挤 2kg 左右，够犊牛哺乳量即可，第二天每次挤奶 1/3，第三天挤 1/2，第四天才可将奶挤尽。分娩后乳房水肿严重，要加强乳房的热敷和按摩，每次挤奶热敷按摩 5～10min，促进乳房消肿。

挤乳过程中，一定要遵守挤乳操作规程，保持乳房卫生，以免诱发细菌感染，而患乳房炎。母牛产后 12～14d 肌内注射 GnRH（促性腺激素释放激素）可有效预防产后早期卵巢囊肿，并使子宫提早康复。母牛产后 15～21d，如食欲正常，乳房水肿消失即可进入泌乳期饲养。

5. 泌乳母牛的管理

（1）泌乳盛期奶牛的管理　产后 16～100d 为泌乳早期，也称泌乳盛期。

泌乳盛期的特点：此阶段乳牛能量代谢呈负平衡，不得不动用体贮支持泌乳，体重下降。母牛泌乳初期动用的体贮的主要成分是脂肪（能量），母牛减重 1kg 所含能量约可合成 6.56kg 乳，而所含的蛋白质只能合成 4.8kg 乳。一般体内可以动用的体脂可供产奶 1000kg，而可动用的体蛋白仅可合成 127kg 乳，相比之下，蛋白质缺少更严重。泌乳盛期的泌乳量，占整个泌乳期产乳量的 50%左右，因此，乳牛生产中非常重视这个时期的饲养管理。

这一阶段泌乳能力的发挥对饲养管理水平的高低反应最敏感，增加营养也最容易提高和保持产奶量。因此，应及时根据产奶量及体重的变化调整精料给量，只要奶量不断上升，就可以不断增加精料给量，直至产奶量不再上升时为止。要求日粮适口性好、体积小、饲料种类多。饲养上要适当增加饲喂次数，保证饲养方法的相对稳定。

A. 采用"预支"饲养法　从产后 10～15d 开始，除按饲养标准给予饲料外，每天额外多给 1～2kg 精料，以满足产奶量继续提高的需要，只要奶量能随精料增加而上升，就应继续增加。待到增料而奶量不再上升时，才将多余的精料降下来。"预支"饲养对一般产奶牛增奶效果比较明显。

B. 分群饲养　在生产上，按泌乳的不同阶段对奶牛进行分群饲养，可做到按奶牛的生理状态科学配方、合理投料，而且日常管理方便，可操作性强。对于奶牛未能达到预期的产奶高峰，应检查日粮的蛋白质水平。

C. 适当增加挤奶次数　有条件的牛场，对高产奶牛，可改变原日挤 3 次为 4 次，有利于提高整个泌乳期的奶量。

D. 日粮中的精、粗料干物质比例　日粮中的精、粗料干物质比不超过 60∶40、粗纤维含量不低于 15% 的前提下，积极投放精料并以每天增加 0.3kg（必要时可 0.35kg）精料喂量逐日递增，直至达到泌乳高峰的日产奶量不再上升为止。

E. 供给优质粗饲料　如良好的全珠玉米青贮、优质干草、苜蓿等。

F. 添加非降解蛋白（UIP）量高的饲料　如增喂全棉籽 [1.5kg/（头·d）]。

G. 添加脂肪以提高日粮能量浓度　在泌乳高峰牛日粮中可添加占日粮干物质 3%～5%（高者可达 5%～7%）的脂肪或 200～500g 脂肪酸钙，以满足日粮中能量的需要。

H. 添加缓冲剂　在高产奶牛日粮精料中添加氧化镁 50g/（头·d）和碳酸氢钠 100g/（头·d）组成的缓冲剂或其他缓冲剂。

I. 及时配种　一般奶牛产后 30～45d，生殖器官已逐步复原，有的开始有发情表现，这时可进行直肠检查，及早配种。

（2）奶牛泌乳中期的管理

泌乳中期的特点：产奶量开始缓慢下降，每月下降 5%～7%，母牛体质逐渐恢复，自 20 周起体重开始增加，日增重约为 500g 饲养得当可延缓泌乳量下降速度。

A. 按"料跟着奶走"的原则，即随着泌乳量的减少而相应减少精料用量　每周或每两周按产奶量调整精料喂量一次，同时应注意当时母牛的膘情，凡是在泌乳早期体重消耗过多和瘦弱的，应适当比维持和泌乳的需要多喂一些，使母牛能及早逐渐恢复，这不仅对健康有利，也对母牛持续高产有好处，但绝不能喂得过肥，保持中等膘情即可。

B. 喂给多样化、适口性好的全价日粮　在精料逐渐减少的同时，尽可能增加粗饲料用量，以保证奶牛的营养需要。

C. 对于日产量高于 35kg 的高产奶牛，一年四季均应添加缓冲剂（小苏打、氯化镁）。夏季还应加氯化钾，有利于缓解热应激对高产奶牛的影响。

D. 对瘦弱牛要稍增加精料以利恢复体况，对中等偏上体况的牛要适当减少精料以免出现过度肥胖。

E. 加强运动，供给充足的饮水；复查妊娠，作好保胎工作。

（3）泌乳后期奶牛的饲养管理

泌乳后期的特点：产奶量急剧下降，每月下降幅度达 10% 以上，此时母牛处于妊娠后期，胎儿生长发育很快，母牛要消耗大量营养物质，以供胎儿生长发育的需要。各器官处于较强活动状态，应做好奶牛体况恢复工作，泌乳后期是恢复奶牛体况和增重的最好时期，但又不能使母牛过肥，并为干奶做好准备。一般母牛每日增重 500～750g，相当于日产 3～5kg 标准乳的养分需要。

泌乳后期奶牛也是妊娠的中后期，这一阶段比泌乳 200d 之内体脂沉积效率要高。如果这一阶段奶牛体膘膘度差异较大，则最好根据体膘膘度分群饲养。为泌乳后期的奶牛单独配制日粮有以下几方面的作用：

A. 帮助奶牛达到恰当的体脂储存。

B. 通过减少饲喂一些不必要的价格昂贵的饲料如过瘤胃蛋白和脂肪饲料来节省饲料开支。

C. 增加粗料比例将能确保奶牛瘤胃健康，从而保证奶牛健康。

所以，该阶段应以粗料为主，防止牛过度肥胖。此外，预计干奶之前再进行一次妊娠检查，注意保胎。

案例：佳宝乳业第一牧场

佳宝乳业第一牧场南区，采用泌乳期饲喂优质精、粗饲料的方法，创造群体单产9500kg，牛均创利8000元的高投入高产出模式。具体措施如下：

严格执行各阶段饲养标准的基础，在产奶前期饲喂适口性好的优质粗饲料（苜蓿、全株玉米青贮、澳大利亚进口燕麦草），总日粮酸性洗涤纤维（ADF）占19%～20%，中性洗涤纤维（NDF）占25%～28%，其中21%NDF应来自干草，如此可刺激奶牛食欲，达到最佳瘤胃功能。

供给高营养且易消化利用率高的混合精料（整齐压片玉米、全棉籽、膨化大豆），日粮蛋白质的含量应占干物质的18%～19%，其中约40%为过瘤胃蛋白；能量浓度保持7.12kJ/kg以上。TMR饲喂，日粮营养应平衡稳定，供应量足的矿物质和维生素，充足洁净的饮水等。

6. 干奶牛的饲养管理　泌乳牛从一个泌乳期至下胎产犊前有一段时间（妊娠后期至产犊前15d）停止产奶，即是2个泌乳期之间不分泌乳汁的时间，此期称为干奶期。干奶期一般为60d，变动范围在45～75d。干奶是母牛饲养管理过程中的一个重要环节，其效果的好坏、时间的长短以及干奶期的饲养管理，对胎儿的发育、母子的健康以及下一个泌乳期的产奶量有着重要影响。

（1）干奶期的意义

①恢复体质　母牛在泌乳期营养多为负平衡，机体营养消耗多。干奶能补偿营养消耗，同时也可蓄积大量营养物质，有利于母牛蓄积体力和体质恢复，以供下一次产奶需要。

②促使乳腺功能恢复　奶牛在泌乳时，部分乳腺组织会损伤、萎缩，干奶能使乳腺得到休整和恢复，有利于新腺泡的形成和增殖，特别是乳腺上皮细胞得以充分休息和再生，为下一个泌乳期正常泌乳做必要的准备。同时，可利用此期治疗某些在泌乳期不便处理的疾病，如隐性乳房炎或代谢紊乱等。

③有利于胎儿发育　妊娠期的最后2个月是胎儿迅速生长的时期，需要较多的营养供应，干奶能使母体内有足够的营养物质供胎儿正常生长发育和增重，获得健壮的犊牛。而且，干奶期加强营养可以提高初乳的营养浓度，使初乳中的钙、磷和维生素含量增多。

④瘤胃和网胃功能恢复　母牛的瘤胃和网胃经过一个泌乳期高水平饲料日粮的刺激，也需要在干奶期，通过饲喂粗饲料恢复瘤胃和网胃的正常功能。

（2）干奶期的长短　干奶期的长短可根据饲养管理条件、牛的体况、生产性能而定。体况好、产奶少的，干奶期可短，体况差的、高产牛、初产牛干奶期可适当延长。干奶期一般为60d（50～75d），短于40d会降低下一个及以后泌乳期的奶产量，有损母牛健康；同时所产犊牛体重小，患病率高。对高产奶牛，无论日产量有多高，都应采取果断措施断奶，以免影响下一胎次生产。

正常情况下干奶期以60d为宜，过早干奶，会减少母牛的产奶量，对生产不利；而干奶太晚，则使胎儿发育受到影响，也影响初乳的品质。如干奶期短，而且饲养管理不善，母牛初乳中胡萝卜素的含量会比正常初乳低66.7%～75%。

初胎牛、早配牛、体弱牛、老年牛、高产牛（产奶量6000～7000kg）以及饲养条件差的牛，需要较长时间的干奶期，一般为60～75d。体质健壮、产奶量较低、营养状况较好的牛，干奶期可缩短为30～35d。

如奶牛发生早产或死胎的情况，同样会降低下一泌乳期的产奶量。早产时的泌乳量仅仅是正常顺产泌乳量的80%。

（3）干奶的方法　干奶的方法一般可分为逐渐干奶法、快速干奶法和骤然干奶法三种。干乳时不能患乳房炎，如有乳房炎须治愈后再干乳。

①逐渐干奶法　逐渐干法一般需要10～15d时间。此种方法对于高产奶牛以及有乳房炎病史的牛，是一种安全、稳妥的办法。从干奶的第一天开始，逐渐减少精料喂量，停喂多汁料和糟渣料，多喂干草，同时改变饲喂时间，控制饮水量，加强运动；打乱奶牛生活和泌乳规律，变更挤奶时间，逐渐减少挤奶次数，停止运动和乳房按摩，改日3次为2次，2次为1次乃至隔日挤奶，此时，每次挤奶应完全挤净，到最后一次挤2～3kg奶时停挤，以后随时注意乳房情况。

②快速干奶法　快速干奶是在4～7d内停奶。一般多用于中低产奶牛。快速干奶法的具体做法是从干奶的第一天开始，适当减少精料，停喂青绿多汁饲料，控制饮水量，减少挤奶的次数和打乱挤奶时间。开始干奶的第一天由日挤奶3次改为日挤奶1次，第二天挤1次，以后隔日挤1次。由于上述操作会使奶牛的生活规律发生突然变化，使产奶量显著下降，一般经5～7d后，日产奶量下降到8～10kg以下时，就可以停止挤奶。最后1次挤奶应将奶完全挤净，然后用杀菌液蘸洗乳头，再用青霉素软膏注入乳头内，并对乳头表面进行全面消毒。待完全干奶后用木棉胶涂抹于乳头孔处封闭乳头孔，以减少感染机会。乳头经封口后即不再动乳房，即使洗刷时也防止触摸它，但应经常注意乳房的变化。

③骤然干奶法　在奶牛干奶日突然停止挤奶，乳房内存留的乳汁经4～10d可以吸收完全。对于产奶量过高的奶牛，待突然停奶后7d再挤奶1次，但挤奶前不按摩，同时注入抑菌的药物（干奶膏），将乳头封闭。

（4）干奶期日粮　干奶期奶牛的饲养原则是根据奶牛体况而定，对于营养状况较差的高产母牛应提高营养水平，使其在干奶前期的体重比泌乳盛期时增加10%左右，从而达到中上等膘情，这样才能保证在下一个泌乳期能达到较高的泌乳量；对于营养状况良好的干奶母牛，整个干奶前期一般只给予优质牧草，补充少量精料即可；而对于营养不良的干奶母牛，除充足供应优质粗饲料外，还应饲喂一定量的精料，精料的喂量视粗饲料的质量和奶牛膘情而定，一般可以按日产10kg、15kg牛奶的标准饲养，大约供应8kg、10kg的优质干草、15～20kg的青绿饲料和3～4kg配合精料。干奶牛的配合精料中应补充矿物质微量元素和维生素预混料。

（5）干奶期的注意事项　无论用何种方法进行干奶，在干奶后的3～4d内，母牛的乳房都会因积聚乳汁较多而膨胀，所以在此期间不要触摸奶牛乳房，也不要进行挤奶。要控制多汁饲料和精饲料的给量，减少饮水量，密切注意乳房的变化和母牛的表现。正常情况下，乳房内积聚的乳汁在几天后可自行被吸收使乳房萎缩，这时应逐渐增加精饲料量和饮水量，保证营养需要。如果乳房中乳汁积聚过多，乳房过于胀满，出现硬块或红、肿、热、痛等炎症反应，说明干奶失败，应及时重新干奶。为防止产后乳房炎的发生，干奶时可向乳房内注入抗生素等药物。

（6）干奶期的管理

①做好保胎工作　加强饲养管理是保胎工作的关键，保持饲料的新鲜和质量，绝对不能供给冰冻、腐败变质的饲草饲料，冬季不应饮过冷的水，及时防治一些生殖系统的疾病，防止拥挤、摔倒等事件的发生。

②适当的运动　运动不仅可促进血液循环，有利于奶牛健康，而且可减少（或防止）肢蹄病及难产。同时还应增加日照时间，以便维生素 D 的形成，防止产后瘫痪。没有运动场的干奶期奶牛，每天应定时由饲养员牵引运动，产前停止运动。

③保持皮肤的卫生　母牛在妊娠期内，皮肤代谢旺盛，容易产生皮垢，因此每天应加强刷拭，以促进血液循环，使牛变得更加温驯易管。

④乳房按摩　为了促进乳腺发育，经产母牛在干奶 10d 后开始按摩，每天一次，但产前出现水肿的牛应停止按摩。初产牛的乳房按摩可以从犊牛 1 岁左右开始，也可以在青年母牛交配受胎后进行，即使在妊娠后期开始，也有效果。对于初产母牛最初 5d 可以每天按摩一次，以后 5d 内每天 1～2 次，再后 1 个月内每天可按摩 3 次，每次按摩的时间均以 5min 左右为宜。经过这样的按摩，初产母牛产后一般均可顺利地接受挤奶，乳房的形状和容量显著增大，分娩后也不会引发乳房炎和乳房肿胀。

⑤防治乳房炎　干奶期时乳腺组织处于休息状态，抵抗细菌能力差，容易感染乳房炎。这时感染又不容易发现，到下一胎发现时又很难治疗，瞎乳头最容易发生在干奶期，为此固定兽医进行干奶前检查，显得很重要。干奶前，要进行隐性乳房炎测定，对于隐性乳房炎在"＋＋"以上的乳区，用抗生素连续治疗 3d，方可干奶；临床性乳房炎治愈后干奶；隐性乳房炎在"＋＋"以下的牛，可直接干奶。另一方面，根据牛日产量的多少，采取不同的干奶方法。干奶后的 15d，由于乳腺组织尚未停止活动，极易发生乳房炎。因此，每天要检查乳房的变化。如果发现乳房肿胀，并有发红、发热、疼痛等炎症，应立即将牛奶挤净，进行治疗。方法是：①用 10％酒精鱼石脂或鱼石脂软膏涂抹患部。②用青霉素 800 万～1200 万 U，每天肌内注射两次，或用四环素 600 万 U 静脉注射，每天 1 次。

7. 奶牛的夏季管理

（1）**热应激对奶牛的影响**　奶牛耐寒不耐热，夏季的高温环境会引起奶牛生理机能发生一系列变化，产生热应激反应。奶牛的适宜温度范围是－4～18℃，一旦气温高于 26℃即出现采食量的下降，影响产奶量；气温高于 32℃产奶量下降 3％～20％；气温达到 38℃，湿度为 20％时，奶牛出现热应激，需要采取降温措施以缓解热应激；38℃气温，湿度 80％可能导致奶牛死亡。夏季防暑降温对于获得全年的高产很重要。

（2）**高温季节防暑措施**　热应激的危害不仅与温度，还与湿度、太阳辐射等有复杂的关系，所以在采取防暑措施时，应综合考虑多种因素。以下方法可供参考。

①遮阴、通风　奶牛通过出汗蒸发散热的能力大约只有人的 10％，因此对高温更加

敏感。夏季要有遮阴措施，牛舍、运动场安装通风设备，加快空气的流动，促进牛体的散热。

②充足的清凉饮水　夏季要保证奶牛随时可以喝到清凉的饮水。水温以不高于 16℃ 为宜。应避免饮水长期存放、晒热，可用自动饮水器或使水槽内的水不断流动、更新。即使非高温季节，保证充足的饮水在泌乳母牛的管理中也很重要。泌乳母牛的需水量很大，每头泌乳母牛每天需要饮水 60～70L。泌乳母牛的饮水量减少 40%，干物质采食量可减少 20%。

③喷淋　在运动场内设置喷淋装置，高温季节定时喷水淋浴以降温（彩图 11）。喷淋处的地面最好硬化，以避免牛趴卧在泥泞的地面上。喷淋装置要间歇开启，每次开启的持续时间以无水珠沿乳头滴下为宜。注意喷出的水雾不能落到饲料上，以防饲料因含水量过高而容易发霉变质。

④调整日粮　夏季应多喂优质粗饲料，在精料补充料中可以考虑添加脂肪以提高营养浓度；提高日粮中 K、Na、Mg 的含量，补充因出汗造成的损失，K 的含量增加到日粮干物质的 1.3%～1.5%，Na 增加到 0.5%，Mg 增加到 0.3%。可适当添加抗应激添加剂，主要有营养性添加剂，如核黄素、烟酸、泛酸、生物素、维生素 B_{12}、镁、钾、锌等；具有抗氧化作用的添加剂，如维生素 C、维生素 E、维生素 A 以及微量元素硒等；其他如有机铬制剂、酵母、酵母培养物、瘤胃素等。电解质平衡缓冲剂包括瘤胃缓冲剂和调节体内电解质平衡的电解质，如 $NaHCO_3$ 可维持瘤胃正常 pH。

⑤调整饲喂方式　增加饲喂次数，将饲喂时间安排在气温较低的时间，60%～70% 的日粮放到晚 8：00～早 8：00 喂给。夏季饲料变质快，应注意每日清扫饲槽和饮水器，并适量喂些食盐；不喂霉变饲料，精料要现拌现喂，不可久放，以免引起食物中毒。另外保持牛舍内外卫生，定期对舍内外用 5% 的来苏儿溶液喷洒以灭菌消毒，并填平污水坑，排除蚊蝇的产生和干扰。

案例：济南佳宝乳业第二牧场

牧场占地 240 亩，存栏奶牛 2100 头，成母牛 1000 头，以美加系为主，全部采用自主繁育，是国家级标准化示范牛场。近年来，在现代农业发展资金奶牛项目的大力支持下，二牧新建装配式轻型钢结构、27m 跨度散栏牛舍 4 栋，牛舍内配套自锁颈枷、自由卧床、轴流风扇、可控温饮水槽和喷淋装置。

在奶牛饲养管理方面，按照不同时期的营养生理要求，设定科学的培育目标值，发挥奶牛产业体系专家的优势，采用科学的饲养方案。佳宝二牧是山东最早使用 TMR 和玉米全株青贮的奶牛场，粗饲料多采用进口美国苜蓿和东北羊草等优质干草，有专职管理人员 6 名，牛群饲养管理效果评价技术得到广泛应用。新建挤奶厅安装 2×24 并列式挤奶系统，配套以色列 Afilite 自动挤奶 Afifarm 牧场管理系统，具备电子奶量器、自动识别感应器、行走式称重系统及自系统和在线乳成分检测仪（魔盒）。实现了数字化、精细化管理。目前，牧场的平均产奶量达到 8.3t，夏季牛奶的乳蛋白和乳脂率仍然高达 3.1% 和 3.7%，体细胞数 50 万个/mL 以下，细菌总数 20 万个/mL 以下，鲜奶直接供应鲜奶吧使用。

二、肉牛的饲养管理

1. 肉牛犊牛的饲养管理　小于6月龄的牛为犊牛。30日龄以内的犊牛，主要以母乳为营养来源。因此，应把母牛养好、犊牛15～20日龄开始学吃草料；到4月龄时，消化能力已接近成年，即使不喂奶，也能正常生长发育。提前补草料，控制犊牛吃奶量和吃奶次数，会迫使犊牛多吃草料，促进瘤胃发育，还可提前断奶。

（1）肉用犊牛的护理　肉犊牛的护理与奶犊牛的护理相同。

（2）肉用犊牛的育肥　犊牛育肥是指犊牛出生后6～8月内，在特殊饲养条件下育肥至250～350kg时屠宰的育肥技术。肥育结束时屠宰率58%～62%，胴体重130～200kg，肉质呈淡粉红色、多汁，胴体表面均匀覆盖一层白色脂肪。小牛肉风味独特，价格昂贵，其蛋白质比一般牛肉高27%～64%，脂肪低47.4%～58.3%，人体所需的各种氨基酸齐全，属于高档牛肉。

因为犊牛的相对生长速度快，所以犊牛出生后就要开始制订育肥措施，一般采用丰富的母乳和人工乳饲喂，或搭配一定量的精细料。

①肉用犊牛的选择　初生的肉用、乳肉兼用和乳用公犊以及高代杂种公犊，要求初生重不低于35kg，健康无病，无遗传缺陷，体形外貌良好、头方大、四肢粗壮有力、蹄大。根据我国目前条件，以选择中国荷斯坦奶牛公犊及淘汰母犊为佳，其优点是前期生长快，育肥成本相对较低，且来源较丰富，便于组织生产。

②饲喂　初生犊牛要尽早喂给第一次初乳，不限量，吃饱为止。按35kg体重计，第一次喂量为1～1.5kg，以后至4周龄前，每天可按体重的10%～12%喂给。从5周龄开始，训练犊牛采食草料。10周龄起，喂乳量按体重的8%～9%给予，精料日喂量增加到0.5～0.6kg。以后的喂乳量可基本可维持在一个水平上，而精料喂量却逐渐增加。粗料（青干草或青草）任犊牛自由采食。为了节省用乳量，提高犊牛增重效果和减少疾病的发生，所用混合精料要具有热能高、易消化的特点，并要加入少量的抑菌药物。犊牛肥育期混合精料配方为玉米60%，油饼类18%～20%，糠麸类13%～15%，植物油脂类3%，石粉或磷酸氢钙2.5%，食盐1.5%。混合精料加适量抗生素、微量元素和维生素。

③肉用犊牛的饲养技术　由于乳用公犊及淘汰母犊不能随母哺乳，一般采用人工饲喂的方法。犊牛出生后3日龄内应吃足初乳；1月龄以前饲喂全乳或代乳品每头每日3～5kg（体重的8%～9%）；30～150日龄用脱脂乳，每头每日2～6kg，并加喂含铁量低的精料和优质粗饲料如图11-19所示，每头每日1.3kg；150～185日龄每头日用脱脂乳6kg，精料5kg，优质粗饲料0.5kg。人工喂奶（代乳品、脱脂乳）时要控制好奶温，1～2周龄38℃左右，以后为30～35℃为宜，温度过低，犊牛易腹泻。注意严格控制饲料和饮水中的含铁量。

④肉用犊牛的管理措施　严格按计划饲喂代乳品，饮水充足。分群圈养，保证牛床清洁干燥（图11-20）。牛床最好是采用漏粪地板，防止与泥土接触，严格防止犊牛下痢。牛舍最适温度保持18～20℃，冬季舍温保持10℃以上。相对湿度65%。三周龄以内犊牛的饲喂做到定时、定量、定温。天气晴朗时，让犊牛晒太阳1～2h。5周龄后，每天晒太阳3～4h。夏季注意防暑降温，冬季要防寒保暖。犊牛育肥全期，每天饲喂2～3次，自由饮水。夏季饮凉水，冬季饮温水，水温30℃，水质要新鲜清洁。注意哺乳卫生，哺乳

应做到定时、定量、定温、天气好时可放犊牛于室外活动，但场地宜小些，使其能充分晒太阳又不致于运动量过大，5周龄后，应拴系饲养，减少运动，但每天应能晒太阳3~4h，夏季要注意防暑降温；冬季宜在室内饲养，室温应保持在0℃以上，在育肥期间，每天喂3次，自由饮水，夏季饮凉水，冬季饮20℃左右的温水。犊牛若出现消化不良，可酌情减喂精料、并给予药物治疗。为预防胃肠病和呼吸道病，还可在牛乳中加入抗生素。

| 图 11-19　犊牛饲养圈和料桶 | 图 11-20　带室外运动场肉用犊牛饲养 |

案例：肉牛养殖技术

2010年以来，宁夏固原市原州区头营镇石羊村、彭阳县古城镇任河村等5个肉牛养殖村及吴忠市、银川市部分肉牛繁育场（户）示范应用了犊牛隔栏补饲、早期断奶技术，累计示范安秦杂等犊牛1500余头。采用的颗粒饲料配方是：玉米45.9%，麸皮16%，胡麻饼15%，豆粕17%，磷酸氢钙2%，石粉1%，食盐1%，预混料1%，其他添加剂1.1%：断奶前头均补饲总量80kg。为方便农户饲养，犊牛自3月龄以后饲喂粉状精饲料配方与产后母牛相同（玉米60%、胡麻饼20%、麸皮16.5%、预混料2%、食盐1%、石粉0.5%）。粗饲料以苜蓿青干草为主。与自然哺乳方法相比，采取早期补饲与自然哺乳相结合方法的犊牛，可在4月龄内断奶，断奶时间提前1~2个月，平均日增重达到0.85kg左右，提高0.13kg/d以上，头均日增重收益高2.6元以上。进行早期补饲，4月龄断奶的犊牛头均价值比同月龄自然哺乳的犊牛提高460元以上，除颗粒饲料成本260元，头均净增收200元以上。同时，母牛实现了产后3~4个月内发情配种，缩短了产犊间隔（彩图12）。

2. 肉用青年牛的饲养管理　肉用青年牛的饲养管理参见奶用青年牛的饲养管理。

（1）青年牛的育肥技术　主要是指犊牛断奶后至成年之前育肥出栏的生产方式，此生长阶段的牛，生长强度大或者补偿生长能力强，肌肉和脂肪的沉积能力强，是目前各个国家肉牛生产的主要方式，根据饲养方式不同分为持续肥育和后期集中肥育。

①持续育肥法　持续肥育法是指犊牛断奶后，立即转入肥育阶段进行肥育，一直保持很高的日增重，达到屠宰体重（12~18月龄，体重400~500kg）为止。持续肥育法广泛用于英国、加拿大和美国。使用这种方法，日粮中的精料可占总营养物质的50%以上。此种育肥方法由于在牛的生长旺盛阶段采用强度肥育，使其生长速度和饲料转化效率的潜力得以充分发挥，日增重高，饲养期短，出栏早，饲料转化效率高。生产的牛肉鲜嫩，而成本较犊牛肥育低，是一种很有推广价值的肥育方法。

根据地域的不同持续肥育法可分为断奶后就地肥育和断奶后由专门化的肥育单位收购进行集中肥育。根据饲养方式的不同，可以分为舍饲持续育肥、放牧加补饲持续育肥法和放牧—舍饲—放牧持续肥育法。例如，法国主要采用集中育肥、舍饲拴系的方式，肉用犊牛随母放牧哺乳于6～9月龄断奶，断奶后转入舍饲育肥，于15～18月龄体重约500kg时屠宰。而英国主要采用断奶后就地育肥、放牧补饲的方式，18个月体重达400kg以上，精饲料消耗较少，草场的载畜量较高。平均每千克增重消耗精饲料2kg，载畜量6.8～12.5头/亩。

A. 舍饲持续育肥法 采取舍饲持续育肥法首先制订生产计划，然后按阶段进行饲养。制订育肥生产计划，要考虑到市场需求、饲养成本、牛场的条件、品种、培育强度及屠宰上市的月龄等。按阶段饲养就是按肉牛的生理特点、生长发育规律及营养需要特征将整个育肥期分成2～3个阶段，分别采取相应的饲养管理措施。

犊牛长到6月龄之后，体重达150～200kg，即转为青年育肥牛阶段。这一时期中的饲料，仍以粗饲料为主，适当掺加精饲料。精粗饲料之比可为40∶60。粗蛋白含量占14%～16%。饲料中应注意补加钙、磷以及维生素A、维生素D和维生素E的给量；12月龄之后进入催肥阶段，精粗饲料比例为60∶40或70∶30，日粮中粗蛋白含量占11%～13%。采用上述育肥方法黑白花公犊或其他优质杂交牛16～18月龄出栏体重，可达450～500kg以上。期间平均日增重1000g以上，料肉比3.5∶1。

案例：吉林坤成牧业公司

吉林省坤成牧业公司牛场选择出生日期和体重相近、血统清楚、健康无病的6个月龄断奶小公牛30头，在冬季保温、夏季避暑的封闭式牛舍拴系饲养，持续育肥，育肥期326d，18月龄出栏。按血缘关系将牛分为2组，其中草原红牛15头，体重为（173.15±18.38）kg：红草F1杂交牛15头，体重（172.58±19.19）kg。在相同的饲料给量及饲养管理条件下育肥，分批次屠宰，测定其产肉性能。

预试期15d，进行驱虫、健胃、调教和训练采食试验日粮。试验期每天定时喂、饮两次，清粪两次。营养参照我国肉牛饲养标准，采取前中后高营养水平，精粗饲料定量供给。全期平均每头日采食混合精料3.25kg，其中玉米62%、玉米酒精粕15%、玉米麸子粕20%、添加剂预混料2%、食盐1%，非蛋白氮50g、玉米酒糟（玉米芯为辅料）6.41kg、玉米秸青贮3.75kg，干玉米秸3.28kg。在相同日粮水平及饲养管理条件下，育肥326d，草原红牛和红草F1杂交牛出栏体重分别为（494.58±30.45）kg和（517.51±36.31）kg，平均日增重分别为（1.08±0.11）kg和（1.19±0.13）kg，胴体重分别为（288.63±26.80）kg和（321.58±26.15）kg，屠宰率分别达到（58.36±2.48）%和（62.14±4.43）%，眼肌面积分别为（95.88±5.70）cm²和（97.8±6.63）cm²，大理石花纹分别为（3.91±0.34）级和（4.25±0.59）级。采用舍饲持续育肥法不仅可以使育肥牛适时出栏，而且产肉量大，肉质细嫩（图11-21、图11-22）。

B. 放牧加补饲持续肥育法 此种肥育方法适应于3～5月出生的春犊。在牧草条件较好的地区，犊牛断奶后，以放牧为主，根据草场情况，适当补充精料或干草，使其在18月龄体重达400kg。母牛哺乳阶段，犊牛平均日增重达到0.9～1.0kg。冬季日增重保持0.4～0.6kg，第二个夏季日增重在0.9kg，在枯草季节，对杂交牛每天每头补喂精料1～2kg。放牧时应做到合理分群，每群50头左右，分群轮放。放牧时要注意牛的休息和补

图 11-21　断奶小牛犊	图 11-22　育肥牛

盐。夏季防暑，狠抓秋膘。

　　C. 放牧—舍饲—放牧持续肥育法　此种肥育方法适应于 9～11 月出生的秋犊。犊牛出生后随母牛哺乳或人工哺乳，哺乳期日增重 0.6kg，断奶时体重达到 70kg。断奶后以喂粗饲料为主，进行冬季舍饲，自由采食青贮料或干草，日喂精料不超过 2kg，平均日增重 0.9kg。到 6 月龄体重达到 180kg。然后在优良牧草地放牧（此时正值 4～10 月），要求平均日增重保持 0.8kg。到 12 月龄可达到 325kg。转入舍饲，自由采食青贮料或青干草，日喂精料 2～5kg，平均日增重 0.9kg，到 18 月龄，体重达 490kg。

　　②后期集中育肥　也叫架子牛育肥，是指对 2 岁左右未经育肥的或不够屠宰体况的牛，在较短时间内集中较多精料饲喂，让其增膘的方法。如果这些牛是从牧区、山区以及外地购进的，则称"异地育肥"。这种育肥方式可使牛在出生后一直在饲料条件较差的地区以粗饲料为主饲养相对较长的时间，然后转到饲料条件较好的地区育肥，在加大体重的同时，增加体脂肪的沉积，这种方法对改良牛肉品质，提高肥育牛经济效益有较明显的作用。

　　A. 架子牛的选择　一般来讲，12 月龄以上的牛都称为架子牛。在我国的肉牛业生产中，所谓"架子牛"一般是指未经育肥或不够屠宰体况的个体，架子牛正处在生长发育旺盛阶段，需经一段时间的强度育肥以达到增重长肉的目的。架子牛一般年龄为 1～1.5 岁，其特点是生长快、饲料利用率高、经济收益好。

　　选择架子牛时要注意选择健壮、早熟、早肥、不挑食、饲料报酬高的牛。具体操作时要考虑品种、年龄、体重、性别和体质外貌等。架子牛的骨架大小分级详见图 11-23。

　　架子牛品种应选择杂种肉牛（采用外来良种如夏洛来、利木赞、皮埃蒙特牛、西门塔尔等品种公牛与中国地方黄牛杂交所产的杂种牛）或中国地方良种牛（秦川牛、晋南牛、鲁西牛、南阳牛等）。

　　架子牛年龄应在 1～2 岁，最多不超过 2.5 岁，体重要求 300～350kg。只有 1～2 岁的架子牛才能生产出高档的牛肉来，并且这一阶段的牛生长发育快，饲料转化率高，效益好。

　　雄性架子牛如果在两岁以前出栏可以不去势，因为此时公牛膻味小，生长速度和饲料转化率优于阉牛，胴体瘦肉多，脂肪少。如果选择已去势的架子牛，则早去势为好，3～6 月龄去势的牛可以减少应激，加速头、颈及四肢骨骼的雌化，提高出肉率和肉的品质。

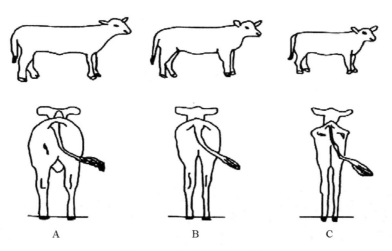

图 11-23　架子牛的骨架分级
A. 大架子　B. 中架子　C. 小架子

架子牛的外貌要求头短额宽，嘴大颈粗，体躯宽深，前后躯较长，中躯较短，皮薄疏松、体格较大而肌肉不丰富，棱角明显，背尻宽平，具有长肉的潜力。而对体躯过矮、窄背、尖尻、交膝、体况过瘦弱的牛只不应选用。体高和胸围最好大于其所处月龄发育的平均值。

B. 架子牛的育肥技术　　后期集中育肥有放牧加补饲法舍饲育肥法，舍饲育肥法根据日粮类型的不同又可分为高精料型和低精料型育肥，在我国可以因地制宜采用以秸秆、青贮饲料及酒糟等为主配以精饲料的低精料育肥法。

放牧加补饲育肥：此方法简单易行，以充分利用当地资源为主，投入少，效益高。我国牧区、山区可采用此法。对 6 月龄末断奶的犊牛，7～12 月龄半放牧半舍饲，每天补饲玉米 0.5kg，人工盐 25g，尿素 25g，补饲时间在晚 8：00 以后；13～15 月龄放牧，16～18 月龄经驱虫后，进行强度育肥，整天放牧，每天补喂精料 1.5kg，尿素 50g，人工盐 25g，另外适当补饲青草。

短期快速育肥：架子牛短期舍饲育肥，属于高精料型育肥。根据牛的年龄体况，全期需要 100～200d。分为前期、中期和后期三个阶段。

育肥前期也叫适应阶段，20～30d，让牛适应新的饲养环境，调理胃肠增进食欲。刚引进的架子牛，经过长时间、长距离的运输以及环境的改变，一般应激反应比较大，胃肠中食物少，体内失水严重。因此，首先应提供清洁的饮水，并在水中加适量的人工盐。但要防止暴饮，第一次限量 10～20kg/头为宜，3～4h 后可以自由饮水。环境保持安静，防止惊吓，让其尽快适应育肥环境条件，开始 3～5 日内，只喂给容易消化的青干草，不喂给精饲料，并注意牛体重变化和个体精神食欲状况。以后补加适量麸皮，每天可按 0.5kg 的喂量递增，待能吃到 2～3kg 麸皮时，逐步更换育肥期饲料，减少麸皮给量。此时粗饲料比例应占总量的 70%～60%，精饲料占 30%～40%。日粮蛋白质水平应控制在 13%～14%，钙、磷含量各占 1% 左右。另外，在此阶段还应进行体内外的驱虫与健胃、编组、编号以及增重剂埋植注射等项工作。如果购买的架子牛膘情较差，此时可以出现补偿生长，日增重可以达到 800～1000g。

舍饲育肥成本高，但在相同精料下可较放牧育肥多增重达10％以上。舍饲育肥有三种饲养方式：

第一，每天定时饲喂两三次，饲喂后放于运动场自由运动、自由饮水，或饮水后拴于台外，每头牛都有固定槽位。这是一种传统的舍饲方式。由于采食、饮水、活动都受到不同程度的限制，使牛的生长发育受到抑制，同时上下槽加大了饲养员的工作量。

第二，小围栏自由饲养。每个小围栏放若干头牛，自由采食、饮水、运动。由于牛的采食时间充足，饮水充分。并充分应用了牛的竞食性，因此能提高饲料利用率，充分发挥其生长发育的潜力，同时省人工（图11-24）。

图11-24　肉牛的散栏式饲养

图11-25　肉牛拴系饲养

第三，全天拴系饲养，自由采食和饮水，定时补料。这种方式省工、省场地、在同样饲料条件下，由于活动量减少到最低限度，提高日增重，如图11-25所示。

育肥中期也叫增体期，需60～90d。日粮中精饲料比例应从30％～40％，提高到40％～60％，粗饲料下降到60％～40％。日粮中能量水平提高，蛋白质水平下降，由13％～14％下降到11％～12％。精饲料给量3.5～4.5kg，粗饲料5.5～6.5kg，干物质采食量应逐渐达到体重的2.2％～2.5％。若是采用白酒糟或啤酒糟作粗饲料时，可适当减少精饲料的用量，日增重1.2kg左右。建议精料配方：玉米65％，大麦10％，麦麸14％，棉粕10％，添加剂1％，另外每头牛每天补加磷酸氢钙100g，食盐40g。

育肥后期也叫育肥期或肉质改善期，30～60d。此时日粮中能量浓度应进一步提高，蛋白质含量应进一步下降到9％～10％。精饲料比重提高到60％～70％，粗料下降到30％～40％。这时干物质水平应为体重的2.0％～2.4％，日增重为1.5kg左右。粗饲料应采取自由采食、计量不限量的方法饲喂，以牛吃饱为止。建议精料配方为：玉米75％，大麦10％，棉粕8％，麦麸6％，添加剂1％。另外每头牛每天加磷酸氢钙80g，食盐40g。

一般情况下，肉牛育肥3个月，体重达500kg左右就可以出栏了。

青年牛后期肥育，为了节约精饲料用量，可使用加工副产品（如甜菜渣）、干草、尿素和少量精饲或青贮（青草青贮或玉米青贮、干草、尿素和少量精饲料）。这种做法称为低精料型育肥。低精料型育肥是充分利用放牧条件或糟渣饲料、秸秆饲料及其他农副产品，少用精料，进行肉牛育肥。不追求过高的日增重，适当推迟出栏期限，料（精料）肉比一般在3：1以下，有的甚至达到1：1以下。这一技术充分利用当地的糟渣、饼粕类饲料及其他农副产品，符合我国国情，适合当前广大农村农户饲养肉牛（图11-26）。

案例：江西裕丰农牧有限公司

江西省高安市裕丰农牧有限公司是国家级肉牛标准化示范场和国家肉牛牦牛产业技术体系综合试验站，现有全封闭、半封闭栏舍约5000m²，年存栏牛960头，2011年出栏商品肉牛1560头。其肉牛育肥采取的主要措施如下。

图11-26 育肥肉牛用粗饲料

①选购适合的架子牛。从本省购进架子牛体重为100kg以上，品种主要是本地牛、杂交一代或杂交二代牛，育肥到550kg左右出栏。从吉林等外省购进的架子牛体重在250～350kg，饲养时间6～10个月，出栏体重为550～650kg。

②日粮组成多样化。主要为精料、青饲料、青贮饲料、豆渣、酒槽、醋槽以及农作物秸秆。

③实行分阶段饲养。架子牛购进后适应期饲养管理方式同上。育肥期分为育肥前期、育肥中期和强度催肥期。育肥前期（2个月），每日每头育肥牛日粮组成及参考饲喂量为：精饲喂量占体重的0.6％，青饲料8～10kg，啤酒糟1.5～2.5kg，豆渣1.5～2.5kg，酒糟4～5kg（自由采食）。育肥中期（5～6个月），每日每头育肥牛日粮组成及参考饲喂量为：精饲料采食量占体重的0.8％，切短的牧草20～25kg，酒糟4～5kg（自由采食），啤酒糟3～4kg，豆渣3～5kg。育肥后期（50～60d），每日每头育肥牛日粮参考饲喂量：精饲料占体重的比例由1％逐渐增加至1.5％以上，粗饲料逐渐减少。前10d粗料减少约1/3，当精料增加到占体重的1.2％～1.3％时，粗饲料减少约2/3。

④加强日常管理。采取单槽、先粗后精的饲喂方式，定人、定位、定槽、定时、定量给料，每天6：00～8：00，16：00～17：00分两次投喂。夏季每天上午喂料前将精饲料与糟渣类饲料混匀，冬季下午将精饲料与糟渣类饲料混匀，供下午和第二天上午两次饲喂。冬季门窗用帆布遮挡防寒，夏季舍内安装电风扇或风机加水喷雾降温。每天定时清扫牛床粪便2次。牛舍、牛床、牛槽每周消毒1次。夏季13～15d灭蚊蝇1次，2头牛共用1个水槽，自由饮水，冬季不能饮冰水。育肥牛每月称重1次。饲养人员注意观察牛的精神状况、采食、粪便等情况，发现异常及时报告和处理（图11-27、图11-28）。

图11-27 育肥牛舍通风设施

图11-28 育肥肉牛饲料配制

3. 肉用基础母牛的饲养管理

（1）育成期母牛的饲养管理

①育成期母牛的饲养　育成母牛是指从断奶（6月龄）到配种前的时期，也称为青年母牛。此时期主要目的是使母牛正常生长发育，尽早投入生产。育成母牛由于还没有投入生产，一般以粗饲料为主，补充少量精料即可，应使母牛日增重保持0.4～0.5kg以上。

在育成前期，由于牛的体躯较小，瘤胃还没完全发育成熟，采食量相对较小，对饲料的质量要求相对较高。粗饲料应以优质青干草为主，搭配部分青饲料。如果饲喂低质粗饲料，如小麦秸、玉米秸等，应补充一定量的混合精料。

育成后期，母牛的体躯已接近成年母牛，瘤胃机能完全发育成熟，采食量大，可以大量利用低质粗饲料。粗饲料应以作物秸秆为主，搭配部分青绿饲料。保证配种前母牛的体况在中等以上，忌过肥。

②育成期母牛的管理　育成母牛的管理应因地制宜，既可舍饲，也可放牧，还可采用放牧加舍饲；既可以白天放牧，晚上舍饲，也可春末秋初放牧，冬季舍饲；既可拴系饲养，也可散养。舍饲时应设立运动场，以保证育成母牛有充足的光照和运动，因为育成期母牛正处于身体生长发育旺盛的时期，充足的光照和适宜的运动可以促进其肌肉和各个器官的发育。同时每天要刷拭牛体1～2次，每次5～10min，以促进血液循环。

（2）空怀期母牛的饲养管理　对空怀母牛来讲，在农区舍饲条件下，饲喂低质粗饲料，应补充一定量的混合精料，日饲喂量为体重的0.5%～0.6%。在放牧条件下，夏秋季节一般不需补饲精饲料，也可以日补精料0.5kg。在冬春枯草季节，应进行补饲。冬季舍饲日喂秸秆或干草10～15kg，精料1kg，预混料0.1kg，有条件的喂青贮或半干青贮更好。补饲所用混合精料应根据不同母牛所需的营养需要配制，喂量根据牧草情况确定。喂牛要先粗后精，定时定量。

（3）妊娠期母牛的饲养管理　妊娠期的饲养管理，一是保证胎儿的健康发育；二是保持母牛一定的膘情。母牛妊娠期的饲养管理分为两个阶段，即妊娠前期和妊娠后期。

①妊娠前期饲养　妊娠前期一般是指从受胎到妊娠6个月之间的时期，此时期是胎儿各组织器官发生、形成的阶段，生长速度缓慢，对营养的需要量不大。

建议混合精料配方：玉米72.5%、饼粕类（大豆、花生、棉籽饼粕等）15%、麸皮8%、磷酸氢钙1.5%、食盐1%、常量、微量元素添加剂2%。混合精料日喂量1～1.5kg。

②妊娠后期饲养　母牛妊娠后期，胎儿的生长发育速度逐渐加快，到分娩前达到高峰，妊娠最后2个月，其增重即占胎儿总重量的75%以上，需要母体供给大量营养，精饲料补饲量应逐渐加大。同时，母体也需要贮存一定的营养物质，使母牛有一定的妊娠期增重，以保证产后的产奶量和正常发情。

建议混合精料配方：玉米73%、饼粕类12%、麸皮10%、磷酸氢钙2%、食盐1%、常量、微量元素添加剂2%。混合精料日喂量1.5～2kg。分娩前最后1周内精料喂量应减少一半。

（4）哺乳期母牛的饲养管理　哺乳期一般是指从分娩到犊牛断奶之间的时期，哺乳期饲养管理的目的是使母牛尽早产奶，达到并保持足够的泌乳量，以供犊牛生长发育的需要。

①产犊时期的饲养管理　母牛产犊后体力消耗很大，要给予 36～38℃ 的温水，水中加入麸皮 1～1.5kg，食盐 100～150g，调成稀粥状。饮麸皮水的目的是补充体内消耗的过多水分，维持母牛体内酸碱平衡，暖腹，增加腹压，帮助母牛恢复体力。采取多次供给。还可给予 0.25kg 红糖，200mL 益母草膏加适量温水饮用。

母牛分娩后，一要注意观察母牛的乳房、食欲、反刍和粪便，发现异常情况及时治疗；二要注意观察胎衣排出情况，如果胎衣排出，要仔细检查是否完整，胎衣完整排出后用 0.1% 的高锰酸钾消毒母牛阴部和臀部，以防细菌感染，发生子宫炎症。

②母牛分娩后两周内的饲养管理　母牛分娩后两周内体质仍然较弱，生理机能较差，饲养管理上应以恢复体质为主，不能使役。饲料要求适口性好、易消化吸收，以优质青干草为主，自由采食。产后 3d 内，一般饮用豆粕水较好，3d 以后，补充少量混合精料，精饲料最高喂量不能超过 2kg。在产后一周内，每天应饮温水。

③母牛分娩两周后的饲养管理　饲料喂量应随产奶量的增加逐渐增加，饲料要保证种类多样，日粮中粗蛋白含量不能低于 10%，同时供给充足的钙磷、微量元素和维生素。一般混合精料补饲量为 2～3kg，主要根据粗饲料的品质和母牛膘情确定。粗饲料质量要好，并大量饲喂青绿、多汁饲料，以保证泌乳需要和母牛产后及时发情。

④母牛分娩 3 个月后的饲养管理　泌乳量开始逐渐下降，妊娠母牛正处于妊娠早期，饲养上可逐步减少混合精料喂量，并通过综合管理措施，避免产奶量急剧下降。

对舍饲母牛，青粗饲料应少给勤添，饲喂次序采用先粗后精的饲喂方式。对放牧母牛，应尽量采用季节性产犊，最好早春产犊。根据草场质量和母牛膘情，确定夜间补饲粗饲料和精料的种类和数量。保证充足的饮水。

配合精料的建议配方为：玉米 55%～60%，饼粕类（大豆、花生饼粕等）25%～30%，麸皮 5%～10%，磷酸氢钙 2%，食盐 1.5%，添加剂 2%。

（5）成年母牛的饲养管理　成年母牛饲养管理的目标是达到全配全怀，全产全活，年产一胎，奶多犊壮。

①及时配种　肉用母牛在开始泌乳后的第 2.5 个月就应再次进行配种，否则很难保证每年一胎的产犊间隔。在生产实践中提倡进行"热配"，即在母牛产后的第 1 个情期或第 37d 左右便及时进行配种。

②注意保胎　妊娠母牛应严禁误配、打骂、角斗、挤撞、粗鲁直肠检查、剧烈运动、过度使役、猛饮凉水、错误用药、乱打疫苗和饲喂有毒有害发霉变质的饲料。酒糟限量饲喂，以防酒精累积中毒而引起死胎或流产。

③做好接产工作　一是要做好产前准备工作，即提前准备好分娩栏、褥草、药械和人员，将牛提前牵在分娩栏内，临产时消毒后躯；二是要做好助产工作，即正常分娩时应给以助产，异常分娩时，应先校正胎位，再给以助产；三是要做好产后母牛护理工作，即及时清洗消毒后躯，及时饮温盐水红糖麸皮汤。该汤能起到暖腹、充饥、增加腹压、补充体内水分损失的作用。其配法是：温水 10kg，麦麸 0.5kg，食盐 50g，红糖 250g，搅拌均匀，饲喂。

④妥善处理胎衣　母牛胎衣排出后应立即取走，以防母牛吃掉，引起消化不良。若胎衣产后 1d 还排不出来，要进行治疗，如注射催产素、缩宫素等。

⑤护理好乳房　一是要每天进行按摩，二是要防止犊牛吃偏，三是要防止刮破，四是

要经常清洗，五是要防止发生乳房炎。若乳房有病，乳汁不正常，则应及时进行治疗。

⑥加强泌乳前期的饲养。母牛的泌乳期或哺乳犊牛期为 6 个月，在泌乳期，特别是在泌乳期的前 70d，由于母牛一方面经过 9.5 个月的妊娠及其分娩身体消耗已经很大，需要尽快恢复；另一方面要给犊牛提供大量的乳汁，以便保证奶足犊壮，因而，其对营养的要求很高，已进入到了母牛在一年当中的第一个饲养高峰期。要求日粮给量要最多、营养要最好，消化率要最高，适口性要最佳。通常，其日粮给量和营养要比干奶时（妊娠 3.5 个月）高 30％左右。为了达到奶足犊壮，此期应对母牛进行催奶。催奶可选用以下方法：

海带催奶：海带 500g，猪油 200g，加水煮成汤，凉后喂牛，每隔 3d 一次，连喂 4 次，同时给牛喂足青绿饲料。

豆浆催奶：黄豆 500g，水中泡涨，磨浆，煮熟，凉后饮牛，每天 2 次，连饮 10d。

蜂蜜催奶：蜂蜜 500g，鸡蛋清 4 个，混匀，给牛灌服，每天 1 次，连服 3d。

⑦加强妊娠后期的饲养　母牛的妊娠期为 9.5 个月，在妊娠期，特别是在妊娠期的后 1 个月，由于母牛一方面需要给胎儿提供大量的营养物质，另一方面要为产后泌乳奠定物质基础，因而，其对营养的要求也很高，已进入母牛在一年当中的第二个饲养高峰期。要求日粮给量要增加，营养要全面。通常，其日粮给量和营养要比干奶时（妊娠 3.5 个月）高 15％左右。

⑧防止难产　一是要加强运动，二是要防止过肥，三是要选好品种。当地黄牛品种一般难产率低，而用大型肉牛品种给当地黄牛品种杂交时难产率高，因而在杂交时，一定要选好杂交组合，要求父本体格不可比母本体格过大。如用中等体格的黑安格斯牛或红安格斯牛给当地黄牛杂交．难产率低；而用大体格的德国黄牛或利木赞牛给当地黄牛杂交，难产率高。

案例：吉林坤成牧业有限公司犊牛、母牛管理

吉林坤成牧业有限公司牛场，设有独立的部门，专门负责母牛围产期、接产以及犊牛的饲养管理工作。所有岗位（如接产、产后监护等）都有专人负责。产房接产人员 3 班轮换，产犊少时 1 人/班，高峰期 2 人/班，保证时时监控产犊过程，及时为新产犊牛灌服初乳。对围产后期牛舍，由专职兽医每天进行 5 次巡视（3 次喂料时是最佳巡视时间），1 次体温监测，及时发现有问题的牛。应用围产期母牛饲养管理技术，全场围产期母牛生产 312 胎（次），安全产犊率 99％，犊牛成活率达到 95.82％，乳房炎发病率 0.64％，无胎衣不下和产后瘫痪案例（图 11-29）。

图 11-29　母牛与犊牛

第十二章
养殖场（区）的环境控制技术

第一节 养殖场（区）畜舍的环境要求

一、对牛场环境的要求

养牛场应选择地势高燥，距交通主干道在 300m 以上，距村庄、居民点 500m 以上的地方建设。应建在当地主风向的下风处，径流下游的位置，须远离居民点污水排出口，更要远离化工厂、屠宰厂及制革厂等。养殖场宜分区规划，建筑布局应科学合理。

1. 分区规划 按养牛场经营方式和集约化程度，场内布局一般分管理区、辅助区、生产区、畜粪处理区、病牛隔离区等 5 个区。

（1）管理区 为全场生产指挥、对外联系等管理部门。管理区应设在生产区的上风处，并与生产区严格隔离。同时该区有时也是职工和家属常年生活休息的场所。

（2）辅助区 为全场饲料调制、贮存、加工、设备维修等部门。辅助区设在管理区与生产区之间，其面积可按要求来决定。

（3）生产区 是牛场的核心，（奶牛舍和肉牛舍）主要包括成年牛舍、妊娠后期（干奶）牛舍、产牛舍、育成牛舍、犊牛舍、挤奶台或管道挤奶附属设备用房。

（4）畜粪处理区 畜粪处理要设在生产区的下风处，并尽可能远离牛舍。

（5）病牛隔离区 病牛隔离区必须远离生产区，四周砌围墙，设小门出入，出入口建消毒池、专用粪尿池，严格控制病牛与外界接触，以免病原体扩散（图 12-1）。

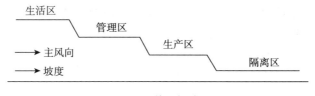

图 12-1 养殖场分区

2. 建筑物布局

（1）布局原则 各建筑物在功能关系上应建立最佳联系：在保障卫生防疫、防火、采光、通风前提下、要有一定卫生间隔，供电、供水、饲料运送、挤奶时奶牛行走路线应尽量缩短；功能相同的建筑物应尽量靠近集中。

（2）布局要求 牛舍应平行整齐排列，两墙端之间距离应少于15m，配置牛舍及其他房舍时，应考虑便于给料、给草、运牛、运奶和运粪，以及适应机械化操作的要求。

数栋牛舍排列时，每栋前后距离应视饲养头数所占运动场面积大小来确定。如成年奶牛每头不少于 20m²；青年牛和育成牛不少于 15m²；犊牛不少于 8～10m²。

（3）牛舍布局　牛舍布局应周密考虑，要根据牛场全盘的规划来安排。确定牛舍的位置，还应根据当地主要风向而定，避免冬季寒风的侵袭，保证夏季凉爽。一般牛舍要安置在与主风向平行的下风头的位置。北方建牛舍需要注意冬季防寒保暖；南方则应注意防暑和防潮。确定牛舍方位时还要注意自然采光，让牛舍能有充足的阳光照射。北方建牛舍应坐北朝南（或东南方向），或是坐西朝东，但均应依当地地势和主风向等因素而定。牛舍还要高于贮粪池、运动场、污水排泄通道。为了便于工作，可依坡度由高向低依次设置饲料仓库、饲料调制室、牛舍、贮粪池等，这既可方便运输，又能防止污染（图 12-2）。

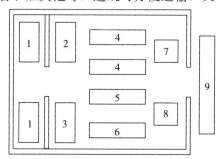

图 12-2　舍饲牛场建筑物布局
1. 行政管理　2. 奶库　3. 饲料加工　4. 成牛舍　5. 后备牛舍
6. 产房　7. 人工授精室　8. 兽医室与病牛室　9. 粪尿污水处理

3. 牛舍建筑结构要求

（1）地基　土地坚实，干燥，可利用天然的地基。若是疏松的黏土，需用石块或砖砌好地基并高出地面，地基深 80～100cm。地基与墙壁之间最好要有油毡绝缘防潮层。

（2）墙壁　砖墙厚 50～75cm。从地面算起，应抹 100cm 高的石块。在农村也可用土坯墙、土打墙等，但从地面算起应砌 100cm 高的石块。土墙造价低，投资少，但不耐久。

（3）顶棚　北防寒冷地区，顶棚应用导热性低和保温性能好的材料。顶棚距地面为 350～380cm；南方则要求防暑、防雨并通风良好。

（4）屋檐　屋檐距地面为 280～320cm。屋檐和顶棚太高，不利于保温；过低则影响舍内光照和通风。可视各地最高温度和最低温度等而定。

（5）门与窗　牛舍的大门应坚实牢固，宽 200～250cm，不用门槛，最好设置推拉门。一般南窗应较多、较大（100～120cm），北窗则宜少、较小（80～100cm）。牛台内的阳光照射量受牛舍的方向，窗户的形式、大小、位置、反射面积的影响，所以应根据具体情况而定。光照系数为 1：（12～14）。窗台距地而高度为 120～140m。

4. 牛床　一般肉乳兼用牛床长 170～190cm，每个床位宽 110～120cm，本地牛和肉用牛的牛床可适当小些，床长 170～180cm，宽 116cm。肉牛肥育期因是群饲，所以牛床面积可适当小些，或用通槽；牛床坡度为 1.5%，前高后低。牛床类型有下列几种：

（1）水泥及石质牛床　其导热性好，比较硬，造价高，但清洗和消毒方便。

（2）沥青牛床　保温性好并有弹性，不渗水，易消毒，遇水容易变滑，修建时应掺入煤渣或粗沙。

（3）砖牛床　用砖砌，用石灰或水泥抹缝（图 12-3）。导热性好，硬度较高。

图 12-3 砖牛床

（4）木质牛床 导热性差，容易保温、有弹性且易清扫，但容易腐烂，不易消毒，造价也高。

（5）土质牛床 将土铲平，夯实，上面铺一层砂石或碎砖块，然后再铺一层三合土，夯实即可。这种牛床能就地取材，造价低，并具有弹性，保温性好，并能护蹄。

二、对畜舍的空间要求

修建牛舍的目的是为了给牛创造适宜的生活环境，保障牛的健康和生产的正常运行。花较少的资金、饲料、能源和劳力，获得更多的畜产品和较高的经济效益。各生理阶段牛只是否拥有适宜的空间直接关系到牛只的健康水平、生长发育状况和动物福利水平。通常空间要求主要包括畜舍及运动场。且不同品种、年龄的牛只对空间的要求有所不同。

1. 畜舍设计原则 畜舍设计是环境控制和管理的基础。设计畜舍的目的是为家畜提供适宜的环境条件，以保证家畜的健康和养殖场的经济效益。畜舍设计应遵从下列原则：

（1）根据当地的气候特点和生产要求选择畜舍类型和构造方案 牛舍应建造在牛场内生产区的中心，处于下风向。为了便于饲养管理．尽可能地缩短运输路线。当修建数栋牛舍时，应坐北朝南，采用长轴平等配置，以利于采光、防风和保温。

（2）应尽可能采用科学合理的生产工艺 在节约用地的同时，保证一定的活动空间。当牛舍超过 4 栋时，可两行并列配置，前后左右对齐，两牛舍和育成牛舍，分类排列。牛舍内主要设施有牛床（图 12-4）、饲槽、粪尿沟、饮水装置（彩图 13）等。

图 12-4 牛床

（3）在满足生产要求的情况下，应注意降低生产成本。

总之，畜舍设计时，在保证动物适宜的生活环境的基础上，做到经济合理，切实可行。

2. 畜舍类型　充分了解畜舍建筑类型的结构特点和使用范围，是保障适宜环境的一个重要环节。目前，我国畜舍类型主要根据畜舍的封闭程度分为封闭式畜舍、半开放式畜舍、开放式畜舍。

（1）封闭式畜舍

①封闭式畜舍的特点　封闭式牛舍由屋顶、围墙以及地面构成的全封闭式畜舍（图12-5、图12-6）。依靠门、窗进行通风换气。便于人工控制舍内环境。总的来说，封闭式牛舍隔热保温效果好，但通风换气效果较差。

图 12-5　全封闭式牛舍（1）　　　　图 12-6　全封闭式牛舍（2）

②封闭式畜舍的使用范围　封闭式牛舍一般在寒冷的北方较常见，但对于河南省来说，却很少见。

（2）半开放式畜舍

①半开放式畜舍的特点　半开放式牛舍三面有墙，一面仅有半截墙。这类畜舍的敞开部分在冬天可以用挡风材料进行遮挡成封闭舍，因此保暖效果要好于开放式畜舍。并且半开放式畜舍具有一定的隔热能力，其通风换气效果要好于封闭式畜舍。

②半开放式畜舍的使用范围　半开放舍和开放舍畜舍跨度较小，仅适用于小型养殖场，温暖地区可以作成年畜舍，炎热地区可作产房、幼畜舍（图12-7与彩图14）。

（3）开放式畜舍

①开放畜舍的特点　开放畜舍是指四面无墙的畜舍，或者也可以叫做棚舍。其结构简单，造价低廉，自然通风和采光好，但保温性能差。

②开放式畜舍的使用范围　开放式牛舍适宜用于炎热地区动物的生产，但须做好棚顶的隔热设计（图12-8与彩图15）。

图 12-7　半钟楼式牛舍

图 12-8 开放式畜舍

选择畜舍类型时，一定要根据养殖场的实际条件，如地理位置、气候特点、养殖规模、养殖场性质等来选择。在必要时，对现有畜舍类型进行适当的改造。

3. 奶牛舍

（1）成年奶牛舍（散栏式） 散栏饲养，牛只可以自由采食、饮水、活动、休息。因此牛只在这种饲养模式下更加舒适。奶牛散栏式牛舍分为采食区、休息区和游走区。一般情况，散栏式牛舍的面积要小于拴系式牛舍。一般每头奶牛所占奶牛舍的平均面积为 $3\sim5m^2$。

①牛床 奶牛没有固定的床位，散栏式牛床应保证一定长度，使奶牛能舒适地躺卧和起立。但也不能过长，以免粪尿落入牛走道中。

散栏式牛床一般较通道高 $15\sim25cm$，边缘呈弧形，常用垫草的牛床可以比床边缘低 10cm 左右，以便用铺垫物将之垫平。其具体尺寸参数可参考表 12-1。

表 12-1 散栏式牛床尺寸

活重/kg	月龄	牛床宽/cm	牛床长/cm
育成牛			
90～200	3～8	70	140
180～300	8～12	75	150
275～385	12～16	85	170
360～475	16～22	100	200
450～570	22～26	115	225
母牛、青年牛			
360（平均）		102	210
450（平均）		110	220
545（平均）		115	235
630 以上		120	245

②隔栏　牛床的侧隔栏由 2～4 根横杆组成，顶端横杆高一般为 110～120cm，底端横栏与牛床地面的间隔以 28cm 为宜。牛床的前隔栏应根据不同地区的气候条件进行设计。炎热地区应考虑尽可能通风，寒冷地区要考虑挡风。一般室内前隔栏的高度为 130cm 左右，室外的则视上顶的高度而定。

③饲喂空间　不同年龄的奶牛，需要的饲喂空间不同。应根据饲养数量和年龄来确定饲槽的长度。其不同年龄奶牛所需最低饲喂空间可参考表 12-2。

表 12-2　不同年龄奶牛所需最低饲喂空间

单位：cm

饲养方式	月龄					
	3～4	5～8	9～12	13～15	1～24	成奶牛
自由采食						
干草或青贮	10	10	13	15	15	15
混合日粮或精料	30	30	38	46	46	46
同时采食						
干草、青贮或混合日粮	30	46	56	66	66	66～67

④饲料通道　饲料通道宽度视饲喂工具而定，如果采用小推车喂料，在两列对头式散栏牛舍其宽度为 2.4m，采用机械喂料，其宽度则需 4.8～5.4m。

⑤走道　散栏式牛舍走道较宽，一般为 3m，是奶牛游走的场所，并且能允许拖拉机带刮板扫除粪便（图 12-9、图 12-10）。

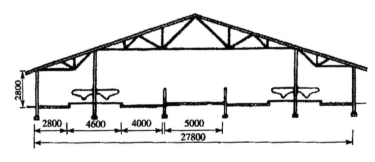

图 12-9　四列对头散栏（单位：mm）

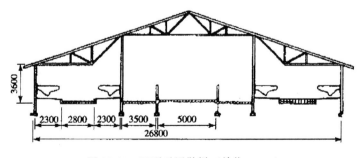

图 12-10　四列对尾散栏（单位：mm）

（2）育成牛舍 育成牛舍饲养 16 月龄以内的育成牛。这种牛舍要求简单，没有什么生产上的特殊要求，育成牛一般为散养。其牛舍结构与散栏成年牛舍的相同，只是牛舍所占的面积小，一般为 3m²。

（3）青年牛舍 青年牛舍饲养 17 月龄至分娩前的青年牛，其牛舍结构和散养成年奶牛舍结构相同。其牛床尺寸和饲喂空间可参考表 12-1、表 12-2。

（4）犊牛舍

①保育室 保育室专供饲养出生 0～7 日龄的犊牛。保育室活动犊牛栏的长度为 1.1～1.4m，宽 0.8～1.2m，高 0.9～1.0m，栏底距地面的距离为 15～20cm。此外，保育室要求阳光充足，有取暖措施，环境适宜。

②犊牛笼 在国内也称为犊牛栏。7 日龄至 2 月龄的犊牛采用犊牛笼单个饲养。犊牛笼由长方形的木材制成，四周栏柜用结实的五合板制成。在犊牛笼的栏底铺垫草，牛栏上吊灯泡供取暖。犊牛笼的设计尺寸详见表 12-3、表 12-4。

表 12-3 犊牛栏的尺寸

	体重＜60kg	体重＞60kg
每栏推荐面积/m²	1.70	2.00
每栏面积/（至少，m²）	1.20	1.40
栏长/（至少，m）	1.20	1.40
栏宽/（至少，m）	1.00	1.00
栏高/（至少，m）	1.00	1.00

表 12-4 犊牛笼配制的饲槽和饮水槽尺寸

	体重＜60kg	体重＞60kg
饲喂器具宽/m	1.70	2.00
饲喂器具底离地高/cm	1.20	1.40
饲喂器具上缘离地高/cm	1.20	1.40
饲喂器具容量/（至少，L）	1.00	1.00
奶嘴高/cm	1.00	1.00

③犊牛岛 犊牛岛是饲养犊牛的一种良好方式，常见的犊牛岛长、宽、高分别为 2.0m、1.5m 和 2.5m。在犊牛岛内铺上稻草、锯末等垫料，以保持干燥和清洁。此外，在犊牛岛的南面设运动场，运动场的直径为 1.0～2.0m。用钢管围成栅栏状，栅栏间距为 8～10cm，围栏前设哺乳桶和干草架（图 12-11）。

此外，除了单栏的犊牛岛，还有群居式犊牛岛，一般将 2～6 头犊牛在一个犊牛岛中饲养，犊牛岛和运动场的面积根据犊牛数量进行调整，如 4 头规模的群居式犊牛岛室内面积为 10m²，运动场面积为 10～15m²。

（5）分娩牛舍 分娩牛舍也称产房，为方便出生犊牛哺喂初乳，一般产房和保育室在一起。产房根据牛只的大小确定建筑规格，通常有单列式和双列式两种。产房内产床的长度为 1.9～2.5m，宽度为 1.2～1.5m，颈枷高为 1.5m 左右。产房的粪沟不宜深，约 8cm 即可，且每个床位都要有保定栏。

图 12-11　荷兰犊牛岛

4. 肉牛舍

（1）**肉牛舍空间要求**　保证肉牛足够的饲养空间，对肉牛健康和生产优质牛肉都起着重要的作用。保证其足够的空间主要包括牛场占地面积、牛床、饲槽、水槽、饲料通道、粪沟的尺寸等。

①牛场面积　每头牛所占用的建筑面积为 $6\sim8m^2$，每头牛占地面积为 $20\sim30m^2$。

②牛床　根据不同生理阶段，设计牛床规格，其具体尺寸参数可参考表 12-5。

表 12-5　肉牛舍牛床的尺寸

牛别	床长/m	床宽/m	坡度/%
繁殖母牛	1.60～1.80	1.00～1.20	1.0～1.5
犊牛	1.20～1.30	0.60～0.80	1.0～1.5
架子牛	1.40～1.60	0.90～1.00	1.0～1.5
育肥牛	1.60～1.80	1.00～1.20	1.0～1.5
分娩母牛	1.80～2.20	1.20～1.50	1.0～1.5

③饲槽和水槽　肉牛舍多为群饲通槽喂养或拴系通槽喂养，为了饲喂方便，一般将饲槽和水槽建在一起，其规格见表 12-6。

表 12-6　肉牛饲槽与饮水槽的尺寸

项目	牛别	槽内长/m	槽内宽/m	槽外高/m	槽内高/m
饲槽	成年牛	1.00～1.20	0.40～0.60	0.5	0.25～0.30
	育成牛	0.90～1.00	0.40～0.50	0.30～0.40	
	犊牛	0.70～0.80	0.30～0.40	0.30～0.40	
水槽	成年牛	1.00～1.20	0.20～0.30		
	育成牛	0.80～1.00	0.20～0.30		
	犊牛	0.70～0.80	0.20～0.30		

④饲料通道　单列式牛舍通道位于饲槽与墙壁之间，人工饲喂方式下通道宽度为

1.30～1.50m，机械饲喂方式下通道宽度为 2.5～3.0m；双列式牛舍通道位于两饲槽之间，人工饲喂方式下通道宽度为 1.30～1.50m，机械饲喂方式下通道宽度为 2.5～3.0m。

⑤粪沟　肉牛舍内一般粪沟宽 0.25～0.30m，深 0.10～0.15m。

（2）建造牛舍要求　建造肉牛舍应因陋就简，就地取材，经久耐用。北方地区要求能保暖防寒，南方地区要求通风防暑。

①牛栏舍　牛舍宽 12.2m，长可视养牛数量和地势而定。牛舍可盖一层，也可以盖两层，上层作贮干草或垫草用。饲槽可沿中间通道装置，草架侧沿墙壁装置。这种牛舍饲喂架子牛（育肥牛）最合适，若喂母牛、犊牛则必须装牛栏。此种牛舍造价稍高，但保暖、防寒性好，适应于北方地区采用。

②牛棚舍　即中央部分存放饲草，两侧棚舍用以喂牛。此种牛舍造价低，经济适用。牛舍宽一般为 18m，中央堆放干草部分为 5.5m。各地可根据当地实际情况调整宽度。南方气温高，两侧棚舍可敞开。

③肉牛棚　此种牛棚结构简单，造价低，适用于冬季不太寒冷的南方各省。棚舍宽度为 11m，最少也不能低于 8m。棚舍长度则以牛的数量而定。

④多用途牛舍　可用于喂肉牛和奶牛（图 12-12）。

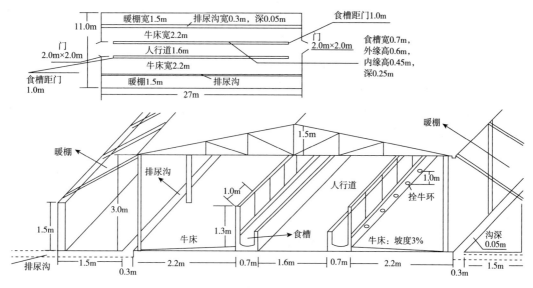

图 12-12　塑料暖棚牛舍

三、运动场

1. 奶牛运动场　奶牛运动场面积按成年乳牛每头 25～30m²、青年牛每头 20～25m²、育成牛每头 15m²～20m²、犊牛每头 8～10m² 为宜。运动场按 50～100 头的规模用围栏划分成小区域（彩图16）。

2. 肉牛运动场　为了提高育肥牛的经济效益，通常要限制育肥牛的运动，育肥牛饲喂后拴系在运动场的固定柱上休息，可按每头牛 10m² 设计。围栏饲养的肉牛场，各阶段牛的占地面积分别为：成年牛 15～20m²，育成牛 10～15m²，犊牛 5～10m²。

3. 运动场上的水槽　运动场上的饮水槽长按每头牛 0.2～0.3m，宽 0.8～0.9m，内缘高 0.6m，外缘高 0.8m，槽深 0.4～0.5m。要保证供水充足、新鲜、卫生。

第二节　舍饲的环境要求

营造适宜的生活环境是肉牛和奶牛养殖的又一重要环节。这些环境因素主要包括温度、相对湿度、气流、空气质量等。生产实践中，畜舍环境控制主要包括畜舍夏季防暑降温，冬季防寒保暖以及畜舍的通风换气。

河南位于北纬 31°23′～36°22′，东经 110°21′～116°39′之间，属暖温带—亚热带、湿润—半湿润季风气候。一般特点是冬季寒冷雨雪少，春季干旱风沙多，夏季炎热雨丰沛，秋季晴和日照足。全省年平均气温一般在 12～16℃，1 月−3～3℃，7 月 24～29℃，大体东高西低，南高北低，山地与平原间差异比较明显。气温年较差、日较差均较大，极端最低气温−21.7℃（1951 年 1 月 12 日，安阳）；极端最高气温 44.2℃（1966 年 6 月 20 日，洛阳）。全年无霜期从北往南为 180～240d。年平均降水量为 500～900mm，南部及西部山地较多，大别山区可达 1100mm 以上。全年降水的 50%集中在夏季，常有暴雨。

进行畜舍环境控制时，应结合本地气候条件和牛只生理特点，制订出适合自身的环境控制方案。

一、不同牛只对畜舍小气候的要求

牛属于怕热耐寒型动物，一般来说，牛不能耐受高于体温 5℃的环境温度，但能耐受低于其体温 20～60℃的温度范围。牛对空气湿度的适应性要受温度的影响，高温环境对牛是不利的，而凉爽的环境适宜于牛只发挥其最大的生产力。此外，不同品种，年龄的牛只的生理特点有所不同，对环境的要求也有所差别。下面是不同牛只对环境温度、湿度、气流及空气质量的要求。

1. 温度　牛通过自身的体温调节保持最适的体温范围以适应外界的环境。在等热区内，牛最为舒适健康，生产性能最高，饲养成本最低。不同品种及生理阶段的牛对环境的要求不同，详见表 12-7。

表 12-7　不同奶牛、肉牛舍内适宜温度、最高温度和最低温度

单位：℃

牛舍	最适宜温度	最低温度	最高温度
奶牛			
成母牛舍	9～17	2～6	25～27
犊牛舍	10～18	4	25～27
产房	15	10～12	25～27
哺乳犊牛舍	12～15	3～6	25～27
肉牛			
犊牛	13～25	5	30～32
育肥牛	4～20	−10	32
育肥阉牛	10～20	−10	30

2. 相对湿度 空气湿度对牛体机能的影响主要通过水分蒸发影响牛体热的散发。尤其对于高温或低温等极端天气，湿度升高将加剧高温或低温对牛生产性能的不良影响。

对于肉牛和奶牛来说，畜舍环境的相对湿度应在56%～80%，不宜超过85%。

3. 气流 气流对牛的主要作用是使皮肤热量散发。在一定范围内，对流速度越大，牛体散热也越多。此外，气流还可以改善畜舍内的空气质量。一般在低温时（小于10℃），气流速度在0.1～0.25m/s，高温时，气流速度在0.5～1.0m/s（表12-8）。

表12-8 牛舍标准温度、湿度和风速参数

舍别	温度/℃	相对湿度/%	风速/（m/s）
奶牛舍	10	80	0.3
保育舍	20	70	0.2

4. 空气质量 畜舍内空气质量与牛只健康水密切相关。其主要有害气体为二氧化碳、氨、硫化氢、一氧化碳。其牛舍中有害气体标准见表12-9。

表12-9 牛舍中有害气体标准

牛舍类别	二氧化碳/%	氨/（mg/m³）	硫化氢/（mg/m³）	一氧化碳/（mg/m³）
成年牛舍	0.25	20	10	20
犊牛舍	0.15～0.25	10～15	5～10	5～15
育肥牛舍	0.25	20	10	20

5. 噪声 奶牛舍内的噪声能影响奶牛的繁殖、生长、增重和生产力，并能改变奶牛的行为。据报道，110～115dB的噪声，会使乳牛产乳量下降10%，个别牛在90～110dB的噪声下产奶量下降30%，同时会发生流产、早产现象（表12-10）。

表12-10 噪声以人的感觉分级

噪声/dB	人的感觉	噪声/dB	人的感觉
0～20	很安静	80～100	很吵闹
20～40	安静	100～120	难忍受
40～60	一般	120～140	很痛苦
60～80	吵闹		

目前生产中常在房间表面装吸声材料，一类是多孔材料，如玻璃棉、泡沫塑料等。另一类是共振吸声结构；或装消声器，如微孔板消声器，使用效果好；或采用隔声罩；或在扳动源及其基础间，安装弹性隔振结构，如装减振器等；或用白桦树和松林带间种数行效果最好。牛场选址远离噪声源。

二、畜舍环境管理

1. 畜舍的防暑与降温 牛属于耐寒怕热型动物。且河南地区夏季炎热，近两年最高温度到达40℃以上，因此对畜舍进行防暑降温是非常重要的。

（1）畜舍的隔热设计 在高温季节，导致舍内过热的原因是，一方面大气温度高、太阳辐射强烈，畜舍外部的热量进入畜舍内，另一方面家畜自身产生的热量。通过空气对流和辐射散失量减少，热量在畜舍内大量积累。因此，通过加强屋顶、墙壁等外围护结构的隔热设计，可以有效防止或减弱太阳辐射热和高气温综合效应所引起的舍内温度升高。

建造畜舍时，应选择导热系数小、热阻较大的建筑材料作为屋顶以加强隔热。但单一材料往往不能有效隔热，必须从结构上综合几种材料的特点，以形成较大热阻达到良好隔热的效果。确定屋顶隔热的原则是：屋面的最下层铺设导热系数较小的材料，中间层为蓄热系数较大材料，最上层是导热系数大的建筑材料。

此外，对于有运动场的牛场，在运动场上方约 5.0m 的高度处搭建遮阳棚。遮阳棚建成东西走向，棚顶材料可选用不同透光度、隔热性能好的遮阳膜，顶棚要建成倾斜式以利于空气流通（彩图 17、彩图 18）。

（2）畜舍的防暑降温措施

①喷淋吹风降温法　目前，喷淋与吹风相结合的降温方式在日常生产中最常见。此降温方法要求牛舍内安装风扇和喷淋装置。风扇安装高度以距牛背 2m，与地面呈 20°～30°坡度为宜，每隔 1m 或 10m 分别安装 1 个直径 0.1m 或 1m 的风扇。此外，风扇的功率要适当，使牛体上方风速保持 30～90m/min 为佳。距牛背上方约 1.5m 高度处安装喷淋装置，喷孔及压力调整以喷出小水滴、瞬间可打湿皮肤而水不会聚集成滴流下为宜。需要注意的是喷淋地面最好是水泥地面，并且喷淋不能污染日粮（彩图 19）。

间歇性喷淋吹风可将程序设置为 50min 一周期，每个周期内喷 5min，吹 50min。每天具体操作时间可根据畜舍内温湿度来确定，一般当畜舍内温湿指数（THI）＞78 时，启动喷淋吹风装置（图 12-13 与彩图 20）。

图 12-13　牛舍喷淋降温设备

②湿帘降温法　湿帘降温是畜舍环境调控的另一种方法，当畜舍采用负压式通风系统时，可使用湿帘进行降温。将湿帘安装在通风系统的进气口，空气通过不断淋水的蜂窝状湿帘降低温度（图 12-14）。建议有效的启动时间段根据畜舍内温湿度来确定，一般当畜舍内温湿指数（THI）＞78 时，启动此装置。

③机械制冷法　机械制冷是根据物质状态在变化过程中吸热和散热原理设计而成。贮存在高压密闭循环管中的液态制冷剂，在冷却室中汽化，吸收大量热量，然后在制冷室外又被压缩为液态而释放出热量，实现了热能转移而降温。由于这种降温方式不会导致空气中水分的增减，故和干冰直接降温一起又统称为"干式冷却"。用机械制冷法降温效果最好，但成本很高。

图 12-14 夏季牛舍降温设备——湿帘、风机

④养殖场绿化 在牛场外围以及畜舍之间种植树木、花草，不仅可以减少太阳辐射，而且可以有效改善畜舍小环境。

2. 畜舍保温防寒

（1）畜舍的保温设计

①在畜舍外围护结构中，散失热量最多的是屋顶与天棚，其次是墙壁、地面。为了充分利用家畜代谢产生的热能，加强屋顶的保温设计，对减少热量散失具有十分重要的意义。

天棚是一种重要的防寒保温结构，它的作用在于在屋顶与畜舍空间之间形成一个不流动的封闭空气间层，减少了热量从屋顶的散失，对畜舍保温起到重要作用。如在天棚设置保温层（炉灰、锯末等）是加大屋顶热阻值的有效措施。

屋顶和天棚的结构必须封闭，不透气。透气不仅会破坏空气缓冲层的稳定，降低天棚的保温性能，而且水汽侵入会使保温层变潮或在屋顶下挂霜、结冰。这不但增强了导热性，而且对建筑物有破坏作用。目前用于天棚的合成材料有玻璃棉，聚丙乙烯泡沫塑料、聚氨酯板等。

②根据应有的热工指标，通过选择导热系数最小的材料，确定最合理的隔热结构和精心施工，就可能提高畜舍墙壁的保温能力。如选空心砖代替普通红砖，墙的热阻值可提高41%。而用加气混凝土块，则热阻可提高 6 倍。采用空心墙体或在空心中充填隔热材料，也会大大提高墙的热阻值。

③在受寒风侵袭的北侧、西侧墙应少设窗门，并注意对北墙和西墙加强保温，以及在外门加门斗、设双层窗或临近冬天时加塑料薄膜、窗帘等。

④水泥地面具有坚固、耐久和不透水等优良特点，但水泥地面又硬又冷，在寒冷地区对家畜不利，因此，最好在牛床上方加铺木板、垫草或厩垫。

⑤畜舍形式与保温有密切的关系，在热工学设计相同的情况下，大跨度畜舍、圆形畜舍的外围护结构的面积相对比小型畜舍、小跨度畜舍小。所以，大跨度畜舍和圆形畜舍通过外围护结构的总散失热量也小，所用建筑材料也省。

⑥常用的供暖设备有热风炉式空气加热器、暖风机式空气加热器、太阳能式空气加热器、电热保温伞、电热地板等。由于奶牛与肉牛属于怕热耐寒型动物，加上河南冬季一般最低气温在−10℃左右，所以一般牛舍内不需要安装这些供暖设备。

（2）防寒保暖的管理措施

①在不影响饲养管理及牛舍内卫生状况的前提下，适当增加舍内畜禽的饲养密度。

②采取一切措施防止舍内潮湿是间接保温的有效方法。

③在牛床上方铺垫草垫可改善冷硬地面的温热状况，尤其对于产房内的牛床，冬季必须铺垫干草。

④入冬前对畜舍进行维修，做好越冬御寒准备工作，包括封门、封窗、设挡风屏障、堵塞屋顶缝隙、孔洞等。

案例：暖棚饲养肉牛

我国北方地区冬季寒冷，外界气温常常降至—10℃以下，造成牛体热散失量大，既浪费饲料，又不上膘，素有"一年养畜半年长"的说法。研究表明：在饲喂相同饲料的情况下，经过140d的饲养对比，在暖棚内饲养的肉牛平均日增重0.73kg，而在一般牛舍饲养的肉牛平均日增重只有0.31kg，前者多增重0.43kg，每头肉牛可以增加收入476元，两者差异极显著。

3. 畜舍通风换气　畜舍通风换气是畜舍环境控制的一个重要手段，其主要作用包括排出畜舍内多余的水汽，保证畜舍相对湿度；维持适宜的畜舍温度以及减少畜舍内有害气体、微生物、灰尘的含量。

（1）通风设计　夏季通风的目的在于排出畜舍的热量和水汽，减少牛只的热应激。冬季通风主要改善畜舍空气质量，但应注意，冬季温度较低，通风时注意通风方式和通风量。此外，通风换气的方式包括自然通风和机械通风。

①自然通风　开放舍和半开放舍以自然通风为主，炎热的夏季辅以机械通风。

②机械通风　机械通风也叫人工通风，它不受气温和气压的影响，能均衡的发挥作用。生产中，常用的通风装置是风扇、换气扇等。

（2）管理措施

①根据气候状况来确定畜舍通风量，夏季应尽可能加大通风量，冬季在保证换气基础上尽量减少通风量。

②采用机械通风时，应定期对通风装置检查，并安装安全罩，以防鸟兽侵入。

第三节　粪污处理

粪便和冲圈粪水是牛场粪污的两个主要来源，且产生量大，含有大量未吸收的有机物，处理不好就会污染大气、土壤、水体等环境，处理好了则能变废为宝，节约资源。牛场管理者应该本着减量化、无害化、资源化的原则管理牛场粪污，有责任把所有粪污控制在牛场范围内，不对环境造成污染。粪污的管理系统包括粪污的收集、贮存、运输、处理、利用等多个部分，每个部分的功能实现可有多种选择方案，牛场管理者可以根据牛场的实际情况进行选择。推行"干湿分离，雨污分流"的粪污管理技术。

一、粪污收集、运输、贮存

粪污收集原则是当天产生的粪便、尿和污水当天清走，清出的粪污及时运至贮存场所或者处理场所。肉牛只要收集牛舍内的粪污，奶牛除了收集牛舍内的，还要收集运动场、候挤区、挤奶厅里的粪污。

1. 粪污收集

（1）舍内　不同清粪工艺，粪污收集方式不同。目前，我国规模化畜禽养殖场采用的清粪工艺主要有三种：干清粪工艺（图12-15）、水冲粪（图12-16）、水泡粪（图12-17，自流式）。三种清粪工艺相比，干清粪工艺得到的固态粪污含水量低，粪中营养成分损失小，肥料价值高，便于高温堆肥或其他方式的处理利用。产生的污水量少，且其中的污染物含量低，易于净化处理，在中国劳动力资源比较丰富的条件下，是较为理想的清粪工艺，是推荐使用的清粪工艺。

图12-15　干清粪工艺　　　　　　图12-16　水冲清粪

图12-17　水泡粪工艺（中荷示范场）

干清粪工艺的具体方法是，粪便一经产生便分流，干粪由人工及时清理到清粪车，集中堆放到专用贮粪场进行处理；少量尿液由场内收集系统收集后，排入场内污水收集池。

（2）运动场、候挤区、挤奶厅　运动场和候挤区的固体粪便由人工及时清理到清粪车，集中堆放到贮粪场；运动场和候挤区的尿液、污水以坡度和相关的基础设施输送到污水收集池；外部径流应当从明沟排出场外。挤奶厅里的粪污可采用水冲式，和冲洗水直接经暗沟输送到污水收集池。

值得注意的是场内采用雨污分流制，雨水通过道路明沟汇集排出场外；污水和生活污水通过收集系统送到场区粪污处理池，经三级沉淀系统处理后通过暗沟排放到周边农田。明沟和暗沟可以采用45cm×50cm砖砌成。运动场不宜太小，否则牛密度过大易引起运动场泥泞、卫生差，导致乳房炎、腐蹄病增多。运动场的用地面积一般可按：泌乳牛20～

40m²/头，育成牛 15～20m²/头；犊牛 5～10m²/头。

运动场场地以三合土或沙质土为宜．地面平坦，并有 1.5％～2.5％ 的坡度，排水畅通，场地靠近牛舍一侧应较高，其余三面设排水沟。运动场周围应设围栏，围栏要求坚固，常以钢管建造，有条件也可采用电围栏，栏高一般为 1.2m，栏柱间距 1.5m。

运动场内应设有饲槽、饮水池和凉棚。凉棚既可防雨，也可防晒。凉棚设在运动场南侧，棚盖材料的隔热性能要好。凉棚高 3～3.6m，凉棚面积为 5m²/头。此外，运动场的周围应种树绿化。

2. 粪污运输

（1）粪便的运输　采用传统运输工具，如人工推车运输、拖拉机运输；液态粪污（包括污水）运输采用带污水泵的罐车或直接与低速灌溉系统相连。

（2）严格控制运输沿途的弃、撒、跑、冒、滴、漏　必须采取防渗漏、流失、遗撒及其他防止污染环境的措施，妥善处置贮运工具清洗废水。

3. 粪污贮存

（1）粪污贮存设施　粪污应设置专门的贮存设施见表 12-11。

表 12-11　粪污贮存设施

贮存设施类型	使用条件	相对成本
自然内衬土质贮粪池	粪浆、固粪	1.0
就地取材黏土内衬贮粪池	粪浆、固粪	2.0
塑料内衬土质贮粪池	粪浆、固粪	2.2
水泥内衬土质贮粪池	粪浆、固粪	2.4
地面以上预制水泥贮粪罐	粪浆、液粪	4
现场制作地面以上水泥贮粪罐	粪浆、液粪	4.6
地面以上玻璃内衬钢板贮粪罐	粪浆、液粪	5.6

（2）粪污的贮存方法　贮存设施的形式因粪便含水率而异。采用干清粪工艺得到的粪污有干粪便、尿液和污水，其中干粪贮存在贮粪场，尿液和污水贮存在污水收集池。

（3）粪污贮存要求　不论是贮粪场还是污水收集池都应该满足以下要求：

①贮存设施的位置必须远离各类功能地表水体（距离不得小于 400m），并应设在牛场生产及生活管理区的常年主导风向的下风向或侧风向处。与牛舍之间保持 200～300m 的距离。

②采取对贮存场所地面进行水泥硬化等防渗处理工艺，防止粪污污染地下水。

③粪尿池的容积应根据饲养量和贮粪周期来确定。对于种养结合的牛场，粪污贮存设施的总容积不得低于当地农林作物生产用肥的最大间隔时间内牛场所产生粪污的总量。

④贮存设施应采取设置顶盖等防止降雨（水）进入的措施。

二、粪污处理

粪污处理是粪污管理系统中重要的一个环节。牛场产生的粪便、污水只有经过处理后才能用于各种用途或达标排放。一般固液粪污是分别进行处理的。

1. 粪污预处理　粪污的预处理是保障粪污后续无害化处理、资源化利用的前提。经过除臭味和固液分离后就可以分别进行固体粪便处理和污水处理。粪污臭味控制可以通过遮掩剂、中和剂、生物制剂和除臭固化剂来实现。固液分离技术有筛分、沉降分离和过滤分离。由于这些预处理方法需要配备专门的设备，考虑到成本投入问题，对小规模的奶牛和肉牛养殖场不推荐使用，但是推荐大规模养殖场和有机肥生产厂使用这些预处理方法。

2. 固体粪污的处理 经过预处理的固体粪污可以进行干燥处理和堆肥处理。

（1）干燥处理 粪便的干燥处理技术是无害化处理技术之一。非填料或非冲洗粪便的含水量一般60%～85%，通过干燥处理可减少粪便中水分的含量，便于作进一步储藏、加工、运输。其方法太阳能—风能干燥、高温快速干燥、烘干膨化干燥、机械脱水（热喷处理）。

①太阳能—风能干燥 在塑料大棚内摊铺湿粪，利用太阳能加热并强制通风排湿。

②高温快速干燥 采用煤、重油或微波电场产生的能进行人工干燥。目前我国使用的多为回转式滚筒。

③烘干膨化干燥 利用热效应和喷放机械效应，使粪便达到除臭、杀菌灭（虫）卵，符合卫生防疫和商品肥料的要求。

④机械脱水 采用压榨机械、离心机械或热喷处理机械进行粪便脱水。

这些方法都需要专门的机器设备，成本投入大且增加了能耗，因此在这里不提倡干燥处理，而推荐堆肥处理。

（2）堆肥处理 腐熟堆肥法即好氧堆肥法，是主要通过控制好气微生物活动的水分、酸碱度、碳氮比、空气、温度等各种环境条件，使好气微生物分解粪便及垫草中各种有机物，并使之达到矿质化和腐殖质化的过程。腐熟堆肥法可释放出速效性养分并造成高温环境，能杀菌、杀寄生虫卵等，最终变为无害的腐殖质类活性有机肥料，可以直接撒播还田。在非施肥季节，如果把堆肥产品直接装袋出售，这就是牛粪的粗加工方法；如果对堆肥产品添加营养物质、干燥、制粒等后续处理之后再装袋出售，就是把牛粪制成颗粒有机肥的精加工方法。考虑到产粪量和成本等问题，牛粪的精加工方法适宜大规模的奶牛养殖场和有机肥加工厂使用。

①简易堆肥方法

A. 场地 水泥地或铺有塑料膜的地面，也可在水泥槽中。

B. 堆积体积 将粪便堆成长条状，高不超过1.5～2m，宽不超过1.5～3m，长度视场地大小和粪便多少而定。

C. 堆积方法 先比较疏松地堆积一层，待堆温达到60～70℃后保持3～5d（或者待堆温自然稍降后），再将粪堆压实，然后再堆积一层新鲜粪。如此层层堆积到1.5～2m为止，用泥浆或塑料膜密封。

D. 中途翻堆 为保证堆肥的质量，含水量超过75%时应中途翻堆；含水量低于60%时，最好泼水，满足一定的水分要求，从而有利于发酵处理效果。

E. 启用 密封3～6个月，待肥堆溶液的电导率小于0.2mS/cm时启用。

经短时发酵处理要及时启用的，可在肥料堆中竖插或横插或留适当数量的通气孔。在实际生产中，可以采用堆肥舍、堆肥槽、堆肥塔等进行堆肥，这样腐熟快，臭气少，可连续生产。堆肥的供应期多半集中在秋天和春天，中间隔半年。因此，一般要设置能容纳6个月的贮藏设备。贮存方式可直接堆存在发酵池中装袋。对减肥成品可以在室外堆放，但此时必须有不透雨层防水。

②发酵槽堆肥　将鲜牛粪收集到粪肥车间的发酵槽内，适时进行翻堆、喷洒菌种，控制相对湿度为60%左右，经过21d发酵脱水，发酵温度可达50～60℃，使牛粪水分降到30%左右，形成大量富含养分的腐殖质。同时可杀灭牛粪中的病原微生物、寄生虫卵、杂草种子等，减少蚊蝇危害96%以上，减少有害气体如氨气，硫化氢等的排放，达到无害化处理的目的。

A. 堆肥过程中监测项目　有机肥生产监测项目包括含水率的变化、碳氮比的变化、堆层温度变化、堆层氧浓度和耗氧速率变化。堆层温度和氧气浓度应每日跟踪，其他可每周监测一次。

B. 质量要求　根据《堆肥工程实用手册》，经过堆肥后的牛粪成为有机肥，肥料的质量标准为：有机质含量（以干基计）≥30%；水分（游离态）含量≤20%；总养分（N+P_2O_5+K_2O）含量≥4.0%；pH 5.5～8.0。堆肥产品外观为茶褐色或黑褐色、无恶臭、质地松散，具有泥土芳香气味。

C. 菌种消耗量及粪产品年产量　根据国家环境保护部推荐的每头成年奶牛平均粪便量为20kg/（头·d），每头成年肉牛平均粪便量为10kg/（头·d）。对于一个500头的奶牛场来说年消耗菌种为0.02×365=7.3t，产品年产量为1212t。对于一个500头的肉牛场来说年消耗菌种为0.007×365=2.555t，产品年产量为605.9t。

D. 堆肥工艺设计　堆肥在发酵槽中进行，得到的产品直接装袋出售，因此生产车间包括发酵槽和成品堆放区两部分。由于生产车间的面积、设备选用的型号等都取决于牛场的养殖规模，在这里举例说明生产车间的设计和机器设备的选用。以500头奶牛场为例设计如下：

发酵槽设计面积：

日产粪量：10t；发酵物料平均堆高 H=1m；堆积时间 D=45d；发酵槽面积=10×45/1=450（m²）；取456m²，即57m（长）×8m（宽）=456m²。

成品堆放区设计面积：成品堆高2m。根据加工工艺要求，考虑销售淡季影响，有机肥生产车间成品堆放区设计储存期为3个月，设计为3.33×90/2=145（m²），发酵槽占地面积456m²，生产车间取600m²。

所需设备：

行走式翻堆机：型号HFD80，数量1台，幅宽8m，功率20kW。

格栅：型号SY-5，栅间距5mm，数量1台。

材质：不锈钢。

人力转运车：数量2台。

如果以500头肉牛养殖场为例，生产车间设计如下：

发酵槽：日产粪量5t；发酵物料平均堆高 H=1m；堆积时间 D=30d；发酵槽面积=5×30/1=150（m²）。

成品堆放区：根据加工工艺要求，考虑销售淡季影响，有机肥生产车间成品堆放区设计储存期为110d，设计为1.66×105=174m²，发酵槽占地面积，生产车间取300m²。

所需设备：

行走式翻堆机：型号HFD80，数量1台，幅宽8m，功率20kW。

自然发酵其工艺为：鲜牛粪——贮粪池——自然堆积、发酵——农田。

自然发酵的特点为牛粪自然堆放在贮粪池内，设备投资少，方法简单，但需较大的贮粪场，占地面积大，并且对于牛粪病原微生物、寄生虫卵、杂草种子处理效果不好（图12-18）。

图 12-18　自然发酵后直接还田

（3）颗粒有机肥的精加工

①工艺流程

A. 混合搅拌　在该工艺段，鲜牛粪与菌种充分混合后送入生物发酵池进行高温发酵，其中含水量较高的牛粪先送入预处理池通过固液分离机处理后再送入发酵槽发酵，经固液分离机后的处理液排入预处理池中的沉淀区，经过四次沉淀过滤进入清水池待用或直接排放。如果有已经建好的沼气池，混合池中剩余的牛粪可以进入沼气池，而沉淀区的沉淀物可返料回流进入预处理系统继续使用。

B. 好氧发酵　发酵在发酵槽内进行。该工艺段是将混合后的牛粪送入发酵槽发酵（图 12-19、图 12-20），经过 21d 左右的时间，将混合牛粪水分降到 30%，发酵成熟。在发酵过程中物料温度迅速升高能杀死牛粪中的病原微生物、寄生虫卵、杂草种子等有害物质，实现无害化处理。该阶段的参数要求及具体方法和堆肥技术相同。

图 12-19　有轨发酵池方式　　　　　　图 12-20　条垛堆积发酵方式

C. 加工制肥　经过发酵后的物料，体积减小，水分降低，再经过造粒、烘干等工序，包装后可直接出售。

首先是利用链式粉碎机将堆肥后的物料粉碎（图 12-21），再经过筛分机筛分后，能通过筛分机的粗加工产品就可以进入造粒机造粒。为了使有机肥颗粒均匀，造成的有机肥颗粒再次进行筛分，颗粒均匀的有机肥颗粒就可以进行干燥。干燥后再次筛分（图 12-22），最终干燥后颗粒均匀的有机肥就可以计量包装成成品出售（图 12-23、图 12-24）。首次筛分不能通过的粉碎物料需要返回到发酵槽中与菌种混合重新堆积发酵。造粒后和烘干后不能通过筛分机的有机肥颗粒需要粉碎后重新造粒、烘干。

图 12-21 粉碎

图 12-22 筛分

图 12-23 包装

图 12-24 有机肥

②工艺计算　该部分用到的设计参数同样取决于牛场饲养规模，在这里以 500 头奶牛场为例说明。

A. 日产粪量　根据国家环境保护部推荐的排泄系数牛粪排放量，每头成年奶牛平均粪便量为：牛粪 20kg/（头·d），牛尿 10kg/（头·d）。

日平均牛粪便量：$500 \times 20 = 10$（t/d）；日平均牛尿量：$500 \times 10 = 5$（t/d），牛尿收集率 40%，产量约为 2t。

B. 物料平衡计算　年消耗菌种 $0.013 \times（365 - 21）= 4.47t$；精加工产品年产量 $3.53 \times（365 - 21）= 1216.67t$。

C. 预处理池容积计算根据工艺要求　预处理池容积 $= 30 \times 15 = 450$（m^3）；池子深度为 H=3m；池子面积 $150m^2$，分为 6 个格子。

预处理池采用砖混结构，构造形式为地下，内设混合池、一次沉淀池、二次沉淀池、三次沉淀池、四次沉淀池、清水池，建筑尺寸 L×B×H＝15m×10m×3m，数量一座，各分池尺寸：L×B×H＝5m×5m×3m，数量 6 个。

D. 发酵槽面积计算　预处理池日产量 10t；发酵物料平均堆高 H＝1m；堆积时间 D＝21d；发酵场面积＝10×21＝210（m²）；取面积 240m²，即 48×5＝240（m²）。构造形式采用地上式。砖墙高 1m、宽 5m 砌两道，长 48m，墙顶设工字钢轨道放置翻堆机。

E. 有机肥生产车间　各种设备占地 30m²；发酵槽占地面积 240m²；成品堆高 1m；根据加工工艺要求，考虑销售淡季影响，有机肥生产车间成品堆放区设计储存期为 4 个月，设计为 3.5×120/1＝420m²，考虑设备占地和发酵槽占地面积，生产车间取 720m²。生产车间采用轻钢夹芯彩板排架结构，采用直径 150mm 钢管柱。内设发酵池和有机肥加工区，厂房跨度 12m，柱距 6m，柱顶标高 4.2m。地面采用素土夯实、30cm 厚三七灰土、8cm 厚 C15 素混凝土、20cm 厚水泥砂浆抹地面。

（4）牛床垫料制作工艺流程　利用牛粪制作牛床垫料的工艺流程如：奶牛场的污粪和冲洗废水全部收集到混合池，经搅拌后用泵抽至一次固液筛分器；筛分后固体自然落到固体料堆上，液体可用泵抽至二次固液筛分器；二次筛分的固体落到另一料堆上，液体流入储液池。筛分后的固体经好氧堆积发酵后可直接作为牛床垫料；储液池中的液体可作为混合池的稀释搅拌用水，或作为固液筛分器的清洗用水，用不完的液体可灌溉牧场周围的农田，或经二次处理后达标排放。

另外，可由牧场主根据实际情况选用。如果奶牛场周围有足够的农田消纳所有的污水，则可省去二次筛分器；如果污水必须达标排放，则最好加上两套固液筛分器，这样能显著减少污水中有机物的含量，降低后续污水处理的成本。一次固液筛分器和二次固液筛分器原理、功能完全相同，只是筛网的孔径不一样。

该工艺及设备的重要工作参数如下：

①设备安装角度约 72°，这个角度很重要，直接影响筛分后固液物料的比例。

②筛分前污粪的含水率不能低于 88％。

③一次筛分后固体含水率为 78％，二次筛分后固体含水率为 74％，一、二次筛分出的固体物料比例约 3∶1。

④固体物料经 6 周好氧堆积后，其含水率可降至 30％，可直接作为卧床垫料。

3. 污水处理　污水的处理包括牛尿、少量粪便、饲料残渣的混合物的处理以及冲洗用水、职工生活污水等的污水处理。

（1）污水处理方法

①物理处理法　是利用格栅或滤网等设施进行简单的物理处理方法。可除去 40％～65％悬浮物，并使生化需氧量下降 25％～35％。

②化学处理法　是用化学药品除去污水中的溶解物质或胶体物质的方法。

A. 混凝沉淀法　用三氯化铁、硫酸铝、硫酸亚铁等混凝剂，使污水中的悬浮物和胶体物质沉淀而达到净化的目的。

B. 化学消毒　常用氯化消毒法，把漂白粉加入污水中达到净化目的。该方法方便有效，经济实用。

③生物处理法　是利用微生物的代谢作用分解污水中有机物的方法。可分为好氧处理、厌氧处理及（厌氧）＋（好氧处理法）。

一般情况下，牛场污水 BOD 值很高，并且好氧处理的费用较高，所以很少完全采用好氧的方法处理牛场污水。厌氧处理又称甲烷发酵，是利用兼氧微生物和厌氧微生物的代谢作用，在无氧的条件下，将有机物转化为沼气、水和少量的细胞物质。与好氧处理相比，厌氧处理效果好，可除去污水中绝大部分病原菌和寄生虫卵；能耗低，占地少；不易发生管孔堵塞等问题；污泥量少且污泥较稳定。

（厌氧）＋（好氧法）是最经济、最有效的处理污水工艺。厌氧法 BOD 负荷大，好氧法 BOD 负荷小，先用厌氧处理，然后再用好氧处理是高浓度有机污水常用的处理方法（图 12-25）。

图 12-25　污水厌氧＋好氧法的处理工艺

（2）**污水处理模式**　一般情况下，在实际应用中上面提到的污水处理方法都是混合搭配使用的，几种处理方法联合使用就形成了一定的污水处理模式，总的来说包括还田模式、自然处理模式和工业化模式三种。

①**还田模式**　该模式就是把液态粪尿和冲洗水经厌氧发酵后直接还田用作肥料。这是一种传统、最经济有效的处理方法，可以使粪污不外排，从而达到"零"排放。适用于远离城市、经济落后、土地宽广、有足够的农田消纳牛场粪污的地区，并且要求养殖规模不能太大。

②**自然处理模式**　该模式主要是采用氧化塘、土地处理系统或人工湿地等自然处理系统来处理牛场污水。适用于离城市较远、经济欠发达、气温较高、土地宽广、地价较低，有滩涂、荒地、林地、或低洼地可作废水自然处理的地区（彩图 21）。

③**工业化处理模式**　该模式有预处理、厌氧处理、好氧处理、后处理、污泥处理及沼气净化、贮存与利用等部分组成，需要较为复杂的机械设备和高要求的构筑物，其设计、运转均需专业的技术人员来执行。适用于地处大城市近郊，经济发达，土地紧张，没有足够的农田消纳牛场粪污的地区。

综合成本效益及模式本身的优缺点：一般优先考虑还田模式，利用不完的再采用自然处理模式，也就是采用还田与自然处理相结合的综合处理模式，可以达到废物利用最大化，处理费用最小化的目的。但是在实际生产中，养殖场都没有配备足够的土地来消纳养殖场产生的粪污，因此污水处理在这里推荐使用三级沉淀自然发酵处理模式。

（3）**三级沉淀自然发酵处理模式**　三级沉淀自然发酵处理模式的方案为冲洗水和尿液由场内收集系统收集后，排入场内污水收集池，经沉淀、自然发酵后排入周边农田或果园。工艺为：冲洗污水——污水收集池——沉淀、发酵——到农田。

该处理模式相关设施设备的规格、选型都取决于养殖规模和养殖场类型，在这里分别举例说明三级自然沉淀发酵处理污水相关设施设备的规格、选型。

①以 500 头奶牛场为例说明奶牛场采用三级沉淀自然发酵模式处理污水的相关参数计算及设计。对于奶牛场来说产生的污水主要是挤奶厅的冲洗水，其次是牛只产生的尿液。

A. 日产冲洗水量的计算　对于 500 头的奶牛场，挤奶厅选用 2×14 鱼骨式挤奶厅，挤奶厅面积为 $460.8m^2$，其中待挤区面积为 $236m^2$。

挤奶厅每日冲洗三次，每次冲洗四遍，分别用清水、碱水、酸水、清水进行冲洗。

瓶子：每日需要冲洗热水为 12.5kg/瓶×32 瓶×4 遍/次×3 次/d＝4800kg/d；

储奶罐冲洗用水：每天按 100kg 计算。

地面冲洗：每平方米每天按 5kg，两次计算，236m²×5×2 次/d＝2360kg/d。

共计排水约 7.26t/d。

B. 日产尿液量的计算　根据国家环境保护部推荐的每头成年奶牛平均产尿量为 10kg/（头·d），500 头奶牛日平均产生量就是：500×10＝5t/d，牛尿收集率 40%，产量约为 2t。

C. 污水收集池容积的计算及设计　500 存栏的奶牛养殖场日平均产生污水量即 7.26＋2＝9.26t，污水收集池考虑 45d 的存放容量，则设计有效容积为 450m³，尺寸为 15m×10m×3m，分为 3 个分格。采用钢筋砼基础，底板厚度 300mm，墙体 200 砼墙，H＝3.0m，防水砂浆抹面。

②以 500 头肉牛场为例来说明肉牛场采用三级沉淀自然发酵模式的相关参数计算及设计。

A. 日产污水量的计算　500 头肉牛场总牛舍面积约为 2000m²。

污水主要来源于牛舍冲洗废水，每 3d 冲洗一次，每平方米按 2.5L 计算，2000m²×2.5L/3/1000＝1.7t/d。

B. 日产尿液量的计算　根据国家环境保护部推荐的每头成年肉牛平均产尿为 5kg/（头·d），500 头肉牛日平均产生量就是：500×5＝2.5t/d，牛尿收集率 100%，产量为 2.5t。

C. 污水收集池容积的计算及设计　按 500 畜位考虑，养殖场日产牛尿 2.5t，牛舍冲洗废水按每天 1.7t 计，则污水量为 4.2t/d，污水处理沉淀周期按 16d 考虑，同时考虑农田用肥的季节性，处理池考虑 3 个月的存放容量，则设计有效容积为 450m³，尺寸为 15m×10m×3m，分为 3 个分格，每个分格 150m³。采用钢筋砼基础，底板厚度 300mm，墙体 200 砼墙，H＝3.0m，防水砂浆抹面。

③处理过的污水排放　经过处理后的污水达到《畜禽养殖业污染物排放标准》（GB 18596—2001）的要求，可以排放到周边的农田或果园，用于作物、蔬菜以及瓜果等的灌溉。

三、粪污利用

1. 肥料　牛粪污的肥料化包括传统的堆肥法和近年研究较多的商品有机肥或有机无机复混肥制作。

2. 饲料　牛粪的营养价值低于鸡粪、猪粪，主要是一些未经消化的饲草，含有丰富的草籽，粗纤维含量高。牛粪饲料化的方法有烘干、发酵和青贮。

（1）烘干　取健康牛的鲜粪晾晒在水泥地面或塑料薄膜上，风干后粉碎即可作为羊的饲料。

（2）发酵　取鲜牛粪 30%、统糠 50%、麸皮 20%，混合均匀密封发酵；或取 10kg 鲜牛粪加入发酵面 200g 或曲酒 100g，夏天发酵 6h，冬天发酵 24h 以上，可作为猪的饲料。

（3）青贮　把牛粪和禾本科青饲料一起青贮，可以提高其适口性，并能杀灭粪污中的病原微生物、细菌等。得到的产品可作为牛羊的粗饲料。

牛粪经处理后作饲料使用，只能用于成年畜禽，幼畜禽一般不用。羊日粮添加量为 1%～4%，成年鸡日粮添加量为 5%～10%，成年猪 10%～15%，成年牛 20%～50%。

3. 能源 粪污的能源化利用有两种方法，一种就是沼气发酵，另一种是将牛粪直接投入专用炉中焚烧，供应生产用热。目前我国使用较广的是沼气发酵，基本上都是大中型畜禽场，如奶牛场规模在 100 头以上，且主要集中于经济发达的近郊。

4. 开发应用牛粪尿综合利用技术 目前，牛粪尿处理的措施主要有土地还原法、厌气（甲烷）发酵法、人工湿地处理和生态工程处理。

（1）**土地还原法** 牛粪尿的主要成分是粗纤维以及蛋白质、糖类和脂肪类等物质，其中一个明显的特点是易于在环境中分解，经土壤、水和大气等的物理、化学及生物的分解、稀释和扩散，逐渐得以净化，并通过微生物、动植物的同化和异化作用，又重新形成动、植物性的糖类、蛋白质和脂肪等，也就是再度变为饲料。根据我国的国情，在今后相当长时期，特别是农村，粪尿可能仍以无害化处理、还田为根本出路（图 12-16）。

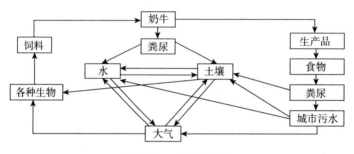

图 12-26　土地还原法

（2）**厌气（甲烷）发酵法** 将牛场粪尿进行厌气（甲烷）发酵法处理，不仅净化了环境，而且可以获得生物能源（沼气），同时通过发酵后的沼渣、沼液，把种植业、养殖业有机结合起来，形成一个多次利用、多层增殖的生态系统。目前世界许多国家广泛采用此法处理乳牛场粪尿（图 12-27）。

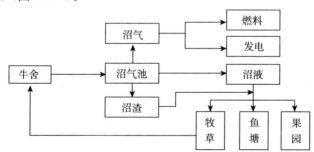

图 12-27　厌气（甲烷）发酵法

以 1000 头乳牛场为例，利用沼气池或沼气罐厌气发酵乳牛场的粪尿。每立方米牛粪尿可产生多达 1.32m³ 沼气（采用发酵罐），产生的沼气可供 1400 户职工做饭，节约生活用煤 1000 多 t。粪尿经厌气（甲烷）发酵后的沼渣含有丰富的氮、磷、钾及维生素，是种植业的优质有机肥。沼液可用于养鱼或用于牧草地灌溉等。

（3）人工湿地处理 "氧化塘＋人工湿地"处理模式在国外运用较多。

湿地是经过精心设计和建造的，湿地上种有多种水生植物（如水葫芦、细绿萍等）。水生植物根系发达，为微生物提供了良好的生存场所。微生物以有机物质为食物而生存，它们排泄的物质又成为水生植物的养料，收获的水生植物可再作为沼气原料、肥料或草鱼等的饵料，水生动物及菌藻，随水流入鱼塘作为鱼的饵料。通过微生物与水生植物的共生互利作用，使污水得以净化。据报道，高浓度有机粪水在水葫芦池中经 7～8d 吸收净化，有机物质可降低 82.2％，有效氮降低 52.4％，速效磷降低 51.3％。该处理模式与其他粪污处理设施比较，具有投资少，维护保养简单的优点。

（4）生态工程处理 本系统首先通过分离器或沉淀池将固体厩肥与液体厩肥分离，其中，固体厩肥作为有机肥还田或作为食用菌（如蘑菇等）培养基，液体厩肥进入沼气厌氧发酵池。通过微生物—植物—动物—菌藻的多层生态净化系统，使污水得到净化。净化的水达到国家排放标准，可排放到江河，回归自然或直接回收利用进行冲刷牛舍等。多重利用牛场粪污实现了资源的多次重复循环利用，不仅解决了牛场大量粪污的污染问题，还创造出新的更高的经济效益（图 12-28）。

图 12-28 利用牛粪栽培双孢蘑菇

（5）牛床垫料技术 发酵床生态养牛技术是根据微生态和生物发酵原理，在牛舍内建造发酵床（彩图 22、彩图 23），并铺设一定厚度的有机物垫料（稻壳、锯末、秸秆和微生物菌种混合），牛将粪尿直接排泄到垫料上面，通过牛的踩踏和人工辅助翻耙，使粪尿和垫料充分混合，让有益微生物菌种发酵，使粪、尿有机物质分解和转化。垫料使用后，可以生产生物有机肥，用于农田、果园施肥，实现循环利用。这种饲养方法无任何废弃物排放，对环境无污染。

大同四方高科农牧有限公司奶牛场粪污经固液分离后得到的粪渣采用发酵晾晒工艺（彩图 24），晒干后用做奶牛的卧床垫料，无粪污排放，实现牛粪重新利用。而且经晾晒处理后的牛粪，含水率 30％左右，作垫料基本无臭味，蚊蝇少，节省人工和大量的冲圈水，粪渣垫料还可作为优质的有机肥出售；使牛舍保持较适宜的温度和湿度，环境较为舒适，牛更乐意选择这种垫料，而且发酵床也可以养殖禽类。但是与传统方式相比，这种垫料对管理要求更高、更精细，主要有卧床的维护、控制垫料湿度、通风与降温等。

案例：湖北（宜昌）京都奶牛场

主要处理工艺：好氧堆肥，生产有机复合物；沼气工程；氧化塘加水生植物塘。

该场奶牛存栏1200头,采用干清粪收集粪便,雨污分离,固液分离。粪便采用好氧堆肥法,发酵槽堆积,智能翻抛机进行定期翻堆,年产生物有机复合肥2万t,处用于当地的农田、果园、茶园外,还销往陕西、福建等地。污水采用500m³的梯级串联沼气池厌氧发酵处理,生产沼气供牛场内外利用,沼液、沼渣及未经沼气处理的污水经氧化塘(序批式活性污泥法氧化塘)处理,水生植物塘过滤净化,灌溉周围农田,污水日处理量40t。

第四节 环境控制

随着畜牧养殖业的快速发展,集约化养殖场不断增多,一些中小型的个体养殖场也如雨后春笋不断增多。由于很多养殖场不重视环境保护和畜禽粪便的无害化处理,场内部及周围的环境污染严重,导致有害微生物的大量滋生和异味的蔓延。尤其是夏季,苍蝇传播疾病,异味污染环境和产品品质,直接影响养殖场的效益,同时对员工健康及周围环境带来了不小的威胁。及时切断苍蝇寄生的媒介和异味产生的源头,并采取有效的控制措施是进行良好畜牧业养殖的关键,所以牛生产者对环境污染及其治理必须给予高度重视。

一、苍蝇控制

1. 苍蝇控制的必要性 养殖场的粪便和臭气是滋生和吸引苍蝇的直接原因,苍蝇的繁殖速度快、存活能力强,可以传播50多种疾病,在疾病流行季节和地区能加速疫病的传播,直接危害畜禽的健康,影响产品品质,所以减少苍蝇数量有着非常重要的意义。

(1) 有效控制苍蝇的滋生和叮咬,能提高牲畜的健康状况,增加潜在的生产收益。

(2) 改善养殖场员工的工作条件。

(3) 减少疾病传播的危险。

(4) 减少杀虫剂的使用,从而降低苍蝇对杀虫剂的抗药性,降低牛养殖场化学物质残留的危险。

(5) 对有益的天敌和寄生虫有积极影响。

(6) 改善养殖场清洁、环保形象,增加相关的市场效益。

(7) 减少负面的环境影响。

2. 苍蝇滋生对养殖场造成的危害 由于苍蝇的生活习性和寄生场所肮脏,苍蝇身上携带着大量的病原体,在苍蝇飞翔的过程中会造成疾病的大量传播,如禽流感、新城疫、口蹄疫、猪瘟、禽多杀性巴氏杆菌病、禽大肠杆菌病,球虫病等。如果是在疾病流行的季节,苍蝇的大量繁殖会加剧疾病的传播速度。对于家畜来说,苍蝇来回飞翔和叮咬,容易导致动物烦躁,影响动物的生产性能,降低料肉比。对于生产出来的肉蛋奶,苍蝇污染后直接影响产品品质,降低生产效益。由于苍蝇传播疾病,对于工人的健康也是一个潜在的威胁。

3. 牛场苍蝇具体治理措施 治理苍蝇首先要了解苍蝇的生活习性,切断其生存媒介是关键,这离不开良好的管理措施。同时应加强苍蝇繁殖动态的监控,将苍蝇消灭在成虫前阶段,在必需的情况下可以考虑杀虫剂,但应该避免药物残留和二次污染。

(1) 苍蝇的种类及生活习性 苍蝇种类繁多,养殖场中的苍蝇一般包括家蝇、小家蝇、大家蝇和球形蝇等。

苍蝇的繁殖大概经历以下 4 个过程，卵→蛆→蛹→成虫。卵一般产于粪便、垃圾、动物尸体及腐烂的有机生物等物品之下 1～2cm，在 20～35℃ 及潮湿环境中经 8～24h 就可孵化出幼虫。幼虫以腐烂的有机物为食物，经过 3 个龄期化为蛹，夏天家蝇的蛆 5～6d 可化为蛹。蛹成熟后，成虫冲破外壳而出，两翅伸展后便可飞舞，苍蝇的一个生命周期为 7～15d。苍蝇有趋光性，白天活动夜间栖息，在 4～7℃ 时活动力很弱，30～35℃ 最活跃，45～47℃ 死亡，30℃ 以上停留在阴凉处，秋冬季在阳光下取暖，下雨、刮风入侵室内。喜欢饲料、粪便、污物及各种腐烂物质，喜欢在臭味的环境中生存。

（2）切断生存媒介　一般来说粪便、饲料、腐烂尸体、污水沟是苍蝇栖息的场地，有效治理苍蝇就应该切断繁殖地点，从而达到有效控制苍蝇数量的目的。

①粪便　要及时清理苍蝇繁殖区域的粪便，如围栏下区域，沉淀系统和排水管道里的湿粪。以及可能被忽视的轻度堆积区域粪便，如围栏和畜舍区域。认真管理粪便贮存和堆肥区域，减少苍蝇繁殖所需的湿粪的暴露面积。

牛场粪污中含有大量的污染物质（表 12-12、表 12-13），这些污染物质会对环境造成不同程度的污染。

表 12-12　乳牛粪尿成分（％）

种类	水分	N	P₂O₅	K₂O	CO₂	MgO	TC	P
粪	80.1	0.42	0.34	0.34	0.33	0.16	9.1	7.8
尿	99.3	0.56	0.01	0.87	0.02	0.02	0.25	9.4

表 12-13　乳牛场粪污成分

指标	SS/（mg/L）	透明度/cm	BOD₅/（mg/L）	COD/（mg/L）	氨氮/（mg/L）	细菌/（个/L）
数值	1 900～60 000	2.0～2.5	3 000～8 000	6 000～25 000	300～1 400	10 000 000

②隔离饲料　定期清理饲喂槽、装草架、仓房、食槽、畜舍和饲料处理区域的饲料残渣，减少苍蝇滋生。恶臭主要来自粪便、饲料发酵、呼吸和反刍等。恶臭的主要成分有二氧化碳、氨、硫化氢、甲烷、粪臭素等，如不经处理，势必会对周围环境带来污染。

③青贮池　彻底清理青贮池的溢出物和顶盖，尽量减少青贮池的暴露面积。

④动物尸体　为了防止绿头苍蝇的繁殖，彻底覆盖尸体掩埋点和堆肥设施里的动物尸体。

⑤奶牛场的维护　及时监测水槽漏水和蒸馏问题。确保水槽清理不会在圈内表面形成长时间的潮湿区域。控制排水管道内、沉淀系统周围和污水池里的植被。

⑥定期修剪饲养场附近的草地　净化环境，抑制苍蝇繁殖。

⑦粪便堆肥　粪便是苍蝇滋生的主要场所，除了及时清理粪便外，堆肥是减少苍蝇繁殖的很好选择，因为这样可以总体上降低臭味的散发，杀灭幼虫，并可以回收利用粪便。

（3）实施较好的养殖场设计原理

①圈栏地基和斜坡　使用合适的圈栏地基建筑方法和材料从而建立完整、耐用的圈栏地面，以承受牛群和清洁设备的重量而不会形成坑洞和洼地，减少苍蝇繁殖。圈栏坡度应当为 2.5％～4％，这样可快速排出雨水，同时使粪便的传输数量降到最低。圈栏的横向

坡度应当小于其纵向坡度以避免圈栏与圈栏之间互相排水。

②料槽和水槽　料槽和水槽应当设计得便于清洁，并有封闭的、垂直的侧面以防止溢出的饲料和粪便在下面积聚。应当有倾斜于槽体的耐用的护板（通常为混凝土），以便排水并防止坑洞的形成。水槽应设计得便于废水的处理和清洁。使用低容量、浅的、窄的槽体以减少因清洁产生的废水容量。废水应当排放到圈栏外面，最好通过表面耐用的排水沟或者通过地下污水管道，从而防止湿地的形成。

③围栏　围栏板条的间距应当相对较宽（达到 3.2m）从而提高围栏下清洁的效率。底部围栏电缆或电线应当大约高于建造的圈栏地面以上 400mm，从而方便围栏下清洁。

④排污管道、沉淀系统和污水储水池　排污管道应当设计得能够避免粪便的沉积并能够便于清洁，总体上为 V 形或梯形的横截面且轻微倾斜。排污管道和沉淀池应当有一个结实、耐用的基地，可以允许清洁机械在雨后尽可能快地进去。沉淀系统和储水池应当设计得可以在周围修剪和/或喷洒植被。

⑤粪便储存堆和堆肥区域　粪便储存堆和堆肥区域以及尸体堆肥区域应当建在耐用的、干燥的土基上，避免湿地形成。

（4）增强生物控制媒介的数量

①生物控制媒介在苍蝇控制中起到非常重要的作用。辨认生物控制媒介，比如寄生蜂和昆虫病原真菌，并促进其数量的增长。

②通过合理的管理保持寄生虫和捕食者的数量。

③大部分杀虫剂的使用同样会杀死有益的寄生蜂。苍蝇数量的恢复要比寄生蜂快得多，因此就会在这样的停滞期内削减生物控制能力。要尽量避免杀虫剂的使用。保持苍蝇滋生点（粪便、抛洒的饲料、植物）的干燥，可以阻碍苍蝇滋生，利于寄生蜂繁殖。

④通过人工释放提高自然寄生蜂的数量。在美国，通过释放商业养殖的寄生蜂来提高自然数量，从而增强生物控制的水平。鉴于中国目前并没有商业性的有益黄蜂可利用，因此在该领域需要进行更深入的研究。

（5）选择性使用杀虫剂　只有在苍蝇的数量超过预先设定的临界值或者传统的控制手段失效的时候才可以使用杀虫剂，遵从标签说明，不要在常规日程安排的基础上使用化学药品。

①轮换化学药品的种类　轮换化学药品的种类从而减少抗药性产生的可能。轮换使用主要的化学药品种类（比如有机磷酸酯、合成除虫菊酯和昆虫生长调节剂）。轮换使用含有杀幼虫剂的诱饵可以延缓抗药性的发展。

②定向应用　在"热点"定向使用而不是在整个养殖场喷洒，如饲喂槽外部苍蝇栖息的地方、围栏、遮光布的底部、树木和植被。在主要的繁殖地点使用杀幼虫剂，比如围栏下部、排水沟和沉淀系统。杀虫剂绝对不可以使用于饲料上或者会与饲料有直接接触的区域。

③杀幼虫剂　杀幼虫剂能够比杀成虫剂提供更好更持久的效果。首选的杀幼虫剂是那些对有益昆虫（比如寄生蜂）无害的杀虫剂。

④杀成虫剂　长效杀虫剂能够比猛烈剂型提供更长时间的控制效果。这些杀虫剂应当喷洒或涂抹在苍蝇主要的栖息地点，而不是粪便残渣上。重复使用同一种化学杀虫剂将会提高苍蝇群落里的化学抗药性。

⑤诱饵　家蝇诱饵可在诱饵站里使用，撒播或涂抹在表面上。抗诱饵行为可能会影响诱饵的效果。

（6）做好苍蝇越冬处理措施　苍蝇主要以成虫越冬。而苍蝇的成虫耐低温的能力不强，肯定耐不了东北野外冬季的自然低温，所以越冬的成虫主要集中在冬季加热保温的场所，认真搞几次大扫除，定能压低苍蝇的发生基数。在养殖场里，切断苍蝇捕获食料较容易，也很好控制，而水是关键，无水苍蝇无法取食，无水时苍蝇的幼虫蛆无法活动成长，通过经常性大扫除，剔除潮湿状态的食物和粪便残渣，切断苍蝇存活的空间。

4. 在饲料中加入驱蝇药物　在饲料中添加驱蝇药物，如环丙氨嗪，按说明使用，隔周饲喂或连续饲喂 4~6 周。环丙氨嗪通过饲料途径饲喂动物，进入动物体内基本不被吸收，绝大部分都以药物原形的形式随粪便排出体外，分布于动物的粪便中，直接阻断幼虫（蛆）的神经系统的发育，使得幼虫（蛆）不能蜕皮而直接死亡，从而使蝇蛆不能蜕变成苍蝇，在粪便中发挥彻底杀蝇蛆作用，能够从根本上控制苍蝇的产生，达到彻底控制苍蝇的目的。环丙氨嗪必须采用逐级混合的办法搅拌均匀后使用；在四月中旬苍蝇季节开始前应及时使用。

二、养殖场异味控制

养殖场的不良气味直接影响着环境质量，并且随着空气的流动而扩散，不良气味不仅危害人畜健康，而且会影响畜产品品质和附近村民抱怨，异味控制是养殖场的一大难题。

1. 异味的组成及来源　一般将产生损害人类生活环境所难以忍受的臭味物质，使邻近发生不愉快感觉的气体统称恶臭。牛场恶臭的主要来源是粪尿、污水在堆（存）放过程中有机物的腐败分解，一般来自牛舍地面、粪水贮存池、粪便堆放场等。

2. 具体控制措施

（1）发展循环养殖业　将养殖业与水产、种植业紧密结合起来，实现良性循环，是对粪便、污水进行资源化利用的有效措施。如利用排放到池塘中的粪水养鱼，淤泥种藕，既去除了异味净化了空气，又能变废为宝，节约资源，达到生态养殖的目的。

（2）营养调控　养殖场的臭气组成主要有氨气、甲烷、二氧化碳、一氧化二氮等，通过营养调控措施，合理配置动物日粮，有效减少碳和氮的排放，是减少臭气和防止污染的有效措施。也可以在饲料中加入酶制剂，分解恶臭，保护环境。

（3）沼气利用　利用沼气池生产沼气，不但能够补充能源，还能彻底消除粪臭气味，同时，生产沼气的下脚料也可进行再利用，如沼渣是肥田的好原料，沼液可以肥田也可用作畜禽饲料。

（4）科学清粪　水冲粪法虽然圈舍比较卫生，但是产生大量的污水，在处理污水的过程中产生大量的恶臭气体。采用干清粪法，污水生产量少，干粪便容易处理，产生的恶臭也会相应的减少。

（5）微生态发酵　EM 菌液是由光合细菌、放线菌、酵母菌、乳酸菌以及发酵系列的丝状菌等 80 余种微生物复合而成的一种多功能菌群，能有效增强胃肠活动功能，提高蛋白质的利用率，降低粪尿中的氨浓度，从而减轻粪尿恶臭。常用 EM 菌液进行堆肥发酵，从而达到减少恶臭的目的。

（6）物理吸附　在下水道、污水坑表面加盖水泥盖板，遮盖气体散发。在粪堆、污水池表面撒布麦糠、稻壳、锯末吸附气体。在污水水面铺放泡沫板等加以掩蔽，这些方法都能够减少恶臭气体的散发。

（7）日常管理中恶臭的控制　加强牛舍环境管理也是控制恶臭的有效途径之一。

①及时清粪　对舍内粪便及时清扫、及时洗去地面污垢、保持牛体清洁，可减少舍内臭气。及时将粪渣移出处理，避免在现场堆积太久产生厌氧发酵。尽量在粪尿废水新鲜状态时进行处理，以减少粪尿、废水停留过久而导致厌氧发酵。

②加强通风　牛舍内通风量增大，可以有效稀释粪尿产生的臭气。舍外有风，有利于整个牛场臭气浓度的有效降低。

③注意消毒　牛舍、运动场、挤奶厅、器械等的消毒应采用对环境友好的消毒剂和消毒措施（紫外、臭氧、双氧水等），防止产生氯代物有机物。

三、兽医卫生检验设施构建

1. 检验检疫工作室　在候宰区附近，必须建造宰前检验的兽医工作室和消毒药品存放间，在靠近屠宰车间附近必须建造宰后检验的兽医工作室。

2. 设置疑病原体的分支轨道　在胴体检验工序后，胴体加工轨道上必须设置疑病原体的分支轨道。分支轨道可与胴体加工轨道形成一个同路，或将分支轨道通往疑病原体间。

3. 病原胴体的运输　设有运送病畜胴体的不渗水的密闭专用车。

4. 消毒设施　内脏同步检验线上的盘、钩，肠胃同步检验滑槽在循环使用中应设置冷、热水清洗消毒装置。备检验操作位置上必须设置冷、热水管道、刀具消毒器及洗手池。在放血、剥皮及胴体加工各工序位置上，副产品各加工间、分割加工间、包装间内部都应设置刀具消毒器及洗手池。消毒器应采用不锈钢制作，其深度应使刀具刃部或锯条全部浸入消毒器为宜。

5. 化验室　生产区必须设置与生产规模相适应的检验化验室。化验室应单独设置进出口。化验室应设置供理化、细菌及病理检验的工作间，并配备相应的清洗、消毒、高压蒸汽灭菌设施和检测仪器设备。化验室内没有工作人员的更衣柜和专用的消毒药品室。

参 考 文 献

曹玉凤，李建国，2010. 秸秆养肉牛配套技术问答［M］. 北京：金盾出版社.

陈瑶生，2013. 专家与成功养殖者共谈现代高效养猪实战方案［M］. 北京：金盾出版社.

刁其玉，2003. 奶牛规模化养殖技术［M］. 北京：中国农业科学技术出版社.

刁其玉，屠焰，2013. 农作物秸秆养牛手册［M］. 北京：化学工业出版社.

付殿国，杨军香，2013. 肉牛养殖主推技术［M］. 北京：中国农业科学技术出版社.

高腾云，2012. 奶牛标准化生产［M］. 郑州：河南科学技术出版社.

高腾云，张云涛，2011. 生态养殖场管理手册［M］. 北京：中国农业出版社.

郭庭双，李晓芳，1993. 我国农作物秸秆资源的综合利用［J］. 饲料工业，14（8）：48-50.

洪龙，2013. 优质高档肉牛生产实用技术［M］. 银川：黄河出版传媒集团阳光出版社.

李有志，杨军香，2013. 奶牛养殖主推技术［M］. 北京：中国农业科学技术出版社.

梁学武，2004. 现代奶牛生产［M］. 北京：中国农业出版社.

刘继军，贾永全，2008. 畜牧场规划设计［M］. 北京：中国农业出版社.

罗晓瑜，刘长春，2013. 肉牛养殖主推技术［M］. 北京：中国农业科学技术出版社.

欧洲共同体联合研究中心，2012. 集约化畜禽养殖污染综合防治最佳可行技术［M］. 北京：化学工业出版社.

全国畜牧总站，2011. 百例畜禽养殖标准化示范场［M］. 北京：中国农业科学技术出版社.

全国畜牧总站，2012. 肉牛标准化养殖技术图册［M］. 北京：中国农业科学技术出版社.

王加启，2006. 现代奶牛养殖科学［M］. 北京：中国农业出版社.

许尚忠，郭宏，2005. 优质肉牛高效养殖关键技术［M］. 北京：中国三峡出版社.

许尚忠，魏五川，2002. 肉牛高效生产实用技术［M］. 北京：中国农业出版社.

中华人民共和国农业部，中国奶业年鉴编辑委员会，2014. 中国奶业年鉴2013［M］. 北京：中国农业出版社.

图书在版编目（CIP）数据

生态养殖综合管理技术手册 / 严学兵，杨富裕主编．
—北京：中国农业出版社，2018.6
ISBN 978 - 7 - 109 - 24119 - 0

Ⅰ.①生… Ⅱ.①严… ②杨… Ⅲ.①生态养殖—手
册 Ⅳ.①S815 - 62

中国版本图书馆 CIP 数据核字（2018）第 100158 号

中国农业出版社出版
（北京市朝阳区麦子店街 18 号楼）
（邮政编码 100125）
责任编辑 肖 邦

中国农业出版社印刷厂印刷 新华书店北京发行所发行
2018 年 6 月第 1 版 2018 年 6 月北京第 1 次印刷

开本：787mm×1092mm 1/16 印张：15.75 插页：2
字数：480 千字
定价：50.00 元
（凡本版图书出现印刷、装订错误，请向出版社发行部调换）

彩图1　生态度假村沼气站

彩图2　生物发酵床养猪

彩图3　育肥舍

彩图4　固液分离筛

彩图5　全漏缝地板免水冲猪舍

彩图6　碗式饮水器

彩图7　猪舍的湿帘通风降温系统

彩图8　机械搂草

彩图9　苜蓿机械打捆

彩图10　苜蓿草捆堆贮

彩图11　轴流风扇和喷淋装置

彩图12　犊牛隔离独立饲养

彩图13　牛舍饮水器

彩图14　双列半开放式牛舍

彩图15　开放式畜舍

彩图16　奶牛运动场

彩图17　牛运动场遮阳棚（1）

彩图18　牛运动场遮阳棚（2）

彩图19　用于牛舍通风的电风扇

彩图20　牛舍喷淋降温设备

彩图21　经固液分离后的污水氧化塘

彩图22　发酵床牛舍（1）

彩图23　发酵床牛舍（2）

彩图24　粪渣发酵车间